诺亚方舟生物多样性保护丛书

滇西北药用植物图册

主　编　许　琨
副主编　刘丽春　李　金　明升平　黄　华
　　　　范中玉　刘维暐　陈小灵

云南出版集团
云南科技出版社
·昆明·

图书在版编目（CIP）数据

滇西北药用植物图册 / 许琨主编 . -- 昆明 : 云南科技出版社 , 2021.8
（SEE 诺亚方舟生物多样性保护丛书 / 萧今主编）
ISBN 978-7-5587-3627-8

Ⅰ . ①滇… Ⅱ . ①许… Ⅲ . ①药用植物—云南—图集 Ⅳ . ① Q949.95-64

中国版本图书馆 CIP 数据核字 (2021) 第 161285 号

滇西北药用植物图册

DIANXIBEI YAOYONG ZHIWU TUCE

许 琨 主编

出版人：温 翔
策　划：高 亢 李 非 刘 康 胡风丽
责任编辑：唐 慧 王首斌 张羽佳
封面设计：长策文化
责任校对：张舒园
责任印制：蒋丽芬

书　号：ISBN 978-7-5587-3627-8
印　刷：云南华达印务有限公司
开　本：889mm × 1194mm 1/16
印　张：30
字　数：600 千字
版　次：2021 年 8 月第 1 版
印　次：2021 年 8 月第 1 次印刷
定　价：210.00 元

出版发行：云南出版集团 云南科技出版社
地　址：昆明市环城西路 609 号
电　话：0871-64192760

序

PREFACE

2010年，阿拉善SEE（北京企业家环保基金会）西南项目中心的萧今教授来到昆明植物研究所吴征镒院士办公室，有意向吴征镒院士请教阿拉善SEE西南项目中心拟在滇西北地区进行生物多样性保护的社会活动和植物资源开发利用促进农村社区发展的意见，吴征镒院士十分赞赏企业家的此举善行。建议与丽江高山植物园合作，从药用植物资源做起，扩及其他类别，更加注意其中有重要价值、处于珍稀濒危状态的物种。那时我在吴征镒院士办公室工作，亲悉萧今来访的来龙去脉。果然，他们合作，在重楼（*Paris polyphyllavar. yunnanensis*）、珠子参（*Panax japonicas* var. *major*）等药用植物的人工种苗繁育取得有实用价值的成果并广为推行，起到既可保护又能扶贫的双益效果。

云南金沙江、澜沧江和怒江并流的核心区域就在滇西北境内，高山、深谷的地理景观壮丽而秀美。多民族世代聚居于滇西北，民族植物学的研究表明这一地区的民族植物学传统知识十分丰富，特别是传统药用植物的传统知识尤显特色。《滇西北药用植物图册》中有包含着不少本土民族传统药用植物。

许琨等一批青年科技工作者以丽江高山植物园为基地，足迹遍及滇西北各州县，不畏艰辛，在高山深谷和草地间，长期调查药用植物并作引种栽培，积累起许多实用经验，十分可贵。《滇西北药用植物图册》的出版，为合理开发利用和保护滇西北药用植物资源提供可靠的基础，随之科技人才也成长起来了。

“新冠”疫情发生以来，中医药显出重要而独特的防治作用，极大增强了国民对中医药物的期待值，引发全社会对传统药用植物的重视。在扶贫攻坚中，山区农民靠种植适地中药材而脱贫的事例已成为累见不鲜的事实。

可喜可贺，乐之为序。

吕春朝

2021年6月2日

目录

CONTENTS

目 录

CONTENTS

目录

CONTENTS

目 录
CONTENTS

目录
CONTENTS

目 录
CONTENTS

目 录

CONTENTS

目 录
CONTENTS

诺亚方舟

生 物 多 样 性 保 护 丛 书

滇西北药用植物图册

中文名

描述

001

苍山冷杉

Abies delavayi

松科 Pinaceae

冷杉属 *Abies*

植株：乔木，高达25米。

茎：树皮粗糙，纵裂，灰褐色；大枝平展，树冠尖塔形；小枝无毛，稀嫩枝有毛叶枕之间微有凹槽，一年生枝红褐色或褐色，二，三年生枝暗褐色、褐色或暗灰褐色；冬芽圆球形，有树脂。

叶：叶，上面之叶斜上伸展，条形，通常微呈镰状，边缘向下反卷，下面中脉两侧各有一条粉白色气孔带，白粉带常被反卷的叶缘遮盖，横切面两侧卷曲、两端急尖。

果和种子：球果圆柱形或卵状圆柱形。

花果期：花期5月，球果10月成熟。

药用价值：种子入药。味辛，性温。木材可供建筑、板材、家具、电杆、火柴杆及造纸原料等用材。树皮可提取栲胶。

分布：大理苍山、志本山，丽江市玉龙县老君山。

中文名

描述

002

云南松

Pinus yunnanensis

松科 Pinaceae

松属 *Pinus*

植株：乔木，高达30米，胸径1米；树皮褐灰色，深纵裂，裂片厚或裂成不规则的鳞状块片脱落；

茎：树皮褐灰色，裂成不规则鳞块状脱落；一年生枝淡红褐色，无毛，二、三年生枝上的鳞叶常脱落。

叶：针叶通常3针一束，稀2针一束，背腹面均有气孔线，边缘有细锯齿；横切面扇状三角形或半圆形，二型皮下层细胞，第一层细胞连续排列，其下有散生细胞，树脂道约4～5个，中生与边生并存。

花：雄球花圆柱状，生于新枝下部的苞腋内，聚集成穗状。球果成熟前绿色，熟时褐色或栗褐色，圆锥状卵圆形。

果和种子：种子褐色，近卵圆形或倒卵形，微扁，边缘具疏毛状细锯齿。

花果期：花期4～5月，球果第二年10月成熟。

药用价值：枝、叶、幼果、松花粉、松脂、松节油、均可入药。种子油供食用。叶可提芳香油，用于普通香料。树皮、针叶、球果可提取栲胶。本种可割取树脂制造松香、松节油，是我国西南地区的松脂主要来源。

分布：腾冲市、玉龙县、宁蒗县、香格里拉市、维西县、德钦县。

001

002

中文名

描述

003

云南榧

Torreya fargesii var. *yunnanensis*

红豆杉科 Taxaceae

榧属 *Torreya*

植株：乔木，树皮淡褐色或灰褐色，不规则纵裂。

茎：小枝无毛，微有光泽，一至二年生枝绿色至黄色或淡褐黄色，三年生枝黄色、淡褐黄色或淡黄褐色;冬芽四棱状长，芽鳞淡褐黄色或黄色，有光泽，质地较厚，交叉对生，排成四行，具明显的背脊。

叶：叶基部扭转列成二列，条形或披针状条形。

花：雌雄异株，雄球花单生叶腋，卵圆形，具8～12对交叉对生的苞片，成四行排列，苞片背部具纵脊；雌球花成对生于叶腋，无梗，每一雌球花有两对交叉对生的苞片和1枚侧生的小苞片，苞片背部有纵脊。

果和种子：种子连同假种皮近圆球形，顶端有凸起的短尖头，种皮木质或骨质，坚硬。

花果期：果期7～10月。

药用价值：木材可作建筑、桥梁、家具、器具、农具等用材。种子可食，亦可榨油、入药及工业用。

分布：玉龙县。

中文名

描述

004

丽江麻黄

Ephedra likiangensis

麻黄科 Ephedraceae

麻黄属 *Ephedra*

植株：灌木，高50～150厘米。

茎：茎粗壮，直立；绿色小枝较粗，多直伸向上，稀稍平展，多成轮生状，节间长2～4厘米，径1.5～2.5毫米，纵槽纹粗深明显。

叶：2裂，稀3裂，下部1/2合生，裂片钝三角形或窄尖，稀较短钝。

花：雄球花密生于节上成圆团状，无梗或有细短梗，苞片通常4～5对，稀6对，基部合生；雌球花常单个对生于节上，具短梗，雌花1～2，珠被管短直，长不及1毫米。雌球花成熟时宽椭圆形或近圆形；苞片肉质红色。

花果期：花期5～6月，种子7～9月成熟。

药用价值：全草入药。在原产地作麻黄入药。

分布：玉龙县、香格里拉市、维西县、德钦县。

003

003

004

中文名　描述

005

贯叶马兜铃

Aristolochia delavayi

马兜铃科 Aristolochiaceae

马兜铃属 *Aristolochia*

植株：柔弱草本，全株无毛，有浓烈辛辣气味；块根圆形，外表呈不规则皱纹，暗褐色，内面黄褐色；茎近直立，细长，粉绿色，高30～60厘米，节间短而密。

叶：叶纸质，卵形，长2～8厘米，宽1.5～5厘米，顶端短尖或钝，基部心形而抱茎，边全缘，生于茎中部的叶具短柄，生于茎上部和下部的叶较小而近无柄，上面绿色，下面粉绿色，无毛或稍粗糙，密布油点；基出脉5～9条，在两面均明显隆起。

花：花单生于叶腋；花梗长1～1.5厘米，开花后期近顶端常向下弯。

果和种子：蒴果近球形，直径1.2～1.5厘米，明显6棱，顶端圆而具凸尖，成熟时黄褐色，由基部向上沿室间6瓣开裂；果梗长2～3厘米，下垂，常随果开裂成6条；种子卵状心形，长宽均约3毫米，背面凸起，暗褐色，密布乳头状突起小点，腹面凹入。

花果期：花期8～10月，果期12月。

药用价值：根、叶入药。用于疟疾、感冒。又可做香料。

分布：丽江、宁蒗、香格里拉；海拔1600～1900m。

中文名　描述

006

单叶细辛

Asarum himalaicum

马兜铃科 Aristolochiaceae

细辛属 *Asarum*

植株：多年生草本；根状茎细长，直径1～2毫米，节间长2～3厘米，有多条纤维根。

叶：叶互生，疏离，叶片心形或圆心形，顶端圆形，两面散生柔毛，叶背和叶缘的毛较长；叶柄长10～25厘米，有毛。

花：花深紫红色；花梗细长，长3～7厘米，有毛，毛渐脱落；花被在子房以上有短管，深紫色；雄蕊与花柱等长或稍长，花丝比花药长约2倍。

果和种子：果近球状，直径约1.2厘米。

花果期：花期4～6月。

药用价值：根入药。有发汗祛痰、解表散寒、镇痛止咳之功效。用于风寒湿气、外感头痛、喘咳、眼球痛、牙痛、口舌疮、口臭。本种根、茎有香气，可提取芳香油。

分布：鹤庆、香格里拉、德钦；海拔1300～3100m。

005
005
006
006

中文名

007

厚朴

Houpoea officinalis

木兰科 Magnoliaceae

厚朴属 *Houpoea*

描述

植株：落叶乔木，高达20米。

茎：树皮厚，褐色，不开裂；小枝粗壮，淡黄色或灰黄色，幼时有绢毛；顶芽大，狭卵状圆锥形，无毛。

叶：叶大，近革质，7～9片聚生于枝端，长圆状倒卵形，先端具短急尖或圆钝，基部楔形，全缘而微波状，上面绿色，无毛，下面灰绿色，被灰色柔毛，有白粉。

花：花白色，芳香；花梗粗短，被长柔毛，离花被片下1厘米处具包片脱落痕，花被片9～12（17），厚肉质，外轮3片淡绿色，长圆状倒卵形，内两轮白色，倒卵状匙形。

果和种子：聚合果长圆状卵圆形，蓇葖具长3～4毫米的喙；种子三角状倒卵形。

花果期：花期5～6月，果期8～10月。

药用价值：树皮、根皮、花、种子均可入药。种子亦可榨油、制肥皂。皮含芳香油，可使用于调制皂用、化妆品香精。

分布：丽江；海拔300～1500m。

中文名

008

高山木姜子

Litsea chunii

樟科 Lauraceae

木姜子属 *Litsea*

描述

植株：落叶灌木，高达5米；树皮黑褐色。

茎：幼枝黄绿色，无毛，小枝黄褐色或暗褐色，无毛。

叶：叶互生，椭圆形、椭圆状披针形或椭圆状倒卵形。

花：伞形花序单生；总梗长4～6毫米，无毛；每一花序有花8～12朵；花梗有淡黄色柔毛；花被裂片6，卵形、卵状长圆形或长圆形。

果和种子：果卵圆形，长6～8毫米，果梗长5～10毫米，顶端增粗，被柔毛。

花果期：花期3～4月，果期7～8月。

药用价值：果实入药。味辛，性温。有祛风散寒、理气止痛之功效。果、叶又可提芳香油。

分布：玉龙县、宁蒗县、香格里拉市、维西县、德钦县。

007

007

008

中文名

描述

009

一把伞南星

Arisaema erubescens

天南星科 Araceae

天南星属 *Arisaema*

茎：块茎扁球形，直径可达6厘米，表皮黄色，有时淡红紫色。

叶：鳞叶绿白色、粉红色、有紫褐色斑纹；叶1，极稀2，叶柄长40～80厘米，中部以下具鞘，鞘部粉绿色，上部绿色，有时具褐色斑块；叶片放射状分裂，裂片无定数。

花：花序柄比叶柄短，直立，果时下弯或否；佛焰苞绿色，背面有清晰的白色条纹，或淡紫色至深紫色而无条纹，管部圆筒形；喉部边缘截形或稍外卷；檐部通常颜色较深，三角状卵形至长圆状卵形，有时为倒卵形。肉穗花序单性，雄花序长2～2.5厘米，花密；雌花序长约2厘米，粗6～7毫米。

花果期：花期5～7月，果9月成熟。

药用价值：块茎入药。

分布：云南西北各地有分布；海拔1100～3200m。

中文名

描述

010

象头花

Arisaema franchetianum

天南星科 Araceae

天南星属 *Arisaema*

茎：块茎扁球形，直径1～6厘米或更大，颈部生多数圆柱状肉质根，周围有多数直径1～2厘米的小球茎，均肉红色（故有红半夏、红南星之称），小球茎逐渐与母体分离，然后萌发为独立的植株。

叶：鳞叶2～3，披针形，膜质，最内的长13～20厘米，淡褐色，带紫色斑润，包围叶柄及花序柄，上部分离；叶1，叶柄长20～50厘米，肉红色。成年植株叶片绿色，背淡，近革质，3全裂，裂片无柄或近无柄，中裂片卵形，宽椭圆形或近倒卵形，基部短楔形至近截形。

花：花序柄短于叶柄，肉红色，花期直立，果期下弯180度；佛焰苞污紫色、深紫色，具白色或绿白色宽条纹（宽1.5毫米）。

花果期：花期5～7月，果9～10月成熟。

药用价值：块茎入药。

分布：云南西北有分布；海拔960～3000m。

009
009
010
010

中文名

011

丽江南星

Arisaema lichiangense

天南星科 Araceae

天南星属 *Arisaema*

描述

植株：块茎近圆球形，直径3～4.5厘米，常具直径1～1.5厘米的小球茎。

根：须根多数。

叶：鳞叶3，膜质，披针形，渐尖，最内的长7～15厘米，有紫色斑块；叶1，叶柄长20～37厘米，下部4～5厘米鞘状；叶片3全裂，裂片无柄或中裂片具短柄，宽卵形或近菱形，先端短渐尖或骤狭渐尖，基部宽楔形或圆形。

花：花序柄短于叶柄，长13～23厘米；佛焰苞紫色或紫红色，具淡绿色纵条纹，管部粗短，圆柱形，喉部边缘1毫米反卷；檐部卵状披针形，直立或略下弯，长渐尖，长3.5～4厘米（包括尖头）；肉穗花序单性，雄花序圆柱形。

花果期：花期6～7月。

药用价值：块茎入药。有止咳化痰之功效。

分布：丽江；海拔2400～2800m。

中文名

012

花南星

Arisaema lobatum

天南星科 Araceae

天南星属 *Arisaema*

描述

茎：块茎近球形，直径1～4厘米。

叶：鳞叶膜质，线状披针形，叶柄长17～35厘米，下部1/2～2/3具鞘，黄绿色，有紫色斑块，形如花蛇；叶片3全裂，中裂片具1.5～5厘米长的柄，长圆形或椭圆形，基部狭楔形或钝，长8～22厘米，宽4～10厘米；侧裂片无柄，极不对称，长圆形。

花：花序柄与叶柄近等长，常较短；佛焰苞外面淡紫色，管部漏斗状，长4～7厘米，上部粗1～2.5厘米，喉部无耳，斜截形，略外卷或否，骤狭为檐部；檐部披针形，狭渐尖；肉穗花序单性。

花果期：花期4～7月，果期8～9月。

药用价值：块茎入药。味苦、辛，性温。有毒。有祛痰止咳、祛风定惊、消肿散结之功效。用于寒痰咳嗽、蛇咬伤。外用于疟疾。陕西用以代天南星。四川用作箭毒药。

分布：德钦、维西、香格里拉、贡山、宁蒗、鹤庆；海拔600～3300m。

中文名

013

穗花粉条儿菜

Aletris pauciflora var. *khasiana*

沼金花科 Nartheciaceae

肺筋草属 *Aletris*

描述

根：植株具多数须根，根毛局部膨大；膨大部分长3～6毫米，宽0.5～0.7毫米，白色。

叶：叶簇生，纸质，条形，有时下弯，长10～25厘米，宽3～4毫米，先端渐尖。

花：花葶高40～70厘米，有棱，密生柔毛，中下部有几枚长1.5～6.5厘米的苞片状叶；总状花序长6～30厘米，疏生多花；花被黄绿色，上端粉红色，外面有柔毛。

果和种子：蒴果倒卵形或矩圆状倒卵形：有棱角，长3～4毫米，宽2.5～3毫米，密生柔毛。

花果期：花期4～5月，果期6～7月。

药用价值：根和全草入药。有润肺止咳、养心安神、消积驱蛔、调经、杀虫之功效。

分布：贡山、福贡、香格里拉、维西、丽江；海拔1540～2300m。

中文名

014

滇重楼

Paris polyphylla var.*yunnanensis*

藜芦科 Melanthiaceae

重楼属 *Paris*

濒危级别：近危（NT）

描述

植株：多年生草本植物。

茎：根状茎粗壮。

叶：叶5～11枚，绿色，轮生。

花：花顶生于叶轮中央，两性，花梗伸长，花被两轮。

果和种子：果近球形，绿色，不规则开裂。种子多数，卵球形，有鲜红的外种皮。

花果期：花期4～7月，果期10～11月。

药用价值：有清热解毒、消肿止痛、凉肝定惊之功效，用于痈肿、咽喉肿痛、毒蛇咬伤、跌打伤痛、惊风抽搐等症。

分布：滇西北各地。

中文名

015

毛重楼

Paris pubescens

藜芦科 Mclanthiaceae

重楼属 *Paris*

濒危级别：濒危（EN）

描述

植株：植株高可达1米，全株被有短柔毛。

茎：根状茎粗达1～2厘米。

叶：叶5～10枚，披针形、倒披针形或椭圆形，长5～14厘米，宽1～2.5厘米，先端渐尖，基部宽楔形或近圆形，叶背面有短柔毛，具短柄。

花：内轮花被片长条形，与外轮的等长或超过，有时可以宽达2毫米；雄蕊长约1～1.5厘米，通常花丝稍短于花药，药隔突出部分长1～1.5毫米；子房通常为紫红色。

花果期：花期5～7月，果期8～9月。

药用价值：根茎入药。有毒。有清热解毒、消肿散血、平喘止咳、息风定惊之功效。

分布：云南西北；海拔1800～3500m。

013

014

014

015

中文名

描述

016

延龄草

Trillium tschonoskii

藜芦科 Melanthiaceae
延龄草属 *Trillium*

植株：茎丛生于粗短的根状茎上，高15～50厘米。

叶：叶菱状圆形或菱形，长6～15厘米，宽5～15厘米，近无柄。

花：外轮花被片卵状披针形，绿色，内轮花被片白色，少有淡紫色，卵状披针形，子房圆锥状卵形。

果和种子：浆果圆球形，黑紫色。

花果期：花期4～6月，果期7～8月。

药用价值：根茎入药。有小毒。

分布：德钦、维西、贡山、香格里拉、宁蒗、丽江；海拔2000～3800m。

中文名

描述

017

狭叶藜芦

Veratrum stenophyllum

藜芦科 Melanthiaceae
藜芦属 *Veratrum*

植株：植株高达1米许，茎基部有数枚浅白色或棕褐色的膜质鞘；鞘枯死后，成为带网眼的纤维网或至少在鞘端如此。

叶：叶在下部的（近基生）带状、狭矩圆形、倒披针形或有时近狭镰刀状，长约30厘米或更长，宽1.5～2.5（～8～8.5）厘米，先端锐尖，基部收窄为鞘，抱茎，两面无毛。

花：圆锥花序具密集的花；侧生总状花序轴纤弱，通常着生雄性花，顶生总状花序生两性花；花被片淡黄绿色，近直立或平展，矩圆形或卵状矩圆形。

果和种子：蒴果直立，紧密而伏贴于花序主轴。

花果期：花果期7～10月。

药用价值：根入药。有剧毒。外用于跌打损伤、风湿疼痛、骨折。内服催吐，用于疯痫。兽医用于牛马损伤体瘦、肺炎。全草用于灭蛆、杀孑孓。

分布：香格里拉、丽江、维西、剑川、鹤庆；海拔2500～3900m。

016
016
017
017

中文名

描述

018

西南菝葜

Smilax bockii

菝葜科 Smilacaceae

菝葜属 *Smilax*

植株：攀援灌木，具粗短的根状茎。

茎：茎长2～5米，无刺。

叶：叶纸质或薄革质，矩圆状披针形、条状披针形至狭卵状披针形，长7～15厘米，宽1～5厘米，先端长渐尖，基部浅心形至宽楔形，中脉区在上面多少凹陷，主脉5～7条，最外侧的几与叶缘结合；叶柄长5～20毫米，具鞘部分不及全长的1/3，有卷须，脱落点位于近顶端。

花：伞形花序生于叶腋或苞片腋部，具几朵至10余朵花；总花梗纤细，比叶柄长许多倍；花序托稍膨大；花紫红色或绿黄色；雄花内外花被片相似，长2.5～3毫米，宽约1毫米；雌花略小于雄花，具3枚退化雄蕊。

果和种子：浆果直径8～10毫米，熟时蓝黑色。

花果期：花期5～7月，果期10～11月。

药用价值：根茎入药。味辛，性温。有祛风活血、解毒、止痛之功效。用于风湿腰腿痛、跌打损伤、瘰疬。

分布：贡山、福贡、丽江；海拔1400～3000m。

中文名

描述

019

防己叶菝葜

Smilax menispermoidea

菝葜科 Smilacaceae

菝葜属 *Smilax*

植株：攀援灌木。

茎：茎长0.5～3米，枝条无刺。

叶：叶纸质，卵形或宽卵形，先端急尖并具尖凸，基部浅心形至近圆形，下面苍白色；叶柄有卷须，脱落点位于近顶端。

花：伞形 花序具几朵至10余朵花；总花梗纤细，比叶柄长2～4倍；花序托稍膨大，有宿存小苞 片；花紫红色；雄花外花被片长约2.5毫米，宽约1.1毫米，内花被片稍狭；雄蕊较短，长0.6～1毫米；花丝合生成短柱，雌花稍小或和雄花近等大，具6枚退化雄蕊，通常其中1～3枚具不育花药。

果和种子：浆果直径7～10毫米，熟时紫黑色。

花果期：花期5～6月，果期 10～11月。

药用价值：块茎入药。有祛风除湿、消肿止痛、解毒、利关节之功效。用于梅毒、淋浊、筋骨挛痛、脚气、疔疮、痈肿、瘰疬。

分布：德钦、维西、香格里拉、贡山、福贡、丽江；海拔2600～3000m。

018

019

中文名

描述

020

丽江山慈菇

Iphigenia indica

百合科 Liliaceae

山慈菇属 *Iphigenia*

植株：草本；植株高10～25厘米。

根：球茎直径5～15毫米。

茎：茎常多少具小乳突，有几枚叶。

叶：叶条状长披针形，基部鞘状，抱茎，有中脉，自下向上渐小，逐渐过渡为狭长的叶状苞片。

花：花2～10朵，暗紫色，排成近伞房花序。

果和种子：蒴果长约7毫米。

花果期：花果期6～7月。

药用价值：具有散结止痛之功效。常用于乳腺癌，鼻咽癌，唾腺肿瘤，瘰疬，皮肤肿块，痛风。

分布：丽江、鹤庆、宾川；海拔1900～3300米。

中文名

描述

021

七筋姑

Clintonia udensis

百合科 Liliaceae

七筋姑属 *Clintonia*

茎：根状茎较硬，粗约5毫米，有撕裂成纤维状的残存鞘叶。

叶：叶3～4枚，纸质或厚纸质，椭圆形、倒卵状矩圆形或倒披针形，长8 25厘米，宽3～16厘米，无毛或幼时边缘有柔毛，先端骤尖，基部成鞘状抱茎或后期伸长成柄状。

花：花葶密生白色短柔毛，长10～20厘米，果期伸长可达60厘米；总状花序有花3～12朵，花梗密生柔毛，初期长约1厘米，后来伸长可达7厘米；苞片披针形，长约1厘米，密生柔毛，早落；花白色，少有淡蓝色；花被片矩圆形，长7～12毫米，宽3～4毫米，先端钝圆，外面有微毛，具5～7脉；花药长1.5～2毫米，花丝长3～5（～7）毫米；子房长约3毫米，花柱连同浅3裂的柱头长3～5毫米。

果和种子：果实球形至矩圆形，长7～12（～14）毫米，宽7～10毫米，自顶端至中部沿背缝线作蒴果状开裂，每室有种子6～12颗。种子卵形或梭形，长34.2毫米，宽约2毫米。

花果期：花期5～6月，果期7～10月。

药用价值：全草入药。有祛风败毒、散瘀止痛之功效。

分布：德钦、维西、香格里拉、丽江、鹤庆、兰坪；海拔2900～4000m。

中文名

描述

022

川贝母

Fritillaria cirrhosa

百合科 Liliaceae

贝母属 *Fritillaria*

濒危级别：近危（NT）

植株：草本；植株长15～50厘米。

茎：鳞茎由2枚鳞片组成，直径1～1.5厘米。

叶：叶通常对生，少数在中部兼有散生或3～4枚轮生的，条形至条状披针形，长4～12厘米，宽3～5（～10）毫米，先端稍卷曲或不卷曲。

花：花通常单朵，极少2～3朵，紫色至黄绿色，通常有小方格，少数仅具斑点或条纹；每花有3枚叶状苞片，苞片狭长，宽2～4毫米；花被片长3～4厘米，蜜腺窝在背面明显凸出。

果和种子：蒴果长宽各约1.6厘米，棱上只有宽1～1.5毫米的狭翅。

花果期：花期5～7月，果期8～10月。

药用价值：鳞茎入药。含川贝母素等植物碱。用于镇咳祛痰剂。是川贝的主要来源。

分布：德钦、香格里拉、丽江、维西、贡山、洱源、宁蒗、腾冲；海拔3000～4400m。

020
020
021
021
022
022

中文名

023

川百合

Lilium lancifolium

百合科 Liliaceae
百合属 *Lilium*

描述

植株：鳞茎近宽球形；鳞片宽卵形，白色。

茎：茎高0.8～1.5米，带紫色条纹，具白色绵毛。

叶：叶散生，矩圆状披针形或披针形，长6.5～9厘米，宽1～1.8厘米，两面近无毛，先端有白毛，边缘有乳头状突起，有5～7条脉，上部叶腋有珠芽。

花：花3～6朵或更多；花下垂，花被片披针形，反卷，橙红色，有紫黑色斑点。

果和种子：蒴果狭长卵形，长3～4厘米。

花果期：花期7～8月，果期9～10月。

药用价值：鳞茎入药。有清热安神、润肺止咳之功效。用于肺热咳嗽。鳞茎含淀粉，可供食用。花含芳香油，可作提取卷丹花浸膏，作香料。

分布：各地栽培。

中文名

024

尖被百合

Lilium lophophorum

百合科 Liliaceae
百合属 *Lilium*

描述

植株：鳞茎近卵形；鳞片较松散，披针形，长3.5～4厘米，宽6～7毫米，白色，鳞茎上方的茎上无根。

茎：茎高10～45厘米，无毛。

叶：叶变化很大，由聚生至散生，披针形、矩圆状披针形或长披针形，长5～12厘米，宽0.3～2厘米，先端钝、急尖或渐尖，基部渐狭，边缘有乳头状突起，3～5条脉。

花：花通常1朵，少有2～3朵，下垂；花黄色，淡黄色或淡黄绿色，具极稀疏的紫红色斑点或无斑点。

果和种子：蒴果矩圆形，长2～3厘米，宽1.5～2厘米，成熟时带紫色。

花果期：花期6～7月，果期8～9月。

药用价值：鳞茎入药。有镇咳、补虚、清热润肺、清火之功效。用于肺热咳嗽。本种植物花幽香、色美，为高山观赏植物。

分布：贡山、德钦、香格里拉、丽江、维西、鹤庆、宁蒗；海拔2700～4600m。

023

024

中文名　描述

025

淡黄花百合

Lilium sulphureum

百合科 Liliaceae

百合属 *Lilium*

植株：鳞茎球形，高3～5厘米，直径5.5厘米；鳞片卵状披针形或披针形，长2.5～5厘米，宽0.8～1.6厘米。

茎：茎高80～120厘米，有小乳头状突起。

叶：叶散生，披针形，长7～13厘米，宽1.3～1.8（～3.2）厘米，上部叶腋间具珠芽。

花：苞片卵状披针形或椭圆形；花梗长4.5～6.5厘米；花通常2朵，喇叭形，有香味，白色；花被片长17～19厘米；外轮花被片矩圆状倒披针形，宽1.8～2.2厘米；内轮花被片匙形，宽3.2～4厘米，蜜腺两边无乳头状突起；花丝长13～15厘米，无毛或少有稀疏的毛；花药长矩圆形，长约2厘米；子房圆柱形，长4～4.5厘米，宽2～5毫米，紫色；花柱长11～12厘米，柱头膨大，径约1厘米。

花果期：花期6～7月。

药用价值：鳞茎入药。有清肺止咳之功效。也可提取淀粉。

分布：洱源；海拔1300～1900m。

中文名　描述

026

大理百合

Lilium taliense

百合科 Liliaceae

百合属 *Lilium*

植株：鳞茎卵形，高约3厘米，直径2.5厘米；鳞片披针形，长2～2.5厘米，宽5～8毫米，白色。

茎：茎高70～150厘米，有的有紫色斑点，具小乳头状突起。

叶：叶散生，条形或条状披针形，长8～10厘米，宽6～8毫米，中脉明显，两面无毛，边缘具小乳头状突起。

花：总状花序具花2～5朵，少有达13朵；苞片叶状，长3～5厘米，宽4～8毫米，边缘有小乳头状突起；花下垂；花被片反卷，矩圆形或矩圆状披针形，长4.5～5厘米，宽约1厘米；内轮花被片较外轮稍宽，白色，有紫色斑点，蜜腺两边无流苏状突起；花丝钻状，长约3厘米，无毛；子房圆柱形，长1.4～1.6厘米，宽3～4毫米；花柱与子房等长或稍长，柱头头状，3裂。

果和种子：蒴果矩圆形，长3.5厘米，宽2厘米，褐色。

花果期：花期7～8月，果期9月。

药用价值：鳞茎入药。有润肺止咳、解毒之功效。亦可食用。花香而美，可供观赏。

分布：腾冲、贡山、香格里拉、丽江、洱源、鹤庆、维西、剑川；海拔2600～3300m。

025

025

026

026

中文名

描述

027

豹子花
Nomocharis forrestii

百合科 Liliaceae
豹子花属 *Nomocharis*

植株：鳞茎卵形，高2.5～3.5厘米，直径2～2.5厘米，黄白色。

茎：茎高30～100（～150）厘米，无毛。

叶：叶散生，披针形或卵状披针形，长（2～）2.5～6厘米，宽0.7～1.5厘米，先端渐尖。

花：花1至6朵，张开，似碟形，粉红色至红色，里面基部具细点，细点向上逐渐扩大成紫红色的斑块；外轮花被片卵形至椭圆形，全缘；内轮花被片宽椭圆形，里面基部具两个紫红色的垫状隆起。

果和种子：蒴果矩圆状卵形，长2.5厘米，宽2厘米，绿褐色。

花果期：花期6～7月，果期8～10月。

药用价值：鳞茎入药。

分布：香格里拉、丽江、维西、洱源；海拔3000～3850m。

中文名

描述

028

假百合
Notholirion bulbuliferum

百合科 Liliaceae
假百合属 *Notholirion*

植株：小鳞茎多数，卵形，直径3～5毫米，淡褐色。

茎：茎高60～150厘米，近无毛。

叶：基生叶数枚，带形，长10～25厘米，宽1.5～2厘米；茎生叶条状披针形，长10～18厘米，宽1～2厘米。

花：总状花序具10～24朵花；苞片叶状，条形，长2～7.5厘米，宽3～4毫米；花梗稍弯曲，长5～7毫米；花淡紫色或蓝紫色；花被片倒卵形或倒披针形，长2.5～3.8厘米，宽0.8～1.2厘米，先端绿色；雄蕊与花被片近等长；子房淡紫色，长1～1.5厘米；花柱长1.5～2厘米，柱头3裂，裂片稍反卷。

果和种子：蒴果矩圆形或倒卵状矩圆形，长1.6～2厘米，宽1.5厘米，有钝棱。

花果期：花期7月，果期8月。

药用价值：鳞茎入药。

分布：德钦、香格里拉、维西、丽江、鹤庆、宁蒗、福贡；海拔2600～4200m。

027 027
028 028

中文名

029

腋花扭柄花

Streptopus simplex

百合科 Liliaceae

扭柄花属 *Streptopus*

描述

植株： 植株高20～50厘米；根状茎粗L5～2毫米。

茎： 茎不分枝或中部以上分枝，光滑。

叶： 叶披针形或卵状披针形，长2.5～8厘米，宽1.5～3厘米，先端渐尖，上部的叶有时呈镰刀形，叶背灰白色，基部圆形或心形，抱茎，全缘。

花： 花大，单生于叶腋，直径8.5～12毫米，下垂；花梗长2.5～4.5厘米，不具膝状关节；花被片卵状矩圆形，长8.5～10毫米，宽3～4毫米，粉红色或白色，具紫色斑点；雄蕊长3～3.5毫米；花药箭形，先端钝圆，比花丝长；花丝扁，向基部变宽；子房直径约1～1.5毫米，花柱细长，长5～6毫米，柱头先端3裂，长约1毫米，裂片向外反卷。

果和种子： 浆果直径5～6毫米。

花果期： 花期6月，果期8～9月。

药用价值： 根入药。

分布： 泸水、福贡、贡山、兰坪、德钦、维西、香格里拉、丽江、鹤庆；海拔2700～4000m。

中文名

030

白及

Bletilla striata

兰科 Orchidaceae

白及属 *Bletilla*

濒危等级：濒危（EN）

描述

植株： 植株高18～60厘米。

茎： 假鳞茎扁球形，上面具荸荠似的环带，富黏性。茎粗壮，劲直。

叶： 叶4～6枚，狭长圆形或披针形。

花： 花序具3～10朵花，常不分枝或极罕分枝；花序轴或多或少呈“之”字状曲折；花大，紫红色或粉红色。

花时期： 花期4～5月。

药用价值： 用于咯血，吐血，外伤出血，疮疡肿毒，皮肤皲裂。

分布： 丽江，德钦霞若。

中文名

031

流苏虾脊兰

Calanthe alpina

兰科 Orchidaceae

虾脊兰属 *Calanthe*

描述

植株： 植株高达50厘米。

茎： 假鳞茎短小，狭圆锥状，粗约7毫米，去年生的假鳞茎密被残留纤维；假茎不明显或有时长达7厘米，具3枚鞘。

叶： 叶3枚，在花期全部展开，椭圆形或倒卵状椭圆形，长11～26厘米，宽3～6（～9）厘米，先端圆钝并具短尖或锐尖，基部收狭为鞘状短柄，两面无毛。

花： 花葶从叶间抽出，通常1个，偶尔2个，直立，高出叶层之外，被稀疏的短毛；总状花序长3～12厘米，疏生3至10余朵花；花被全体无毛；萼片和花瓣白色带绿色先端或浅紫堇色，先端急尖或渐尖而呈芒状，无毛；中萼片近椭圆形；花瓣狭长圆形至卵状披针形；唇瓣浅白色，后部黄色，前部具紫红色条纹，与蕊柱中部以下的蕊柱翅合生，半圆状扇形。

果和种子： 蒴果倒卵状椭圆形，长2厘米，粗约1.5厘米。

花果期： 花期6～9月，果期11月。

药用价值： 假鳞茎入药。

分布： 贡山、维西、香格里拉、丽江；海拔1500～3500m。

029
029
030
031

中文名

描述

032

三棱虾脊兰

Calanthe tricarinata

兰科 Orchidaceae

虾脊兰属 *Calanthe*

植株：根状茎不明显。假鳞茎圆球状，粗约2厘米，具3枚鞘和3～4枚叶。

茎：假茎粗壮，长4～15厘米，粗1～2.5厘米；鞘大型，先端钝，最下1枚最小，长约2厘米，向上逐渐变长。

叶：叶在花期时尚未展开，薄纸质，椭圆形或倒卵状披针形，通常长20～30厘米，宽5～11厘米，先端锐尖或渐尖，基部收狭为鞘状柄，边缘波状，具4～5条两面隆起的主脉，背面密被短毛。

花：花葶从假茎顶端的叶间发出，直立，粗壮，高出叶层外，长达60厘米，粗达1.5厘米，被短毛，花序之下具1至多枚膜质、卵状披针形的苞片状叶；总状花序长3～20厘米，疏生少数至多数花；花苞片宿存，膜质，卵状披针形；萼片和花瓣浅黄色；萼片相似，长圆状披针形；花瓣倒卵状披针形；唇瓣红褐色，基部合生于整个蕊柱翅上。

花果期：花期5～6月。

药用价值：全草、根茎入药。有散结、解毒、活血、舒筋之功效。用于瘰疬、扁桃腺炎、痔疮、跌打损伤、肾炎、小便出血、胎衣不下、堕死胎、气滞腹痛。

分布：德钦、维西、香格里拉、丽江、宁蒗、剑川；海拔1700～3500m。

中文名

描述

033

头蕊兰

Cephalanthera longifolia

兰科 Orchidaceae

头蕊兰属 *Cephalanthera*

植株：地生草本，高20～47厘米。

茎：茎直立，下部具3～5枚排列疏松的鞘。

叶：叶4～7枚；叶片披针形、宽披针形或长圆状披针形，长（2.5～）4～13厘米，宽0.5～2.5厘米，先端长渐尖或渐尖，基部抱茎。

花：总状花序长1.5～6厘米，具2～13朵花；花白色，稍开放或不开放；花瓣近倒卵形。

果和种子：蒴果椭圆形，长1.7～2厘米，宽6～8毫米。

花果期：花期5～6月，果期9～10月。

药用价值：根茎入药。用于夜多小便、遗尿。

分布：德钦、维西、香格里拉、贡山、福贡、丽江、永胜、洱源；海拔2000～3600m。

032

033

033

中文名 描述

034

眼斑贝母兰
Coelogyne corymbosa

兰科 Orchidaceae
贝母兰属 *Coelogyne*
濒危级别：近危（NT）

植株：根状茎较坚硬，粗3～4毫米，密被褐色鳞片状鞘。

茎：假鳞茎较密集，彼此相距不到1厘米，长圆状卵形或近菱状长圆形，长（1～）2～4.5厘米，粗6～13毫米，干后亮黄色或棕黄色并强烈皱缩，顶端生2枚叶，基部具数枚鞘；鞘纸质，卵形，有光泽，长1.5～2.5厘米。

叶：叶长圆状倒披针形至倒卵状长圆形，近革质，长4.5～15厘米，宽1～3厘米，先端通常渐尖，上面可见浮凸的横脉；叶柄长1～2厘米。

花：花葶连同幼嫩假鳞茎和叶从靠近老假鳞茎基部的根状茎上发出；总状花序具2～3（～4）朵花；花苞片早落；花白色或稍带黄绿色，但唇瓣上有4个黄色、围以橙红色的眼斑；花瓣与萼片等长，但宽度仅2.5～4毫米；唇瓣近卵形。

果和种子：蒴果近倒卵形，略带三棱，长2.2～5厘米，粗9～13毫米。

花果期：花期5～7月，果期次年7～11月。

药用价值：全草、假鳞茎入药。有止咳化痰、舒筋止痛、止血、接骨、清热之功效。

分布：贡山、福贡、泸水、维西；海拔1300～3100（～3450）m。

中文名 描述

035

多花兰
Cymbidium floribundum

兰科 Orchidaceae
兰属 *Cymbidium*
濒危级别：易危（VU）

植株：附生草本；假鳞茎近卵球形，长2.5～3.5厘米，宽2～3厘米，稍压扁，包藏于叶基之内。

叶：叶通常5～6枚，带形，坚纸质，先端钝或急尖。

花：花葶自假鳞茎基部穿鞘而出，近直立或外弯，长16～28（～35）厘米；花序通常具10～40朵花；花苞片小；花较密集；萼片与花瓣红褐色或偶见绿黄色，极罕灰褐色，唇瓣白色而在侧裂片与中裂片上有紫红色斑，褶片黄色；花瓣狭椭圆形；唇瓣近卵形。

果和种子：蒴果近长圆形，长3～4厘米，宽1.3～2厘米。

花果期：花期4～8月。

药用价值：根入药。有清热润肺、止咳化痰之功效。用于肺热咳嗽、百日咳、咯血、喉炎、跌打损伤、神经衰弱、头晕腰痛、尿路感染、白带。

分布：德钦、维西、香格里拉、贡山、福贡、丽江；海拔1000～2700m。

034

035

035

中文名

036

春兰

Cymbidium goeringii

兰科 Orchidaceae

兰属 *Cymbidium*

濒危级别：易危（VU）

描述

植株： 地生植物；假鳞茎较小，卵球形，长1～2.5厘米，宽1～1.5厘米，包藏于叶基之内。

叶： 叶4～7枚，带形，通常较短小，长20～40（～60）厘米，宽5～9毫米，下部常多少对折而呈V形，边缘无齿或具细齿。

花： 花序具单朵花，极罕2朵；花色泽变化较大，通常为绿色或淡褐黄色而有紫褐色脉纹，有香气；花瓣倒卵状椭圆形至长圆状卵形。

果和种子： 蒴果狭椭圆形，长6～8厘米，宽2～3厘米。

花果期： 花期1～3月。

药用价值： 全草入药。有清肺除热、化痰止咳、凉血止血、镇痉解毒之功效。用于神经衰弱、头晕腰痛、阴肿、潮热盗汗、蛔虫腹痛、痔疮、疯狗咬伤。

分布： 维西、丽江、腾冲；海拔800～2550m。

中文名

037

斑叶杓兰

Cypripedium margaritaceum

兰科 Orchidaceae

杓兰属 *Cypripedium*

濒危级别：濒危（EN）

描述

植株： 植株高约10厘米，地下具较粗壮而短的根状茎。

茎： 茎直立，较短，通常长2～5厘米，为数枚叶鞘所包。

叶： 叶近对生，铺地；叶片宽卵形至近圆形，先端钝或具短尖头，上面暗绿色并有黑紫色斑点。

花： 花序顶生，具1花；花序柄长4～5厘米，无毛；花苞片不存在；花较美丽，萼片绿黄色有栗色纵条纹，花瓣与唇瓣白色或淡黄色而有红色或栗红色斑点与条纹。

花果期： 花期5～7月。

药用价值： 根、全草入药。有小毒。有补肝肾、和气血、利小便之功效。用于目翳、目雾、夜盲、水肿、气肿、血肿。

分布： 丽江、香格里拉；海拔2800～3400m。

中文名

038

西藏杓兰

Cypripedium tibeticum

兰科 Orchidaceae

杓兰属 *Cypripedium*

描述

植株： 植株高15～35厘米，具粗壮、较短的根状茎。

茎： 茎直立，无毛或上部近节处被短柔毛，基部具数枚鞘，鞘上方通常具3枚叶，罕有2或4枚叶。

叶： 叶片椭圆形、卵状椭圆形或宽椭圆形，长8～16厘米，宽3～9厘米，先端急尖、渐尖或钝，无毛或疏被微柔毛，边缘具细缘毛。

花： 花序顶生，具1花；花大，俯垂，紫色、紫红色或暗栗色，通常有淡绿黄色的斑纹，花瓣上的纹理尤其清晰，唇瓣的囊口周围有白色或浅色的圈。

花果期： 花期5～8月。

药用价值： 根入药。用于风湿疼痛、下肢水肿、跌打损伤。

分布： 德钦、维西、香格里拉、贡山、丽江；海拔2500～4200m。

036

037

037

038

中文名

描述

039

火烧兰

Epipactis helleborine

兰科 Orchidaceae

火烧兰属 *Epipactis*

植株：地生草本，高20～70厘米；根状茎粗短。

茎：茎上部被短柔毛，下部无毛，具2～3枚鳞片状鞘。

叶：叶4～7枚，互生；叶片卵圆形、卵形至椭圆状披针形，罕有披针形，长3～13厘米，宽1～6厘米，先端通常渐尖至长渐尖；向上叶逐渐变窄而成披针形或线状披针形。

花：总状花序长10～30厘米，通常具3～40朵花；花绿色或淡紫色。

果和种子：蒴果倒卵状椭圆状，长约1厘米，具极疏的短柔毛。

花果期：花期7月，果期9月。

药用价值：根茎入药。

分布：贡山、福贡、泸水、兰坪、维西、香格里拉、德钦、腾冲、丽江、鹤庆、洱源；海拔1300～3300m。

中文名

描述

040

大叶火烧兰

Epipactis mairei

兰科 Orchidaceae

火烧兰属 *Epipactis*

濒危级别：近危（NT）

植株：地生草本，高30～70厘米；根状茎粗短，有时不明显，具多条细长的根；根多少呈“之”字形曲折，幼时密被黄褐色柔毛，后期毛脱落。

茎：茎直立，上部和花序轴被锈色柔毛，下部无毛，基部具2～3枚鳞片状鞘。

叶：叶5～8枚，互生，中部叶较大；叶片卵圆形、卵形至椭圆形，长7～16厘米，宽3～8厘米，先端短渐尖至渐尖，基部延伸成鞘状，抱茎，茎上部的叶多为卵状披针形，向上逐渐过渡为花苞片。

花：总状花序；花黄绿带紫色、紫褐色或黄褐色，下垂。

果和种子：蒴果椭圆状，长约2.5厘米，无毛。

花果期：花期6～7月，果期9月。

药用价值：全草、根入药。

分布：德钦、维西、香格里拉、贡山、泸水、丽江、鹤庆、洱源；海拔2000～3200m。

039
039
040
040

中文名

041

天麻

Gastrodia elata

兰科 Orchidaceae

天麻属 *Gastrodia*

描述

植株：植株高30～100厘米，有时可达2米；根状茎肥厚，块茎状，椭圆形至近哑铃形，肉质，长8～12厘米，直径3～5（～7）厘米，有时更大，具较密的节，节上被许多三角状宽卵形的鞘。

茎：茎直立，橙黄色、黄色、灰棕色或蓝绿色，无绿叶，下部被数枚膜质鞘。

花：总状花序长5～30（～50）厘米，通常具30～50朵花；花扭转，橙黄、淡黄、蓝绿或黄白色，近直立；萼片和花瓣合生成的花被筒长约1厘米；唇瓣长圆状卵圆形。

果和种子：蒴果倒卵状椭圆形，长1.4～1.8厘米，宽8～9毫米。

花果期：花果期5～7月。

药用价值：块茎入药。干燥块茎为名贵中药。有平肝息风、祛风定惊之功效。用于头晕目眩、头痛、神经衰弱、肢体麻木、小儿惊风、癫痫、高血压、耳源性眩晕。能缓解由于冒寒或潮湿所引起的四肢筋骨疼痛及因中风所引起的上下肢知觉麻痹、语言障碍。

分布：贡山、兰坪、维西、香格里拉、丽江、洱源；海拔1950～3000m。

中文名

042

西南手参

Gymnadenia orchidis

兰科 Orchidaceae

手参属 *Gymnadenia*

濒危级别：易危（VU）

描述

植株：植株高17～35厘米。

茎：块茎卵状椭圆形，长1～3厘米，肉质，下部掌状分裂，裂片细长。茎直立，较粗壮，圆柱形，基部具2～3枚筒状鞘，其上具3～5枚叶，上部具1至数枚苞片状小叶。

叶：叶片椭圆形或椭圆状长圆形，长4～16厘米，宽（2.5～）3～4.5厘米，先端钝或急尖，基部收狭成抱茎的鞘。

花：总状花序具多数密生的花，圆柱形；花紫红色或粉红色，极罕为带白色。

花果期：花期7～9月。

药用价值：块茎入药。有补中益气、止痛之功效。丽江民间用以作补药。

分布：贡山、福贡、兰坪、德钦、维西、香格里拉、丽江、宁蒗、鹤庆；海拔2170～4100m。

041

041

042

042

中文名

043

落地金钱

Habenaria aitchisonii

兰科 Orchidaceae

玉凤花属 *Habenaria*

描述

植株：植株高12～33厘米。

茎：块茎肉质，长圆形或椭圆形，长1～2.5厘米，直径0.8～1.5厘米。茎直立，圆柱形，被乳突状柔毛，基部具2枚近对生的叶，在叶之上无或具1～5枚鞘状苞片。

叶：叶片平展，卵圆形或卵形，长2～5厘米，宽1.5～4厘米，先端急尖，基部圆钝，收狭并抱茎，稍肥厚，绿色，上面5条脉有时稍带黄白色。

花：总状花序具几朵至多数密生或较密生的花，花序轴被乳突状毛；花苞片卵状披针形，先端渐尖，与子房等长或较短；子房圆柱形，扭转，被乳突状毛；花较小，黄绿色或绿色；唇瓣较萼片长，基部之上3深裂；中裂片线形，反折，直的；距圆筒状棒形，下垂，下部稍膨大且向前弯；柱头的突起向前伸，近棒状，粗短。

花果期：花期7～9月。

药用价值：块茎入药。用于肾炎、尿血。

分布：德钦、香格里拉、丽江、鹤庆；海拔2100～3550m。

中文名

044

厚瓣玉凤花

Habenaria delavayi

兰科 Orchidaceae

玉凤花属 *Habenaria*

濒危级别：近危（NT）

描述

植株：植株高9～35厘米。

茎：块茎肉质，长圆形或卵形，长1～2厘米，直径1～1.5厘米。茎直立，圆柱形，直径3～5毫米，无毛，基部多具3枚、少具4（～6）枚叶，极密集呈莲座状，在叶之下具1～2枚筒状鞘，在叶之上具1～5枚苞片状小叶。

叶：叶片圆形或卵形，稍肉质，长1.5～5厘米，宽1.5～4厘米，先端钝或急尖，基部圆钝，骤狭而抱茎，叶上面和脉均为绿色。

花：总状花序具7～20朵较疏生的花；花白色；花瓣线形，基部扭卷，向后倾斜，伸展呈狭镰形；唇瓣近基部3深裂，裂片狭窄，等宽，较厚；侧裂片狭楔形。

花果期：花期6～8月。

药用价值：块茎入药。有壮腰补肾之功效。

分布：贡山、维西、香格里拉、丽江、宾川、洱源；海拔1720～2860m。

043
043
044
044

中文名

045

粉叶玉凤花

Habenaria glaucifolia

兰科 Orchidaceae

玉凤花属 *Habenaria*

描述

植株：植株高15～50厘米。

茎：块茎肉质，长圆形或卵形，长1.5～3厘米，直径1～1.5厘米。茎直立，圆柱形，直径3～5毫米，被短柔毛，基部具2枚近对生的叶，在叶之上无或具1～3枚鞘状苞片。

叶：叶片平展，较肥厚，近圆形或卵圆形，长3.5～4.6厘米，宽3～4.7厘米，上面粉绿色，背面带灰白色，先端骤狭具短尖或近渐尖，基部圆钝，骤狭并抱茎，上面5～7条脉绿色。

花：总状花序具3～10余朵花，长5～20厘米，花序轴被短柔毛；花较大，白色或白绿色。

花果期：花期7～8月。

药用价值：块根入药。有止痛、消炎生肌之功效。

分布：德钦、维西、香格里拉、丽江、洱源；海拔2800～3300m。

中文名

046

宽药隔玉凤花

Habenaria limprichtii

兰科 Orchidaceae

玉凤花属 *Habenaria*

濒危级别：近危（NT）

描述

植株：植株高18～60厘米，干后变成黑色。

茎：块茎卵状椭圆形或长圆形，肉质，长1.5～3厘米，直径1～1.5厘米。茎粗壮，直立，圆柱形，具4～7枚叶。

叶：叶片卵形至长圆状披针形，长4～10厘米，宽1.5～3厘米，先端渐尖或急尖，基部抱茎。

花：总状花序具3～20朵疏生的花；花瓣白色，直立，偏斜长圆形，镰状。

花果期：花期6～8月。

药用价值：块根入药。有滋阴补肾之功效。

分布：兰坪、香格里拉、丽江、鹤庆；海拔1900～3200m。

中文名

047

叉唇角盘兰

Herminium lanceum

兰科 Orchidaceae

角盘兰属 *Herminium*

描述

植株：植株高10～83厘米。

茎：块茎圆球形或椭圆形，肉质，长1～1.5厘米，直径8～12毫米。茎直立，常细长，无毛，基部具2枚筒状鞘，中部具3～4枚疏生的叶。

叶：叶互生，叶片线状披针形，直立伸展，长达15厘米，宽达1厘米，先端急尖或渐尖，基部渐狭并抱茎。

花：总状花序具多数密生的花；花小，黄绿色或绿色；唇瓣轮廓为长圆形，长3～7毫米，宽1～2毫米，常下垂，基部扩大，凹陷，无距。

花果期：花期6～8月。

药用价值：全草、块茎入药。全草可抗痨止血、生津止渴。用于神衰、肺痨、咯血、烦渴。块茎用于补肾。

分布：德钦、维西、香格里拉、贡山、福贡、泸水、腾冲、丽江、鹤庆；海拔1800～3300m。

045
042
046
046
047
047

中文名

048

二叶兜被兰

Neottianthe cucullata

兰科 Orchidaceae

兜被兰属 *Neottianthe*

濒危级别：易危（VU）

描述

植株：植株高4～24厘米。

茎：块茎圆球形或卵形，长1～2厘米。茎直立或近直立，基部具1～2枚圆筒状鞘，其上具2枚近对生的叶，在叶之上常具1～4枚小的、披针形、渐尖的不育苞片。

叶：叶近平展或直立伸展，叶片卵形、卵状披针形或椭圆形，长4～6厘米，宽1.5～3.5厘米，先端急尖或渐尖，基部骤狭成抱茎的短鞘，叶上面有时具少数或多而密的紫红色斑点。

花：总状花序具几朵至10余朵花；花紫红色或粉红色。

花果期：花期8～9月。

药用价值：全草入药。有强心兴奋、活血散瘀、接骨生肌之功效。用于外伤行昏迷、跌打损伤、骨折。

分布：德钦、香格里拉；海拔3400m。

中文名

049

短梗山兰

Oreorchis erythrochrysea

兰科 Orchidaceae

山兰属 *Oreorchis*

濒危级别：近危（NT）

描述

茎：假鳞茎宽卵形至近长圆形，长0.8～2厘米，宽0.7～1.3厘米，具2～3节，以短的根状茎相连接，多少被撕裂成纤维状的鞘。

叶：叶1枚，生于假鳞茎顶端，狭椭圆形至狭长圆状披针形，长6～10（～13）厘米，宽1.2～2.3厘米，长度为宽度的5～10倍或偶尔超过，先端渐尖，基部常骤然收狭成柄，叶柄长2～4.5厘米。

花：花葶自假鳞茎侧面发出；总状花序长5～11厘米，具10～20朵或更多的花；花瓣狭长圆状匙形；唇瓣轮廓近长圆形。

花果期：花期5～6月。

药用价值：假鳞茎入药。用于淋巴结核、痈肿、毒蛇咬伤。

分布：德钦、维西、香格里拉、贡山、丽江、鹤庆、宁蒗；海拔2200～3700m。

中文名

050

山兰

Oreorchis patens

兰科 Orchidaceae

山兰属 *Oreorchis*

濒危级别：近危（NT）

描述

茎：假鳞茎卵球形至近椭圆形，长1～2厘米，直径0.5～1.5厘米，具2～3节，常以短的根状茎相连接，外被撕裂成纤维状的鞘。

叶：叶通常1枚，少有2枚，生于假鳞茎顶端，线形或狭披针形，长13～30厘米，宽（0.4～）1～2厘米，先端渐尖，基部收狭为柄；叶柄长3～5（～8）厘米。

花：花葶从假鳞茎侧面发出，直立；总状花序长4.5～15.5厘米，疏生数朵至10余朵花；花黄褐色至淡黄色，唇瓣白色并有紫斑。

果和种子：蒴果长圆形，长约1.5厘米，宽约7毫米。

花果期：花期6～7月，果期9～10月。

药用价值：假鳞茎入药。用于痈疽疮毒、无名肿毒。消肿散结、化痰、解毒、痈疽疔肿、瘰疬、蛇虫咬伤。

分布：贡山、福贡、兰坪、维西、丽江；海拔1000～3050m。

048

048

049

050

中文名

051

独蒜兰

Pleione bulbocodioides

兰科 Orchidaceae
独蒜兰属 *Pleione*

描述

植株：半附生草本。

茎：假鳞茎卵形至卵状圆锥形，上端有明显的颈，全长1～2.5厘米，直径1～2厘米，顶端具1枚叶。

叶：叶在花期尚幼嫩，长成后狭椭圆状披针形或近倒披针形，纸质，长10～25厘米，宽2～5.8厘米，先端通常渐尖，基部渐狭成柄；叶柄长2～6.5厘米。

花：花葶从无叶的老假鳞茎基部发出，直立；花粉红色至淡紫色，唇瓣上有深色斑；花瓣倒披针形，稍斜歪；唇瓣轮廓为倒卵形或宽倒卵形，上部边缘撕裂状，基部楔形并多少贴生于蕊柱上，通常具4～5条褶片；褶片啮蚀状，高可达1～1.5毫米，向基部渐狭直至消失；中央褶片常较短而宽，有时不存在。

果和种子：蒴果近长圆形，长2.7～3.5厘米。

花果期：花期4～6月。

药用价值：假鳞茎入药。有消肿、散结、化痰、解毒、活血、止血之功效。用于痈疽疔肿、瘰疬、喉鼻疼痛、蛇虫、狂犬咬伤、咳嗽带血、咽喉肿痛、病后体弱、神经衰退、遗精、头晕、白带、小儿疝气、指甲炎、背痛。

分布：香格里拉、维西、丽江、剑川；海拔1850～3400m。

中文名

052

云南独蒜兰

Pleione yunnanensis

兰科 Orchidaceae
独蒜兰属 *Pleione*
濒危级别：易危（VU）

描述

植株：地生或附生草本。

茎：假鳞茎卵形、狭卵形或圆锥形，上端有明显的长颈，全长1.5～3厘米，直径1～2厘米，绿色，顶端具1枚叶。

叶：叶在花期极幼嫩或未长出，长成后披针形至狭椭圆形，纸质，长6.5～25厘米，宽1～3.5厘米，先端渐尖或近急尖，基部渐狭成柄；叶柄长1～6厘米。

花：花葶从无叶的老假鳞茎基部发出，直立，长10～20厘米；花淡紫色、粉红色或有时近白色，唇瓣上具有紫色或深红色斑；唇瓣近宽倒卵形，长3～4厘米，宽2.5～3厘米，明显或不明显3裂；侧裂片直立，多少围抱蕊柱。

果和种子：蒴果纺锤状圆柱形，长2.5～3厘米，宽约1.2厘米。

花果期：花期4～5月。果期9～10月。

药用价值：假鳞茎入药。用于硅肺、肺结核、气管炎、百日咳、热性哮喘、咯血、消化道出血、外伤出血、跌打损伤、化脓性骨髓炎、烫火伤。

分布：贡山、维西、宁蒗、丽江；海拔1200～2800m。

051

052

中文名

053

绶草

Spiranthes sinensis

兰科 Orchidaceae

绶草属 *Spiranthes*

描述

植株：植株高13～30厘米。

根：根数条，指状，肉质，簇生于茎基部。

茎：茎较短，近基部生2～5枚叶。

叶：叶片宽线形或宽线状披针形，极罕为狭长圆形，直立伸展，长3～10厘米，常宽5～10毫米，先端急尖或渐尖，基部收狭具柄状抱茎的鞘。

花：总状花序具多数密生的花；花小，紫红色、粉红色或白色，在花序轴上呈螺旋状排生。

花果期：花期7～8月。

药用价值：全草、根入药。有养阴生津、滋补强壮、润肺止咳、清热凉血之功效。用于肺结核、咳嗽、咯血、扁桃体炎、病后体虚、失眠。

分布：鹤庆、丽江、维西、贡山、香格里拉；海拔1300～3800m。

中文名

054

小金梅草

Hypoxis aurea

仙茅科 Hypoxidaceae

小金梅草属 *Hypoxis*

描述

植株：多年生矮小草本。

茎：根状茎肉质，球形或长圆形，内面白色，外面包有老叶柄的纤维残迹。

叶：叶基生，4～12枚，狭线形，长7～30厘米，宽2～6毫米，顶端长尖，基部膜质，有黄褐色疏长毛。

花：花茎纤细，高2.5～10厘米或更高；花序有花1～2朵，有淡褐色疏长毛；苞片小，2枚，刚毛状；花黄色；无花被管，花被片6，长圆形，长6～8毫米，宿存，有褐色疏长毛；雄蕊6，着生于花被片基部，花丝短；子房下位，3室，长3～6 毫米，有疏长毛，花柱短，柱头3裂，直立。

果和种子：蒴果棒状，长6～12毫米，成熟时3瓣开裂；种子多数，近球形，表面具瘤状突起。

花果期：花期7月。

药用价值：根茎、全草入药。全草味甘、微辛，性温。有温肾调气之功效。用于病后阳虚、疝气痛。根茎有毒，作半夏用。

分布：各地均产；海拔2800m以下。

053

054

054

中文名

描述

055

高原鸢尾

Iris collettii

鸢尾科 Iridaceae

鸢尾属 *Iris*

植株：多年生草本，植株基部围有棕褐色毛发状的老叶残留纤维。

茎：根状茎短，节不明显；根膨大略成纺锤形，棕褐色，肉质。

叶：叶基生，灰绿色，条形或剑形，花期叶长10～20厘米，宽2～5毫米，果期叶长20～35厘米，宽1.2～1.4厘米，顶端渐尖，基部鞘状，互相套叠，有2～5条纵脉。

花：花茎很短，不伸出地面，基部围有数枚膜质的鞘状叶；花深蓝色或蓝紫色。

果和种子：蒴果绿色，三棱状卵形，长1.5～2厘米，直径1.3～1.5厘米，顶端有短喙，成熟时自上而下开裂至1/3处，苞片宿存于果实基部；种子长圆形，黑褐色，无光泽，无附属物。

花果期：花期5～6月，果期7～8月。

药用价值：根、根上叶基部、叶入药。味辛，性温。有大毒。有催吐、活血祛瘀、止血、止痛、通窍之功效。用于跌打损伤、鼻塞不通、神经性牙痛、外伤出血。可作杀蛆药。

分布：香格里拉、维西、丽江、洱源；海拔1650～3500m。

中文名

描述

056

西南萱草

Hemerocallis forrestii

阿福花科 Asphodelaceae

萱草属 *Hemerocallis*

茎：根状茎较明显；根稍肉质，中下部有纺锤状膨大。

叶：叶长30～60厘米，宽10～21毫米。

花：花葶与叶近等长，具假二歧状的圆锥花序；花3至多朵，花梗一般较长，长8～30毫米；苞片披针形，长5～25毫米，宽3～4毫米；花被金黄色或橘黄色，花被管长约1厘米，花被裂片长5.5～6.5厘米，内三片宽约1.5厘米。

果和种子：蒴果椭圆形，长约2厘米，宽约1.5厘米。

花果期：花果期6～10月。

药用价值：根入药。有利水消肿、润肺、凉血之功效。

分布：香格里拉、丽江、维西、宁蒗、鹤庆；海拔（1500～）2800～3300m。

055
055
056
056

中文名

057

多星韭

Allium wallichii

石蒜科 Amaryllidaceae
葱属 *Allium*

描述

茎：鳞茎圆柱状，具稍粗的根；鳞茎外皮黄，褐色，片状破裂或呈纤维状，有时近网状，内皮膜质，仅顶端破裂。

叶：叶狭条形至宽条形，具明显的中脉，比花葶短或近等长，宽（10～）20～50（～100）厘米。

花：花葶三棱状柱形，具3条纵棱，有时棱为狭翅状，下部被叶鞘；总苞单侧开裂，或2裂，早落；伞形花序扇状至半球状，具多数疏散或密集的花；花红色、紫红色、紫色至黑紫色，星芒状开展；花被片矩圆形至狭矩圆状椭圆形，花后反折，先端钝或凹缺，等长。

花果期：花果期7～9月。

药用价值：全草入药。有健脾养血、强筋壮骨之功效。根汁有散瘀止痛之功效。外用于跌打损伤。全草可作蔬菜食用。

分布：贡山、福贡、德钦、香格里拉、丽江、维西、鹤庆、剑川；海拔2700～4150m。

中文名

058

羊齿天门冬

Asparagus filicinus

天门冬科 Asparagaceae
天门冬属 *Asparagus*

描述

植株：直立草本，通常高50～70厘米。

根：根成簇，从基部开始或在距基部几厘米处成纺锤状膨大，膨大部分长短不一，一般长2～4厘米，宽510毫米。

茎：茎近平滑，分枝通常有棱，有时稍具软骨质齿。

叶：叶状枝每5～8枚成簇，扁平，镰刀状，长3～15毫米，宽0.8～2毫米，有中脉；鳞片状叶基部无刺。

花：花每1～2朵腋生，淡绿色，有时稍带紫色；花梗纤细，长12～20毫米，关节位于近中部；雄花：花被长约2.5毫米，花丝不贴生于花被片上；花药卵形，长约0.8毫米；雌花和雄花近等大或略小。

果和种子：浆果直径5～6毫米，有2～3颗种子。

花果期：花期5～7月，果期8～9月。

药用价值：块根入药。味甘、苦，性微温。有润肺燥、杀虫虱之功效。用于肺痨久咳、骨蒸潮热。外用于疥癣。

分布：丽江、宁蒗、鹤庆、维西、德钦、香格里拉、贡山；海拔1200～3500m。

057

057

058

中文名

059

沿阶草

Ophiopogon bodinieri

天门冬科 Asparagaceae

沿阶草属 *Ophiopogon*

描述

根：根纤细，近末端处有时具膨大成纺锤形的小块根；地下走茎长，直径1～2毫米，节上具膜质的鞘。

茎：茎很短。

叶：叶基生成丛，禾叶状，长20～40厘米，宽2～4毫米，先端渐尖，具3～5条脉，边缘具细锯齿。

花：花葶较叶稍短或几等长，总状花序长1～7厘米，具几朵至十几朵花；花常单生或2朵簇生于苞片腋内；苞片条形或披针形，少数呈针形，稍带黄色，半透明，最下面的长约7毫米，少数更长些；花梗长5～8毫米，关节位于中部；花被片卵状披针形、披针形或近矩圆形，长4～6毫米，内轮三片宽于外轮三片，白色或稍带紫色；花丝很短，长不及1毫米；花药狭披针形，长约2.5毫米，常呈绿黄色；花柱细，长4～5毫米。

果和种子：种子近球形或椭圆形，直径5～6毫米。

花果期：花期6～8月，果期8～10月。

药用价值：块根入药。有清热除烦、润肺止咳之功效。用于肺热咳嗽、便秘、水肿。

分布：贡山、福贡、德钦、香格里拉、维西、丽江、鹤庆、洱源；海拔1000～4000m。

中文名

060

间型沿阶草

Ophiopogon intermedius

天门冬科 Asparagaceae

沿阶草属 *Ophiopogon*

描述

植株：植株常丛生，有粗短、块状的根状茎。

根：根细长，分枝多，常在近末端处膨大成椭圆形或纺锤形的小块根。

茎：茎很短。

叶：叶基生成丛，禾叶状，长15～55（70）厘米，宽2～8毫米，具5～9条脉，背面中脉明显隆起，边缘具细齿，基部常包以褐色膜质的鞘及其枯萎后撕裂成的纤维。

花：花葶长20～50厘米，通常短于叶，有时等长于叶；总状花序长2.5～7厘米，具15～20余朵花；花常单生或2～3朵簇生于苞片腋内；苞片钻形或披针形，最下面的长可达2厘米，有的较短；花梗长4～6毫米，关节位于中部；花被片矩圆形，先端钝圆，长4～7毫米，白色或淡紫色；花丝极短；花药条状狭卵形，长3～4毫米；花柱细，长约3.5毫米。

果和种子：种子椭圆形。

花果期：花期5～8月，果期8～10月。

药用价值：块根入药。有清心除烦、养胃生津、润肺止咳之功效。

分布：泸水、福贡、贡山、香格里拉、维西、永胜、丽江、鹤庆；海拔800～3000m。

059
059
060
060

061

中文名

滇黄精
Polygonatum kingianum

天门冬科 Asparagaceae
黄精属 *Polygonatum*

描述

茎描述：根状茎近圆柱形或近连珠状，结节有时作不规则菱状，肥厚；茎高1～3米，顶端作攀援状。

叶：叶轮生，每轮3～10枚，条形、条状披针形或披针形。

花：花被粉红色。

果和种子：浆果红色，直径1～1.5厘米，具7～12颗种子。

花果期：花期3～5月，果期9～10月。

药用价值：根茎入药。代“黄精”用。有补脾润肺、养阴生津、强筋骨之功效。

分布：香格里拉、福贡；海拔620～3650m。

062

中文名

卷叶黄精
Polygonatum cirrhifolium

天门冬科 Asparagaceae
黄精属 *Polygonatum*

描述

茎：根状茎肥厚，圆柱状，直径1～1.5厘米，或根状茎连珠状，结节直径1～2厘米。茎高30～90厘米。

叶：叶通常每3～6枚轮生，很少下部有少数散生的，细条形至条状披针形，少有矩圆状披针形，长4～9（～12）厘米，宽2～8（15）毫米，先端拳卷或弯曲成钩状，边常外卷。

花：花序轮生，通常具2花，总花梗长3～10毫米，花梗长3～8毫米，俯垂；苞片透明膜质，无脉，长1～2毫米，位于花梗上或基部，或苞片不存在；花被淡紫色，全长8～11毫米，花被筒中部稍缢狭，裂片长约2毫米；花丝长约0.8毫米，花药长2～2.5毫米；子房长约2.5毫米，花柱长约2毫米。

果和种子：浆果红色或紫红色，直径8～9毫米，具4～9颗种子。

花果期：花期5～7月，果期9～10月。

药用价值：根茎入药。有润肺养阴、健脾益气、祛痰止血、消肿解毒之功效。

分布：泸水、福贡、贡山、兰坪、香格里拉、德钦、维西、丽江、宁蒗、洱源、剑川、鹤庆、腾冲；海拔1750～4100m。

063

中文名

垂叶黄精
Polygonatum curvistylum

天门冬科 Asparagaceae
黄精属 *Polygonatum*

描述

茎：根状茎圆柱状，常分出短枝，或短枝极短而呈连珠状，直径5～10毫米。茎高15～35厘米，具很多轮叶。

叶：叶极多数为3～6枚轮生，很少间有单生或对生的，条状披针形至条形，长3～7厘米，宽1～5毫米，先端渐尖，先上举，现花后向下俯垂。

花：单花或2朵成花序，总花梗（连同花梗）稍短至稍长于花；花被淡紫色，全长6～8毫米，裂片长1.5～2毫米；花丝长约 0.7毫米，稍粗糙，花药长约1.5毫米；子房长约2毫米，花柱约与子房等长。

果和种子：浆果红色，直径6～8毫米，有3～7颗种子。

花果期：花期5～7月，果期9～10月。

药用价值：根茎入药。有补中益气、润心肺、强筋骨之功效。用于虚损寒热、肺痨咯血、筋骨软弱、风湿疼痛、风癞癣疾。

分布：泸水、剑川、丽江、香格里拉、德钦；海拔2700～3900m。

061

061

062

063

中文名

064

康定玉竹

Polygonatum prattii

天门冬科 Asparagaceae

黄精属 *Polygonatum*

描述

茎：根状茎细圆柱形，近等粗，直径3～5毫米。茎高8～30厘米。

叶：叶4～15枚，下部的为互生或间有对生，上部的以对生为多，顶端的常为3枚轮生，椭圆形至矩圆形，先端略钝或尖，长2～6厘米，宽1～2厘米。

花：花序通常具2（～3）朵花，总花梗长2～6毫米，花梗长（2～）5～6毫米，俯垂；花被淡紫色，全长6～8毫米，筒里面平滑或呈乳头状粗糙，裂片长1.5～2.5毫米;花丝极短，花药长约1.5毫米；子房长约1.5毫米，具约与之等长或稍短的花柱。

果和种子：浆果紫红色至褐色，直径5～7毫米，具1～2颗种子。

花果期：花期5～6月，果期8～10月。

药用价值：根茎入药。有养阴润燥、生津止渴、补中益气、润肺之功效。

分布：泸水、福贡（碧江）、贡山、兰坪、维西、剑川、丽江、香格里拉、德钦；海拔2000～3500m。

中文名

065

吉祥草

Reineckia carnea

天门冬科 Asparagaceae

吉祥草属 *Reineckia*

描述

茎：茎粗2～3毫米，蔓延于地面，逐年向前延长或发出新枝，每节上有一残存的叶鞘，顶端的叶簇由于茎的连续生长，有时似长在茎的中部，两叶簇间可相距几厘米至10多厘米。

叶：叶每簇有3～8枚，条形至披针形，长10～38厘米，宽0.5～3.5厘米，先端渐尖，向下渐狭成柄，深绿色。

花：花葶长5～15厘米；穗状花序长2～6.5厘米，上部的花有时仅具雄蕊；苞片长5～7毫米；花芳香，粉红色；裂片矩圆形，长5～7毫米，先端钝，稍肉质；雄蕊短于花柱，花丝丝状，花药近矩圆形，两端微凹，长2～2.5毫米；子房长3毫米，花柱丝状。

果和种子：浆果直径6～10毫米，熟时鲜红色。

花果期：花果期7～11月。

药用价值：全草、带根状茎入药。含多种皂苷元。有润肺止咳、补肾接骨、祛风除湿、消炎止血之功效。用于咳嗽、吐血、哮喘、慢性肾盂肾炎、跌打骨折、风湿性关节炎。

分布：云南除北回归线以南的热带地区外，均有分布；海拔1000～3200m。

064

065

中文名

066

管花鹿药
Smilacina henryi

天门冬科 Asparagaceae
鹿药属 *Smilacina*

描述

植株：植株高50～80厘米；根状茎粗1～2厘米。

茎：茎中部以上有短硬毛或微硬毛，少有无毛。

叶：叶纸质，椭圆形、卵形或矩圆形，长9～22厘米，宽3.5～11厘米，先端渐尖或具短尖，两面有伏毛或近无毛，基部具短柄或几无柄。

花：花淡黄色或带紫褐色，单生，通常排成总状花序，有时基部具1～2个分枝或具多个分枝而成圆锥花序；花被高脚碟状。

果和种子：浆果球形，直径7～9毫米，未成熟时绿色而带紫斑点，熟时红色，具2～4颗种子。

花果期：花期5～6（～8）月，果期8～10月。

药用价值：根、根茎入药。有补中益气、滋阴降火、祛风除湿、活血调经之功效。用于阳痿、风湿疼痛、跌打损伤、月经不调、乳痈。

分布：贡山、德钦、香格里拉、丽江、维西；海拔2580～3900m。

中文名

067

紫花鹿药
Smilacina purpurea

天门冬科 Asparagaceae
鹿药属 *Smilacina*

描述

植株：植株高25～60厘米；根状茎近块状或不规则圆柱状，粗1～1.5厘米。

茎：茎上部被短柔毛，具5～9叶。

叶：叶纸质，矩圆形或卵状矩圆形，长7～13厘米，宽3～6.5厘米，先端短渐尖或具短尖头，背面脉上有短柔毛，近无柄或具短柄。

花：通常为总状花序，极少基部具1～2个侧枝而成圆锥花序；花序长1.5～7厘米，具短柔毛；花单生，白色或花瓣内面绿白色，外面紫色；花梗长2～4毫米，具毛；花被片完全离生，卵状椭圆形或卵形，长4～5毫米；花丝扁平，离生部分长1.5毫米，花药近球形；花柱与子房近等长或稍长，长约1.2毫米，柱头浅3裂。

果和种子：浆果近球形，直径6～7毫米，熟时红色。种子1～4颗。

花果期：花期6～7月，果期9月。

药用价值：根状茎、根入药。有祛风湿、止痛消炎之功效。幼嫩茎叶可作蔬食。

分布：贡山、福贡、德钦、香格里拉、维西、丽江；海拔2200～4000m。

066

067

中文名

068

地地藕

Commelina maculata

鸭跖草科 Commelinaceae
鸭跖草属 *Commelina*

描述

植株：多年生草本，有一至数支天门冬状根，这种根直径可达5毫米。

根：植株细弱，倾卧或匍匐，下部节上生根，多分枝。

茎：茎细长，无毛、疏生短毛或有一列硬毛，节间长可达15厘米。

叶：叶鞘长约1厘米，口沿生白色、黄色或棕、黄色多细胞睫毛，他处无毛或有一列硬毛；叶片卵状披针形或披针形，顶端短渐尖或长渐尖，长4～10厘米，宽1.5～2.5厘米，两面疏生细长伏毛。

花：聚伞花序有花数朵，常3～4朵，仅盛开的花伸出佛焰苞之外，果期藏在佛焰苞内。

果和种子：蒴果圆球状三棱形，3室或由于其中一室不育而为2室，每室1种子。种子灰黑色，椭圆状，稍扁，近于光滑。

花果期：花果期6～8月。

药用价值：全草入药。有清热解毒、利水、消肿、凉血之功效。

分布：香格里拉、丽江、鹤庆；海拔1200～2700m。

中文名

069

蓝耳草

Cyanotis vaga

鸭跖草科 Commelinaceae
蓝耳草属 *Cyanotis*

描述

植株：多年生披散草本，全体密被长硬毛，有的为蛛丝状毛，有的近无毛，基部有球状而被毛的鳞茎，鳞茎直径约1厘米。

茎：茎通常自基部多分枝，或上部分枝，或少分枝，长10～60厘米。

叶：叶线形至披针形，长5～10（15）厘米，宽0.3～1（1.5）厘米。

花：蝎尾状聚伞花序顶生，并兼腋生，单生，少有在顶端数个聚生成头状，具花序梗或无；总苞片较叶宽而短，佛焰苞状，苞片镰刀状弯曲而渐尖，长5～10毫米，宽约3毫米，两列，每列覆瓦状排列；萼片基部连合，长圆状披针形，顶端急尖，长近5毫米，外被白色长硬毛；花瓣蓝色或蓝紫色，长6～8毫米，顶端裂片匙状长圆形；花丝被蓝色绵毛。

果和种子：蒴果倒卵状三棱形，顶端被细长硬毛，长约2.5毫米，直径约3毫米。种子灰褐色，具许多小窝孔。

花果期：花期7～9月，果期10月。

药用价值：根、全草入药。味甘、苦，性寒。有补虚、除湿、舒筋活络之功效。用于虚热不退、风湿性关节炎、湿疹、水肿。

分布：腾冲、鹤庆、兰坪、丽江、泸水；海拔1510～2700m。

068

068

069

069

中文名 | 描述

070

紫背鹿衔草
Murdannia divergens

鸭跖草科 Commelinaceae
水竹叶属 *Murdannia*

植株：多年生草本。

根：根多数，须状，长5厘米以上，直径1.5～4毫米，中段稍纺锤状加粗，疏或密地被绒毛。

茎：茎单支，直立，通常不分枝，高15～60厘米，疏被毛。

叶：叶全部茎上着生，4至10多枚，均匀分布，或集中于茎中下部，或集中于茎中上部；叶鞘长约2厘米，通常仅沿口部一侧被白色硬毛，有时遍布硬毛；叶片披针形至禾叶状，长5～15厘米，宽1～2.5厘米，常无毛，有时背面被硬毛。

花：蝎尾状聚伞花序多数，对生或轮生，组成顶生圆锥花序，个别为复圆锥花序，各部无毛；总苞片卵形至披针形，很小，长不过1厘米，小至仅长2毫米；聚伞花序长2～4厘米，有花数朵；苞片卵形，长1～3毫米；花梗挺直而细，果期长5～10毫米；萼片卵圆形，舟状，7～8毫米；花瓣紫色或紫红色，或紫蓝色，倒卵圆形，长近1厘米；全部花丝有紫色绵毛。

果和种子：蒴果倒卵状三棱形或椭圆状三棱形，顶端有突尖，长约6.5～8毫米（不包括突尖），带有宿存的萼片。种子每室有3～5颗，一列，灰黑色。

花果期：花期6～9月，果期8～9月。

药用价值：全草入药。味甘、微苦，性平。有清肺解毒之功效。根有补肺、健脾、医肾功能疾病之功效。用于气虚咳嗽、头晕耳鸣、吐血、外伤骨折。

分布：丽江、腾冲；海拔1100～2900m。

中文名 | 描述

071

竹叶子
Streptolirion volubile

鸭跖草科 Commelinaceae
竹叶子属 *Streptolirion*

植株：多年生攀援草本，极少茎近于直立。

茎：茎长0.5～6米，常无毛。

叶：叶柄长3～10厘米，叶片心状圆形，有时心状卵形，长5～15厘米，宽3～15厘米，顶端常尾尖，基部深心形，上面多少被柔毛。

花：蝎尾状聚伞花序有花1至数朵，集成圆锥状，圆锥花序下面的总苞片叶状，长2～6厘米，上部的小而卵状披针形。花无梗；萼片长3～5毫米，顶端急尖；花瓣白色、淡紫色而后变白色，线形，略比萼长。

果和种子：蒴果长约4～7毫米，顶端有长达3毫米的芒状突尖。种子褐灰色，长约2.5毫米。

花果期：花期7～8月，果期9～10月。

药用价值：全草入药。有消炎、止痛之功效。用于肺病、水肿、跌打损伤、风湿骨痛、肺痨。

分布：鹤庆、泸水、兰坪、贡山、福贡；海拔1100～3000m。

070
070
071
071

中文名

072

地涌金莲

Musella lasiocarpa

芭蕉科 Musaceae

地涌金莲属 *Musella*

描述

植株：植株丛生，具水平向根状茎。

茎：假茎矮小，高不及60厘米，基径约15厘米，基部有宿存的叶鞘。

叶：叶片长椭圆形，长达0.5米，宽约20厘米，先端锐尖，基部近圆形，两侧对称，有白粉。

花：花序直立，直接生于假茎上，密集如球穗状，长20～25厘米，苞片干膜质，黄色或淡黄色，有花2列，每列4～5花；合生花被片卵状长圆形，先端具5（3+2）齿裂，离生花被片先端微凹，凹陷处具短尖头。

果和种子：浆果三棱状卵形，长约3厘米，直径约2.5厘米，外面密被硬毛，果内具多数种子；种子大，扁球形，宽6～7毫米，黑褐色或褐色，光滑，腹面有大而白色的种脐。

花果期：几乎全年都在开花。

药用价值：花、茎汁入药。有收敛止血之功效。用于白带、红崩及大肠下血。茎汁用于解酒醉、草乌中毒。栽培做观赏用。假茎作猪饲料。

分布：云南常见栽培；海拔1500～2500m。

中文名

073

藏象牙参

Roscoea tibetica

姜科 Zingiberaceae

象牙参属 *Roscoea*

描述

植株：株高5～15厘米。

根：根粗厚。

茎：茎基部有3～4枚膜质的鞘，密被腺点。

叶：叶通常1～2片，叶片椭圆形，长2～6厘米，宽1～2.5厘米。

花：花单生或2～3朵顶生，紫红色或蓝紫色。

花果期：花期：6～7月。

药用价值：根入药。有清肺定喘之功效。用于咳嗽、哮喘。

分布：德钦、香格里拉、丽江；海拔2400～3800m。

中文名

074

蒙自谷精草

Eriocaulon henryanum

谷精草科 Eriocaulaceae

谷精草属 *Eriocaulon*

描述

植株：草本。

叶：吐剑状线形，丛生，长4～8厘米，宽1.5～3毫米，先端加厚而尖，基部宽3.5～5（～8）毫米，对光具不明显的横格，脉7～11条。

花：花葶常1～4，长（8～）25（～37）厘米；花序熟时近球形，污白色；雄花：花萼合生，佛焰苞状3浅裂至半裂，带黑色；雌花：萼片3枚，舟形，侧片明显有宽或狭的龙骨状突起，中片有时也能见狭的突起。

花果期：花果期4～9月。

药用价值：全草入药。有清热、祛风、除湿之功效。

分布：宾川、丽江；海拔1200～3000m。

072
072
073
074
074

中文名

075

片髓灯心草

Juncus inflexus

灯芯草科 Juncaceae

灯芯草属 *Juncus*

描述

植株：多年生草本，高40～81厘米，有时更高。

根：根状茎粗壮而横走，具红褐色至褐色须根。

茎：茎丛生，直立，圆柱形，直径1.2～4毫米，具纵槽纹，茎内具间断的片状髓心。

叶：叶全部为低出叶，呈鞘状重叠包围在茎的基部，长1～13厘米，红褐色，无光亮。

花：花序假侧生，多花排列成稍紧密的圆锥花序状；花淡绿色，稀为淡红褐色。

果和种子：种子长圆形，长0.6毫米，棕褐色。

花果期：花期6～7月，果期7～9月。

药用价值：全草入药。有理气、调经、止痒之功效。用于胃腹酸痛、内伤出血、月经过多、小儿风疹、湿疹。

分布：剑川、丽江、福贡、贡山、德钦；海拔1300～3000m。

中文名

076

短叶水蜈蚣

Kyllinga brevifolia

莎草科 Cyperaceae

水蜈蚣属 *Kyllinga*

描述

茎：根状茎长而匍匐，外被膜质、褐色的鳞片，具多数节间，节间长约1.5厘米，每一节上长一秆。

叶：秆成列地散生，细弱，高7～20厘米，扁三棱形，平滑，基部不膨大，具4～5个圆筒状叶鞘，最下面2个叶鞘常为干膜质，棕色，鞘口斜截形，顶端渐尖，上面2～3个叶鞘顶端具叶片。叶柔弱，短于或稍长于秆，宽2～4毫米，平张，上部边缘和背面中肋上具细刺。

花：叶状苞片3枚，极展开，后期常向下反折；穗状花序单个，极少2或3个，球形或卵球形，长5～11毫米，宽4.5～10毫米，具极多数密生的小穗。小穗长圆状披针形或披针形，压扁，长约3毫米，宽0.8～1毫米，具1朵花；鳞片膜质，长2.8～3毫米，下面鳞片短于上面的鳞片，白色，具锈斑，少为麦秆黄色，背面的龙骨状突起绿色，具刺，顶端延伸成外弯的短尖，脉5～7条；雄蕊3～1个，花药线形；花柱细长，柱头2，长不及花柱的1/2。

果和种子：小坚果倒卵状长圆形，扁双凸状，长约为鳞片的1/2，表面具密的细点。

花果期：花果期5～9月。

药用价值：全草、根入药。有疏风解表、消肿止痛、化痰生精、止血、清热解毒之功效。用于伤风感冒、急性支气管炎、间日疟、痢疾、蛇伤、跌打疖肿、外伤出血、百日咳、小儿惊风。

分布：洱源、剑川、宾川、丽江、福贡；海拔1500～3000m。

075

075

076

中文名 描述

077

砖子苗

Mariscus umbellatus

莎草科 Cyperaceae

砖子苗属 *Mariscus*

植株：根状茎短。

茎：秆疏丛生，高10～50厘米，锐三棱形，平滑，基部膨大，具稍多叶。

叶：叶短于秆或几与秆等长，宽3～6毫米，下部常折合，向上渐成平张，边缘不粗糙；叶鞘褐色或红棕色。

花：叶状苞片5～8枚，通常长于花序，斜展；穗状花序圆筒形或长圆形；小穗平展或稍俯垂，线状披针形；小穗轴具宽翅，翅披针形，白色透明。

果和种子：小坚果狭长圆形，三棱形，长约为鳞片的2/3，初期麦秆黄色，表面具微突起细点。

花果期：花果期4～10月。

药用价值：根、全草入药。有通经止血、解毒、祛风止痒、解郁调经、散瘀消肿之功效。用于皮肤瘙痒、月经不调、血崩等。

分布：鹤庆、华坪、丽江、永胜、维西、宁蒗、贡山；海拔200～3200m。

中文名 描述

078

水蔗草

Apluda mutica

禾本科 Poaceae

水蔗草属 *Apluda*

植株：多年生草本。

根：具坚硬根头及根茎，须根粗壮。

茎：秆高 50～300厘米，质硬，直径可达3毫米，基部常斜卧并生不定根；节间上段常有白粉，无毛。

叶：叶鞘具纤毛或否；叶舌膜质，长1～2毫米，上缘微齿裂；叶耳小，直立；叶片扁平，长10～35厘米，宽3～15毫米，两面无毛或沿侧脉疏生白色糙毛；先端长渐尖，基部渐狭成柄状。

花：圆锥花序先端常弯垂，由许多总状花序组成；每1总状花序包裹在1舟形总苞内，苞下有3～5毫米的细柄；总状花序轴膨胀成陀螺形。退化有柄小穗仅存长约1毫米的外颖，宿存；正常有柄小穗含2小花。

果和种子：颖果成熟时蜡黄色，卵形，长约1.5毫米，宽约0.8毫米，胚长约1毫米。

花果期：花果期夏秋季。

药用价值：根、茎叶入药。根用于毒蛇咬伤。茎叶用于脚部糜烂。

分布：云南西北有分布；海拔2200m以下。

077
077
078
078

中文名

079

荩草
Arthraxon hispidus

禾本科 Poaceae
荩草属 *Arthraxon*

描述

植株：一年生。

茎：秆细弱，无毛，基部倾斜，高30～60厘米，具多节，常分枝，基部节着地易生根。

叶：叶鞘短于节间，生短硬疣毛；叶舌膜质，长0.5～1毫米，边缘具纤毛；叶片卵状披针形，长2～4厘米，宽0.8～1.5厘米，基部心形，抱茎，除下部边缘生疣基毛外余均无毛。

花：总状花序细弱，轴节间无毛，长为小穗的2/3～3/4。无柄小穗卵状披针形，呈两侧压扁；第一颖草质；第二颖近膜质。

果和种子：颖果长圆形，与稃体等长。

花果期：花果期9～11月。

药用价值：全草入药。有消炎止咳、定喘、解毒、清热、降逆、祛风湿之功效。用于肝炎、久咳气喘、咽喉炎、口腔炎、鼻炎、淋巴腺炎、乳腺炎。

分布：云南西北有分布；海拔1300～1800m。

中文名

080

狗牙根
Cynodon dactylon

禾本科 Poaceae
狗牙根属 *Cynodon*

描述

植株：低矮草本，具根茎。

根：秆细而坚韧，下部匍匐地面蔓延甚长，节上常生不定根，直立部分高10～30厘米，直径1～1.5毫米，秆壁厚，光滑无毛，有时略两侧压扁。

茎：叶鞘微具脊，无毛或有疏柔毛，鞘口常具柔毛；叶舌仅为一轮纤毛；叶片线形，长1～12厘米，宽1～3毫米，通常两面无毛。

叶：穗状花序（2～）3～5（～6）枚，长2～5（～6）厘米；小穗灰绿色或带紫色，长2～2.5毫米，仅含1小花；颖长1.5～2毫米，第二颖稍长，均具1脉，背部成脊而边缘膜质；外稃舟形，具3脉，背部明显成脊，脊上被柔毛；内稃与外稃近等长，具2脉。

花：鳞被上缘近截平；花药淡紫色；子房无毛，柱头紫红色。

果和种子：颖果长圆柱形。

花果期：花果期5～10月。

药用价值：全草入药。有清热利尿、散瘀止血、舒筋活络、生肌之功效。用于风湿骨痛、半身不遂、手足麻木、损伤吐血、跌打、刀伤。外用于外伤出血、骨折。本种秆叶为优良牧草，为优良的固沙保土植物。根茎含小麦糖、皂苷、黏液。

分布：云南各地；海拔2300m以下。

079

079

080

中文名

081

黑穗画眉草

Eragrostis nigra

禾本科 Poaceae

画眉草属 *Eragrostis*

描述

植株： 多年生。

茎： 秆丛生，直立或基部稍膝曲，高30～60厘米，径约1.5～2.5毫米，基部常压扁，具2～3节。

叶： 叶鞘松裹茎，长于或短于节间，两侧边缘有时具长纤毛，鞘口有白色柔毛，长0.2～0.5毫米；叶舌长约0.5毫米；叶片线形，扁平，长2～25厘米，宽3～5毫米，无毛。

花： 圆锥花序开展；小穗长3～5毫米，宽1～1.5毫米，黑色或墨绿色，含3～8小花。

果和种子： 颖果椭圆形，长为1毫米。

花果期： 花果期4～9月。

药用价值： 全草入药。有清热止咳、镇痛之功效。用于百日咳、急性腹痛。本种可作牧草及绿化材料。

分布： 云南各地；海拔1400～2700m。

中文名

082

蔗茅

Erianthus rufipilus

禾本科 Poaceae

蔗茅属 *Erianthus*

描述

植株： 多年生，高大丛生草本。

茎： 秆高1.5～3米，基部坚硬木质，花序以下部分具白色丝状毛，有多数具髭毛的节，节下被白粉。

叶： 叶鞘大多长于节间，上部或边缘被柔毛，鞘口生縫毛；叶舌质厚，长1～2毫米，顶端截平，具纤毛；叶片宽条形，长20～60厘米，宽1～2厘米，扁平或内卷，基部较窄，顶端长渐尖，无毛，下面被白粉，微粗糙，边缘粗糙，中脉粗壮。

花： 圆锥花序大型直立，长20～30厘米，宽2～3厘米，主轴密生丝状柔毛；总状花序轴节间与小穗柄长为小穗的2/3～3/4，边缘具长丝状毛；小穗长2.5～3.5毫米，基盘具白色或浅紫色。

花果期： 花果期6～10月。

药用价值： 根入药。有凉血止血、清热利尿之功效。

分布： 云南西北；海拔1200～2700m。

中文名

083

黄茅

Heteropogon contortus

禾本科 Poaceae

黄茅属 *Heteropogon*

描述

植株： 多年生，丛生草本。

茎： 秆高20～100厘米，基部常膝曲，上部直立，光滑无毛。

叶： 叶鞘压扁而具脊，光滑无毛，鞘口常具柔毛；叶舌短，膜质，顶端具纤毛；叶片线形，扁平或对折，长10～20厘米，宽3～6毫米，顶端渐尖或急尖，基部稍收窄，两面粗糙或表面基部疏生柔毛。

花： 总状花序单生于主枝或分枝顶，长3～7厘米（芒除外），诸芒常于花序顶扭卷成1束；花序基部3～10（～12）小穗对，为同性，无芒，宿存。

花果期： 花果期4～12月。

药用价值： 根、全草入药。有清热止渴、祛风除湿之功效。用于热病消渴、咳嗽、吐泻、关节疼痛。本种花果期前为优良牧草。秆为造纸原料。

分布： 云南大部地区；海拔1100～2300m。

081 081
082 082
083

中文名

084

类芦

Neyraudia reynaudiana

禾本科 Poaceae

类芦属 *Neyraudia*

描述

植株：多年生，具木质根状茎。

根：须根粗而坚硬。

茎：秆直立，高2～3米，径5～10毫米，通常节具分枝，节间被白粉；叶鞘无毛，仅沿颈部具柔毛；叶舌密生柔毛；叶片长30～60厘米，宽5～10毫米，扁平或卷折，顶端长渐尖，无毛或上面生柔毛。

花：圆锥花序长30～60厘米，分枝细长，开展或下垂；小穗长6～8毫米，含5～8小花，第一外稃不孕，无毛；颖片短小；长2～3毫米；外稃长约4毫米，边脉生有长约2毫米的柔毛，顶端具长1～2毫米向外反曲的短芒；内稃短于外稃。

花果期：花果期8～12月。

药用价值：嫩苗、叶入药。有清热利湿、消肿解毒之功效。用于蛇咬伤、肾炎水肿。本种根茎粗壮而坚硬，为固堤防沙优良植物，亦可作围篱。茎、叶纤维为制造文化用纸原料，亦可制人造丝。

分布：云南西北有分布；海拔2300m以下。

中文名

085

美丽紫堇

Corydalis adrienii

罂粟科 Papaveraceae

紫堇属 *Corydalis*

描述

植株：无毛草本，高10～18厘米。

根：须根6～8条成簇，棒状肉质增粗，长6～10厘米，粗1～3毫米，具稀疏的纤维状分枝。

茎：根茎短，具鳞茎；鳞片数枚，椭圆形，长1～2厘米，宽3～5毫米，干膜质。茎1～2条，有时达4，不分枝，下部裸露，近基部线形。

叶：基生叶2～3枚，叶柄长6～10厘米，基部变细，叶片轮廓近卵形，长2～4厘米，宽2～3厘米，三回羽状全裂，第一回裂片2～3对，具柄，第二回裂片具短柄，第三回小裂片披针形或宽线形，长5～8毫米，宽1～2毫米，表面绿色，背面灰绿色；茎生叶1～5枚，互生于茎上部近花序下，具短柄，其他与基生叶相同，但较小。

花：总状花序顶生，长约2厘米，有4～7花；花瓣蓝色。

果和种子：蒴果狭倒卵形，长5～7毫米，具少数种子，成熟时自果梗先端反折。种子近圆形，黑色，具光泽。

花果期：花果期6～9月。

药用价值：全草入药。有清热解毒之功效。

分布：德钦、香格里拉、丽江、维西；海拔3200～4800m。

084
084
085
085

中文名

描述

086

囊距紫堇

Corydalis benecincta

罂粟科 Papaveraceae

紫堇属 *Corydalis*

根：主根肉质，黄色，长3～6厘米，常分枝。

茎：茎长15～30厘米，地下部分约占1/3,具2～4鳞片，地上部分具3～4叶。

叶：叶三出，具长柄，基部具鞘，小叶卵圆形至倒卵圆形，肉质，上面绿色，下面苍白色。

花：总状花序伞房状，无明显的花序轴，具5～15花；花粉红色至淡紫红色，十分粗大；外花瓣具浅鸡冠状突起，顶端具暗蓝紫色色调和粉红色脉；内花瓣长8～10毫米，顶端深紫色。

果和种子：蒴果椭圆形。

花果期：花果期7～9月。

药用价值：全草入药。用于瘟疫、发热、流感等。

分布：香格里拉、德钦；海拔4000～4500m。

中文名

描述

087

灰岩紫堇

Corydalis calcicola

罂粟科 Papaveraceae

紫堇属 *Corydalis*

植株：无毛草本，高7～20厘米。

根：须根多数成簇，棒状增粗。

茎：茎数条，细弱，具条纹，上部有2～4分枝，下部裸露，基部变线形。

叶：基生叶柄长达10厘米，下部变细，叶片轮廓卵形，三回羽状全裂，末回裂片披针形，锐尖；茎生叶互生于茎上部，叶柄长0.5～1厘米，叶片轮廓长圆形，长2～6厘米，宽1.5～3厘米，三回羽状分裂，第一回裂片具柄，疏离，第二回裂片具极短柄或近无柄，末回裂片狭椭圆形至披针形，背面具白粉。

花：总状花序顶生，密集多花；花瓣紫色。

果和种子：蒴果狭椭圆形，具多数小瘤密集排列成的纵棱。

花果期：花果期5～10月。

药用价值：块根、根茎入药。用于发热病、流感、各种炎症。

分布：丽江、维西、香格里拉、德钦；海拔2900～4800m。

中文名

描述

088

半荷包紫堇

Corydalis hemidicentra

罂粟科 Papaveraceae

紫堇属 *Corydalis*

茎：块茎长3～5厘米，圆柱形，分枝或不分枝；茎长10～30厘米，地下部分较长，具2～3鳞片，地上部分分枝，具叶。

叶：叶三出，具长柄，基部多少具鞘；小叶肉质，较厚，圆形至椭圆形，无柄或近无柄，长1～2.5厘米，宽约与长相等至较狭其2倍，全缘，上面淡蓝色，下面蜡黄状苍白色，具3条纵脉。

花：花序伞房状或近伞形，具3～9花及长3～10厘米的花序轴。

花果期：9月开花。

药用价值：花入药。有退热、利胆之功效。

分布：香格里拉、德钦；海拔（3450～）4300～4650m。

086

086

087

088

中文名

089

粗梗黄堇

Corydalis pachypoda

罂粟科 Papaveraceae

紫堇属 *Corydalis*

描述

植株：多年生铅灰色草本，多少具白粉，高约5～15厘米。

根：主根粗大，约长10～20厘米，粗1～2厘米，老时扭曲，常因薄壁组织枯朽而呈马尾状分裂，顶生多头根茎。

茎：根茎约长5～15厘米，粗2～4毫米，上部具黄褐色鳞片和叶柄残基。

叶：基生叶多数，略短于花葶；叶柄约与叶片等长，基部鞘状宽展；叶片长圆形，宽约1.5厘米，一回羽状全裂，羽片3～5对，无柄，互生至近对生，1～2回三深裂或近掌状深裂，裂片倒卵形，约长5毫米，宽2～3毫米。

花：花冠橙黄色或污黄色。

果和种子：苞片楔形羽状分裂，三裂至披针形全缘，下部的较大，约长1.5～2厘米，宽8～10毫米。

花果期：6月开花。

药用价值：根入药。有清凉消炎之功效。

分布：丽江、香格里拉、德钦、洱源；海拔3200～3600m。

中文名

090

丽江紫金龙

Dactylicapnos lichiangensis

罂粟科 Papaveraceae

紫金龙属 *Dactylicapnos*

描述

植株：草质藤本。

茎：茎长2～4米，绿色，具分枝。

叶：叶片二回三出羽状复叶，轮廓卵形，具叶柄；小叶卵形至披针形，长（3～）7～11（～17）毫米，宽（2～）3～5（～8）毫米，先端急尖或钝，具小尖头，基部宽楔形，通常不对称，表面绿色，背面具白粉，全缘，具7～10条基出脉。

花：总状花序伞房状，具2～6朵下垂花；苞片线状披针形，长4～8毫米，宽约1毫米，边缘具疏齿。花瓣淡黄色。

果和种子：蒴果线状长圆形，长3～6厘米，粗2～3毫米。种子近圆形，直径约2毫米，黑色，无光泽；外种皮密具小乳突。

花果期：花期6～10月，果期7月至翌年1月。

药用价值：全草入药。用于小儿惊风。

分布：德钦、香格里拉、丽江、鹤庆、兰坪；海拔1700～3000m。

089
089
090
090

中文名

描述

091

细果角茴香

Hypecoum leptocarpum

罂粟科 Papaveraceae

角茴香属 *Hypecoum*

植株：一年生草本，略被白粉，高4～60厘米。

茎：茎丛生，长短不一，铺散而先端向上，多分枝。

叶：基生叶多数，蓝绿色，叶片狭倒披针形。

花：花小，排列成二歧聚伞花序，花直径5～8毫米，花梗细长，每花具数枚刚毛状小苞片；花瓣淡紫色。

果和种子：蒴果直立，圆柱形，长3～4厘米，两侧压扁，成熟时在关节处分离成数小节，每节具1种子。

花果期：花果期6～9月。

药用价值：全草入药。用于感冒、咽喉炎、急性结膜炎、头痛、四肢关节痛、胆囊炎。并能解食物中毒。

分布：德钦、香格里拉、丽江、维西、鹤庆；海拔2300～4000m。

中文名

描述

092

小花小檗

Berberis minutiflora

小檗科 Berberidaceae

小檗属 *Berberis*

植株：落叶灌木，高0.5～1米。

茎：老枝灰黑色，散生黑色疣点，幼枝暗红色，具条棱；茎刺单生或三分叉，长4～12毫米，与枝同色，腹面具槽。

叶：叶革质，狭倒卵状椭圆形或狭椭圆形，长10～16毫米，宽3～4毫米，先端钝，具小短尖，基部楔形，上面暗绿色，中脉显著，背面被白粉，中脉明显隆起，具乳突，侧脉2～3对，叶缘稍增厚，全缘或偶有1～2刺齿；近无柄。

花：伞形状总状花序由4～8朵花组成；花黄色。

果和种子：浆果长圆形，红色，长约6毫米，直径约3毫米，顶端具宿存短花柱，不被白粉。

花果期：花期5～6月，果期7～8月。

药用价值：根入药。有清热解毒、泻火之功效。根亦可作提取小檗碱的原料。

分布：洱源、丽江、香格里拉；海拔2100～2800（～3000）m。

091

092

092

中文名

093

刺红珠

Berberis dictyophylla

小檗科 Berberidaceae

小檗属 *Berberis*

描述

植株：落叶灌木，高1～2.5米。

茎：老枝黑灰色或黄褐色，幼枝近圆柱形，暗紫红色，常被白粉；茎刺三分叉，有时单生，长1～3厘米，淡黄色或灰色。

叶：叶厚纸质或近革质，狭倒卵形或长圆形，长1～2.5厘米，宽6～8毫米，先端圆形或钝尖，基部楔形，上面暗绿色，背面被白粉，中脉隆起，两面侧脉和网脉明显隆起，叶缘平展，全缘；近无柄。

花：花单生；花梗长3～10毫米，有时被白粉；花黄色；萼片2轮，外萼片条状长圆形，长约6.5毫米，宽约2.5毫米，内萼片长圆状椭圆形，长8～9毫米，宽约4毫米；花瓣狭倒卵形，长约8毫米，宽3～6毫米，先端全缘，基部缢缩略呈爪，具2枚分离腺体；雄蕊长4.5～5毫米，药隔延伸，先端突尖；胚珠3～4枚。

果和种子：浆果卵形或卵球形，长9～14毫米，直径6～8毫米，红色，被白粉，顶端具宿存花柱，有时宿存花柱弯曲。

花果期：花期5～6月，果期7～9月。

药用价值：根及根皮入药。有清热解毒之功效。用于口腔炎、咽喉炎、结膜炎、急慢性肠炎、痢疾、刀伤等。根可代黄连用。

分布：宾川、鹤庆、丽江、香格里拉、德钦；海拔2500～3600m。

中文名

094

川滇小檗

Berberis jamesiana

小檗科 Berberidaceae

小檗属 *Berberis*

描述

植株：落叶灌木，高1～3米。

茎：枝圆柱形，老枝暗灰色或紫黑色，幼枝紫色，无疣点；茎刺单生或三分叉，粗状，长1.5～3.5厘米，腹面具浅槽。

叶：叶近革质，椭圆形或长圆状倒卵形，长2．5～8厘米，宽1～4厘米，先端圆形或微凹，基部楔形，上面亮绿色，中脉微凹陷，背面灰绿色，中脉明显隆起，两面侧脉和网脉显著，无乳突，叶缘平展，全缘，或具疏细刺齿或具密细刺齿；叶柄长1～3毫米。

花：总状花序通常由9～20朵花组成，有时可达40朵；花黄色。

果和种子：浆果初时乳白色，后变为亮红色，近卵球形，长约10毫米，直径7～8毫米，顶端无宿存花柱，外果皮透明，不被白粉。

花果期：花期4～5月，果期6～9月。

药用价值：根入药。味苦，性寒。用于口腔炎、咽喉炎、结膜炎、急性肠炎及痢疾。

分布：丽江、维西、香格里拉、贡山、德钦；海拔2400～3600m。

093
094
094

中文名

095

粉叶小檗

Berberis pruinosa

小檗科 Berberidaceae

小檗属 *Berberis*

描述

植株：常绿灌木，高1～2米。

茎：枝圆柱形，棕灰色或棕黄色，被黑色疣点；茎刺粗壮，三分叉，长2～3.5厘米，腹面具槽或扁平，与枝同色。

叶：叶硬革质，椭圆形，倒卵形，少有椭圆状披针形，长2～6厘米，宽1～2.5厘米，先端钝尖或短渐尖，基部楔形，上面亮黄绿色或灰绿色，中脉扁平，侧脉微隆起，背面被白粉或无白粉，中脉明显隆起，侧脉微显，两面网脉不显，叶缘微向背面反卷或平展，通常具1～6刺锯齿或刺齿，偶有全缘或多达8～9刺齿；近无柄。

花：花（8～）10～20朵簇生；花梗长10～20毫米，纤细；小苞片披针形，长约2毫米，先端渐尖；萼片2轮，外萼片长圆状椭圆形，长约4毫米，宽约2毫米，先端钝圆，内萼片倒卵形，长约6.5毫米，宽约5毫米，先端圆形；花瓣倒卵形。

果和种子：浆果椭圆形或近球形，长6～7毫米，直径4～5毫米，顶端通常无宿存花柱，有时具短宿存花柱，密被或微被白粉；含种子2枚。

花果期：花期3～4月，果期6～8月。

药用价值：根入药。味苦，性寒。有消炎、抗菌、清热解毒之功效。用于预防流感、菌痢、腮腺炎、上呼吸道炎症、乳腺炎、急性黄疸型肝炎、疮疖等。果入药。能消食排气。用于食积腹胀。本种为提取小檗碱的主要原料之一。

分布：洱源、剑川、丽江、香格里拉、德钦；海拔1900～3600m。

中文名

096

南方山荷叶

Diphylleia sinensis

小檗科 Berberidaceae

山荷叶属 *Diphylleia*

描述

植株：多年生草本，高40～80厘米。

叶：下部叶柄长7～20厘米，上部叶柄长（2.5～）6～13厘米长；叶片盾状着生，肾形或肾状圆形至横向长圆形，下部叶片长19～40厘米，宽20～46厘米，上部叶片长6.5～31厘米，宽19～42厘米，呈2半裂，每半裂具3～6浅裂或波状，边缘具不规则锯齿，齿端具尖头，上面疏被柔毛或近无毛，背面被柔毛。

花：聚伞花序顶生，具花10～20朵，分枝或不分枝；外轮花瓣狭倒卵形至阔倒卵形；内轮花瓣狭椭圆形至狭倒卵形。

果和种子：浆果球形或阔椭圆形，长10～15毫米，直径6～10毫米，熟后蓝黑色，微被白粉，果梗淡红色。种子4枚，通常三角形或肾形，红褐色。

花果期：花期5～6月，果期7～8月。

药用价值：根、根茎入药。味苦、辛，性温。有祛风除湿、破瘀散结、止痛、解毒之功效。用于风湿性关节炎、跌打损伤、痈肿疮疖、月经不调、毒蛇咬伤等。

分布：维西、丽江、香格里拉、德钦；海拔2800～3000m。

095

096

096

096

中文名 | 描述

097

桃儿七

Sinopodophyllum hexandrum

小檗科 Berberidaceae

桃儿七属 *Sinopodophyllum*

植株：多年生草本，植株高20～50厘米。

茎：根状茎粗短，节状，多须根；茎直立，单生，具纵棱，无毛，基部被褐色大鳞片。

叶：叶2枚，薄纸质，非盾状，基部心形，3～5深裂几达中部，裂片不裂或有时2～3小裂，裂片先端急尖或渐尖；叶柄长10～25厘米。

花：花大，单生，先叶开放，两性，整齐，粉红色；萼片6，早萎；花瓣6，倒卵形或倒卵状长圆形。

果和种子：浆果卵圆形，长4～7厘米，直径2.5～4厘米，熟时橘红色；种子卵状三角形，红褐色，无肉质假种皮。

花果期：花期5～6月，果期7～9月。

药用价值：根、根茎入药。有毒。有祛风湿、利气活血、止痛、止咳之功效。用于风湿痹痛、跌打损伤、风寒咳嗽、月经不调。果实入药。有健脾理气、止咳平喘、活血通经之功效。用于损伤气喘及月经不调、腰痛。

分布：维西、丽江、香格里拉、德钦；海拔2200～4300m。

中文名 | 描述

098

雪山一支蒿

Aconitum brachypodum var. laxiflorum

毛茛科 Ranunculaceae

乌头属 *Aconitum*

根描述：块根胡萝卜形。

茎描述：茎高40～80厘米，疏被反曲而紧贴的短柔毛。

叶：叶片卵形或三角状宽卵形，三全裂。

花：总状花序有7至多朵密集的花。

花果期：9～10月开花。

药用价值：块根入药，有剧毒。用于风湿关节痛、跌打损伤、外伤出血、外用于牙痛、神经性皮炎、无名肿毒、扭伤、骨折症等。

分布：香格里拉，丽江有栽培；海拔2700～4250m。

中文名 | 描述

099

短柄乌头

Aconitum brachypodum

毛茛科 Ranunculaccac

乌头属 *Aconitum*

濒危级别：濒危（EN）

根：块根胡萝卜形，长5.5～7厘米，粗5～6.5毫米。

茎：茎高40～80厘米，疏被反曲而紧贴的短柔毛，密生叶，不分枝或分枝。

叶：茎下部叶在开花时枯萎，中部叶有短柄；叶片卵形或三角状宽卵形，长3.5～5.8厘米，宽3.6～8厘米，三全裂，中央全裂片宽菱形，基部突变狭成长柄，二回近羽状细裂，小裂片线形，宽（1～）1.5～3毫米，边缘干时稍反卷，侧全裂片斜菱形，不等二裂至基部，两面无毛或背面沿脉疏被短毛；叶柄长0.8～3.2厘米。

花：总状花序有7至多朵密集的花；轴和花梗密被弯曲而紧贴的短柔毛；花瓣无毛，上部弯曲，瓣片长约7毫米，距短，向后弯曲。

花果期：9～10月开花。

药用价值：块根入药。有消炎止痛、祛风除湿之功效。用于感冒、头痛、跌打损伤、风湿骨痛、牙痛。

分布：香格里拉、丽江；海拔2800～3700m。

097

097

098

099

099

中文名

描述

100

短距乌头

Aconitum brevicalcaratum

毛茛科 Ranunculaceae

乌头属 *Aconitum*

根：根斜，圆柱形，粗约1.1厘米。

茎：茎高48～100厘米，粗3.5～6毫米，中部以下密被反曲而紧贴的短柔毛，约生4叶。

叶：基生叶3～4，与茎下部叶具长柄； 叶片肾形，长4.8～9.2厘米，宽7.5～13厘米，三深裂约至本身长度3/4处，深裂片互相稍分开或稍覆压，两面被稍密的紧贴短柔毛； 叶柄长14～20（～28）厘米，被反曲的短柔毛。

花：顶生总状花序长20～40厘米，具密集的花； 轴和花梗密被伸展的淡黄色短柔毛；花瓣无毛，瓣片短，顶端圆，几无距。

果和种子：蓇葖长约1.4厘米，被短柔毛；种子倒圆锥状三角形，长约2毫米，有横狭翅。

花果期：8～10月开花。

药用价值：块根入药。有局部麻醉之功效。

分布：云南西北；海拔2800～3800m。

中文名

描述

101

短柱侧金盏花

Adonis brevistyla

毛茛科 Ranunculaceae

侧金盏花属 *Adonis*

植株：多年生草本。

茎：根状茎粗达8毫米；茎高（10～）20～40（～58）厘米，常从下部分枝，基部有膜质鳞片，无毛。

叶：茎下部叶有长柄，上部有短柄或无柄，无毛；叶片五角形或三角状卵形，三全裂，全裂片有长或短柄，二回羽状全裂或深裂，末回裂片狭卵形，有锐齿；叶柄长达7厘米，鞘顶部有叶状裂片。

花：花直径（1.5～）1.8～2.8厘米；萼片5～7，椭圆形，长5～8毫米，无毛，偶尔有缘毛；花瓣7～10（～14），白色，有时带淡紫色，倒卵状长圆形或长圆形。

果和种子：瘦果倒卵形，长3～4毫米，疏被短柔毛，有短宿存花柱。

花果期：4～8月开花。

药用价值：全草入药。有强心之功效。用于黄疸、咳嗽、哮喘、热毒。

分布：贡山、维西、香格里拉、丽江、洱源、鹤庆；海拔2800～3300m。

100
100
101
101

中文名

描述

102

草玉梅

Anemone rivularis

毛茛科 Ranunculaceae

银莲花属 *Anemone*

植株：植株高（10～）15～65厘米。

茎：根状茎木质，垂直或稍斜，粗0.8～1.4厘米。

叶：基生叶3～5，有长柄；叶片肾状五角形，长（1.6～）2.5～7.5厘米，宽（2～）4.5～14厘米，三全裂，中全裂片宽菱形或菱状卵形，有时宽卵形，宽（0.7）2.2～7厘米，三深裂，深裂片上部有少数小裂片和牙齿，侧全裂片不等二深裂，两面都有糙伏毛；叶柄长（3～）5～22厘米，有白色柔毛，基部有短鞘。

花：花葶1（～3），直立；聚伞花序长（4～）10～30厘米，（1～）2～3回分枝；雄蕊长约为萼片之半，花药椭圆形，花丝丝形；心皮30～60，无毛，子房狭长圆形，有拳卷的花柱。

果和种子：瘦果狭卵球形，稍扁，长7～8毫米，宿存花柱钩状弯曲。

花果期：5～8月开花。

药用价值：根状茎、叶入药。味苦、辛，性平。有毒。有消炎止痛、活血散瘀之功效。用于喉炎、扁桃腺炎、肝炎、胆囊炎、胃痛、痢疾、偏头痛、闭经、血尿、淋症、蛇咬伤、牙痛、风湿、疟疾、慢性肝炎、肝硬化、草乌中毒等。全草亦可做土农药。

分布：丽江、香格里拉、维西、德钦、泸水、福贡、贡山；海拔1800～3100m。

中文名

描述

103

野棉花

Anemone vitifolia

毛茛科 Ranunculaceae

银莲花属 *Anemone*

植株：植株高60～100厘米。

茎：根状茎斜，木质，粗0.8～1.5厘米。

叶：基生叶2～5 ,有长柄；叶片心状卵形或心状宽卵形，边缘有小牙齿，表面疏被短糙毛，背面密被白色短绒毛。

花：花葶粗壮，有密或疏的柔毛；聚伞花序长20～60厘米，2～4回分枝；苞片3，形状似基生叶，但较小，有柄；萼片5，白色或带粉红色，倒卵形。

果和种子：聚合果球形，直径约1.5厘米；瘦果有细柄，长约3.5毫米，密被绵毛。

花果期：7～10月开花。

药用价值：根状茎入药。有小毒。味苦，性辛。有毒。有理气、杀虫、祛风湿、接骨、清热解毒之功效。用于痢疾、跌打损伤、肠炎、骨折、蛔虫病等症。也做土农药，灭蝇蛆等。

分布：德钦、贡山、泸水；海拔1200～2400m。

102

102

103

中文名

104

驴蹄草

Caltha palustris

毛茛科 Ranunculaceae
驴蹄草属 *Caltha*

描述

植株：多年生草本，全部无毛，有多数肉质须根。

茎：茎高（10～）20～48厘米，粗（1.5～）3～6毫米，实心，具细纵沟，在中部或中部以上分枝，稀不分枝。

叶：基生叶3～7，有长柄；叶片圆形，圆肾形或心形，顶端圆形，基部深心形或基部二裂片互相覆压，边缘全部密生正三角形小牙齿。茎生叶通常向上逐渐变小，稀与基生叶近等大，圆肾形或三角状心形，具较短的叶柄或最上部叶完全不具柄。

花：茎或分枝顶部有由2朵花组成的简单的单歧聚伞花序；苞片三角状心形，边缘生牙齿；花梗长（1.5～）2～10厘米；萼片5，黄色，倒卵形或狭倒卵形，顶端圆形；雄蕊长4.5～7（～9）毫米，花药长圆形，长1～1.6毫米，花丝狭线形；心皮（5～）7～12，与雄蕊近等长，无柄，有短花柱。

果和种子：蓇葖长约1厘米，宽约3毫米，具横脉，喙长约1毫米；种子狭卵球形，长1.5～2毫米，黑色，有光泽，有少数纵皱纹。

花果期：5～9月开花，6月开始结果。

药用价值：全草入药。味辛，性微温。有散风除寒之功效。用于头目昏眩及周身疼痛。外用于烫伤及皮肤病。

分布：洱源、鹤庆、丽江、香格里拉、维西、德钦、泸水、贡山；海拔3100～3700m。

中文名

105

升麻

Cimicifuga foetida

毛茛科 Ranunculaceae
升麻属 *Cimicifuga*

描述

植株：根状茎粗壮，坚实，表面黑色，有许多内陷的圆洞状老茎残迹。

茎：茎高1～2米，基部粗达1.4厘米，微具槽，分枝，被短柔毛。

叶：叶为二至三回三出状羽状复叶；茎下部叶的叶片三角形，宽达30厘米；顶生小叶具长柄，菱形，长7～10厘米，宽4～7厘米，常浅裂，边缘有锯齿，侧生小叶具短柄或无柄，斜卵形，比顶生小叶略小，表面无毛，背面沿脉疏被白色柔毛；叶柄长达15厘米。上部的茎生叶较小，具短柄或无柄。

花：花序具分枝3～20条，长达45厘米，下部的分枝长达15厘米；轴密被灰色或锈色的腺毛及短毛；苞片钻形，比花梗短；花两性；萼片倒卵状圆形，白色或绿白色，长3～4毫米；退化雄蕊宽椭圆形，长约3毫米，顶端微凹或二浅裂，几膜质；雄蕊长4～7毫米，花药黄色或黄白色；心皮2～5，密被灰色毛，无柄或有极短的柄。

果和种子：蓇葖长圆形，长8～14毫米，宽2.5～5毫米，有伏毛，基部渐狭成长2～3毫米的柄，顶端有短喙；种子椭圆形，褐色，长2.5～3毫米，有横向的膜质鳞翅，四周有鳞翅。

花果期：7～9月开花，8～10月结果。

药用价值：全草入药。有升阳、发表、透疹、解毒之功效。用于头痛寒热、喉痛、口疮、斑疹不透、久泻久痢、脱肛、崩漏、子宫下垂等。亦可作土农药。

分布：德钦、香格里拉、贡山、泸水、鹤庆、腾冲；海拔2200～4100m。

104

105

105

中文名

106

云南升麻

Cimicifuga yunnanensis

毛茛科 Ranunculaceae

升麻属 *Cimicifuga*

描述

根：根茎粗壮，带木质，外皮灰褐色，生有许多条根。

茎：茎高40～90（～140）厘米，下部疏被短柔毛，上部的毛较密。

叶：下部及中部的茎生叶为三回三出状羽状复叶；叶片纸质，三角形，长及宽均12～40厘米；顶生小叶卵形或宽菱形，长2～3.7厘米，宽1.5～3.2厘米，不裂或三深裂，边缘具不规则的锯齿，两面均被短柔毛，侧生小叶斜卵形；叶柄长5.5～17厘米，被短柔毛，基部变宽呈鞘状；茎上部叶为一至二回三出复叶。

花：总状花序长5～13厘米，通常不分枝，或有时在花序下部具；萼片4～5，宽椭圆形或倒卵形。

果和种子：蓇葖狭倒卵形，连同1～3（～4）毫米的柄共长12～18毫米，宽3～5毫米，被贴伏的短柔毛；种子4～5粒，长约3毫米，背腹面被横向的鳞翅，四周有膜质鳞翅。

花果期：7月开花，9月结果。

药用价值：块根入药。有解表、升阳、透疹、清热解毒之功效。

分布：德钦、香格里拉、丽江；海拔2900～4100m。

中文名

107

金毛铁线莲

Clematis chrysocoma

毛茛科 Ranunculaceae

铁线莲属 *Clematis*

描述

植株：木质藤本，或呈灌木状。

茎：茎、枝圆柱形，有纵条纹，小枝密生黄色短柔毛，后变无毛。

叶：三出复叶，数叶与花簇生，或对生；小叶片较厚，革质或薄革质，两面密生绢状毛。

花：花1～3朵与叶簇生，新枝上1～2花生叶腋或为聚伞花序；花直径3～6厘米；花瓣白色、粉红色或带紫红色，倒卵形或椭圆状倒卵形。

果和种子：瘦果扁，卵形至倒卵形，长4～5毫米，有绢状毛，宿存花柱长达4厘米，有金黄色绢状毛。

花果期：花期4月至7月，果期7月至11月。

药用价值：茎、全草入药。茎味甘、淡，性平。有利水消肿、通经活血之功效。用于肾炎水肿、小便不利、风湿跌打损伤、五淋白浊、火眼疼痛、骨痛、闭经。全草有清热利尿等功效。

分布：宾川、洱源、剑川、鹤庆、兰坪、丽江、香格里拉；海拔1000～3000m。

106
106
107
107

中文名 | 描述

108

合柄铁线莲

Clematis connata

毛茛科 Ranunculaceae
铁线莲属 *Clematis*

茎：木质藤本，茎圆柱形，微有纵沟纹，枝及叶柄全部无毛。

叶：一回羽状复叶，小叶（3～）5～7枚，每对小叶相距5～9厘米；小叶片卵圆形或卵状心形，长7～10厘米，宽4～6厘米，顶端有长1～2厘米的尾状渐尖，基部心形，边缘有整齐的钝锯齿，叶脉在上面平坦或有时下陷，在背面隆起，两面无毛或仅在幼时背面沿叶脉被短柔毛；小叶柄长1.5～2厘米；叶柄长4～6厘米，基部扁平增宽与对生的叶柄合生，抱茎，每侧宽达1～1.5厘米。

花：聚伞花序或聚伞圆锥花序腋生，无毛，有花11～15朵，稀仅只有3花；萼片4枚，淡黄绿色或淡黄色，长方椭圆形至狭卵形。

果和种子：瘦果卵圆形，扁平，长4～6毫米，宽3毫米，棕红色，边缘增厚，被短柔毛，宿存花柱长2.5～4厘米，被长柔毛。

花果期：花期8月至9月，果期9月至10月。

药用价值：全草入药。有毒。有利尿通淋之功效。

分布：宾川、丽江、鹤庆、德钦。

中文名 | 描述

109

银叶铁线莲

Clematis delavayi

毛茛科 Ranunculaceae
铁线莲属 *Clematis*

植株：近直立小灌木，高0.6～1.5米。

根：茎、小枝、花序梗、花梗及叶柄、叶轴均密生短的绢状 毛。

茎：茎有棱，少分枝，老枝外皮呈纤维状剥落。

叶：一回羽状复叶对生，或数叶簇生，有（5～）7～17小叶，茎上部的簇生叶常少于7；小叶片卵形、椭圆状卵形、长椭圆形至卵状披针形。

花：通常为圆锥状聚伞花序多花，顶生；花直径2～2.5厘米；萼片4～6，开展，白色，通常为长圆状倒卵形，长0.8～1.5厘米，外面有较密短的绢状毛，或边缘无毛；雄蕊无毛。

果和种子：瘦果有绢状毛，宿存花柱有银白色长柔毛。

花果期：花期6月至8月，果期10月。

药用价值：藤、叶入药。有祛风散瘀、活血止痛之功效。

分布：洱源、鹤庆、丽江、香格里拉；海拔1800～3000m。

108

108

109

中文名

110

毛蕊铁线莲

Clematis lasiandra

毛茛科 Ranunculaceae
铁线莲属 *Clematis*

描述

植株：攀援草质藤本。

茎：老枝近于无毛，当年生枝具开展的柔毛。

叶：三出复叶、羽状复叶或二回三出复叶，连叶柄长9～15厘米，小叶3～9（～15）枚；小叶片卵状披针形或窄卵形，长3～6厘米，宽1.5～2.5厘米，顶端渐尖，基部阔楔形或圆形，常偏斜，边缘有整齐的锯齿，表面被稀疏紧贴的柔毛或两面无毛，叶脉在表面平坦，在背面隆起；小叶柄短或长达8毫米；叶柄长3～6厘米，无毛，基部膨大隆起。

花：聚伞花序腋生，常1～3花；花钟状，顶端反卷、直径2厘米；萼片4枚，粉红色至紫红色。

果和种子：瘦果卵形或纺锤形，棕红色，长3毫米，被疏短柔毛，宿存花柱纤细，长2～3.5厘米，被绢状毛。

花果期：花期10月，果期11月。

药用价值：藤茎入药。用于通便、利尿。

分布：丽江、剑川、维西、兰坪、福贡、贡山；海拔2000～3000m。

中文名

111

绣球藤

Clematis montana

毛茛科 Ranunculaceae
铁线莲属 *Clematis*

描述

植株：木质藤本。

茎：茎圆柱形，有纵条纹；小枝有短柔毛，后变无毛；老时外皮剥落。

叶：三出复叶，数叶与花簇生，或对生；小叶片卵形、宽卵形至椭圆形，长2～7厘米，宽1～5厘米，边缘缺刻状锯齿由多而锐至粗而钝，顶端3裂或不明显，两面疏生短柔毛，有时下面较密。

花：花1～6朵与叶簇生，直径3～5厘米；萼片4，开展，白色或外面带淡红色，长圆状倒卵形至倒卵形，长1.5～2.5厘米，宽0.8～1.5厘米，外面疏生短柔毛，内面无毛；雄蕊无毛。

果和种子：瘦果扁，卵形或卵圆形，长4～5毫米，宽3～4毫米，无毛。

花果期：花期4月至6月，果期7月至9月。

药用价值：茎藤、叶、花入药。茎藤味淡、微苦，性微寒。有清热利尿、通利血脉之功效。用于水肿、小便不利、尿路感染、关节酸痛、乳汁不通、肾炎水肿、月经不调等。叶、花用于胃胀、消化不良、食积。花美丽，常栽培供观赏。

分布：鹤庆、剑川、丽江、兰坪、福贡、贡山、维西、香格里拉、德钦；海拔1900～4000m。

110

111

中文名

112

钝萼铁线莲

Clematis peterae

毛茛科 Ranunculaceae
铁线莲属 *Clematis*

描述

植株：藤本。

叶：一回羽状复叶，有5小叶，偶尔基部一对为3小叶；小叶片卵形或长卵形，少数卵状披针形，长（2～）3～9厘米，宽（1～）2～4.5厘米，顶端常锐尖或短渐尖，少数长渐尖，基部圆形或浅心形，边缘疏生一至数个以至多个锯齿状牙齿或全缘，两面疏生短柔毛至近无毛。

花：圆锥状聚伞花序多花；花序梗、花梗密生短柔毛，花序梗基部常有1对叶状苞片；花直径1.5～2厘米，萼片4，开展，白色，倒卵形至椭圆形，长0.7～1.1厘米，顶端钝，两面有短柔毛，外面边缘密生短绒毛；雄蕊无毛；子房无毛。

果和种子：瘦果卵形，稍扁平，无毛或近花柱处稍有柔毛，长约4毫米，宿存花柱长达3厘米。

花果期：花期6月至8月，果期9月至12月。

药用价值：全草入药。有清热、利尿之功效。

分布：宾川、洱源、鹤庆、丽江、剑川、兰坪、香格里拉、德钦；海拔1650～3400m。

中文名

113

毛茛铁线莲

Clematis ranunculoides

毛茛科 Ranunculaceae
铁线莲属 *Clematis*

描述

植株：直立草本或草质藤本，长0.5～2米。

根：根短而粗壮，木质，表面棕黑色，内面淡黄色。

茎：茎基部常四棱形，上部六棱形，有深纵沟，微被柔毛或近于无毛。

叶：基生叶有长柄，长7～10厘米，有3～5小叶，茎生叶柄短，长仅3～7厘米，常为三出复叶；小叶片薄纸质或亚革质，卵圆形至近于圆形，长4～6厘米，宽2～4厘米，顶端钝圆或钝尖，基部宽楔形，边缘有不规则的粗锯齿，常3裂，两面被疏柔毛，叶脉在上面不显，在下面凸起；小叶柄短，长仅1～2厘米。

花：聚伞花序腋生，1～3花；花梗细瘦，长2～4厘米，基部有一对叶状苞片；花钟状，直径1.5厘米；萼片4枚，紫红色，卵圆形，长1～2厘米，宽5～6毫米，边缘密被淡黄色绒毛，两面微被柔毛，外面脉纹上有2～4条凸起的翅；雄蕊与萼片近于等长，花丝具一脉，被长柔毛，花药线形，无毛，药隔背面被毛；心皮比雄蕊微短，被毛。

果和种子：瘦果纺锤形，长3～4毫米，宽2毫米，两面凸起，棕红色，被短柔毛。

花果期：花期9月至10月，果期10月至11月。

药用价值：藤茎入药。有清热解毒、利尿之功效。用于风湿、跌打、疮痈、蕈子中毒等。

分布：兰坪、剑川、鹤庆、丽江、香格里拉；海拔1500～3000m。

112

112

113

113

中文名 | 描述

114

宽距翠雀花
Delphinium beesianum

毛茛科 Ranunculaceae
翠雀属 *Delphinium*

茎：茎高8～28厘米，与叶柄密被反曲的白色短柔毛，并常混生少数长柔毛，自下部分枝或不分枝。

叶：基生叶有长柄；叶片近五角状圆形，侧全裂片扇形，二至三回细裂，表面被短伏毛，背面有较长的柔毛；叶柄长7～13.5厘米，基部有狭鞘。茎生叶渐变小。

花：伞房花序有1～5花；花瓣蓝色，顶端圆形。

花果期：9月～11月开花。

药用价值：全草入药。有止痢、止痛、愈疮、敛黄水、除虱之功效。用于腹泻、热痢、疮痈、黄水、身虱。

分布：丽江、香格里拉、德钦；海拔3500～4600m。

中文名 | 描述

115

角萼翠雀花
Delphinium delavayi

毛茛科 Ranunculaceae
翠雀属 *Delphinium*

植株：茎高60～100厘米，与叶柄密被反曲的短糙毛（毛长达0.5～2毫米），有时下部变无毛，等距地生叶。

叶：茎下部叶具长柄；叶片五角形，三深裂，中深裂片菱形，渐尖，三浅裂，浅裂片有缺刻状小裂片和牙齿，侧深裂片斜扇形，两面疏被糙伏毛。茎上部叶稀疏，渐变小。

花：总状花序狭长，通常有多数花；基部苞片叶状，其他苞片线状披针形，密被糙毛；轴和花梗密被白色短糙毛和黄色短腺毛；花瓣蓝色，无毛。

果和种子：蓇葖长1.6～2.4厘米；种子倒卵球形，长约2毫米，褐色，密生鳞状横翅。

花果期：7～11月开花。

药用价值：根入药。味辛，性温。有毒。有祛风除湿、散寒止痛、通络散瘀之功效。用于小儿惊风、小儿肺炎、风湿、胃痛、跌打疼痛、蛔虫病。

分布：洱源、鹤庆、剑川、兰坪、丽江、香格里拉、维西、永胜；海拔2600～3600m。

中文名 | 描述

116

短距翠雀花
Delphinium forrestii

毛茛科 Ranunculaceae
翠雀属 *Delphinium*

茎：茎高18～35厘米，粗壮，密被向下斜展的糙毛。

叶：基生叶和茎下部叶有长柄；叶片圆肾形，长2.3～6厘米，宽4.7～8厘米，三深裂，深裂片相互多少覆压，中央深裂片倒卵状楔形或菱状楔形，三浅裂，边缘有不等大的钝牙齿，侧深裂片斜扇形，不等二或三深裂，两面疏被短毛；叶柄长5～17厘米，密被硬毛。

花：总状花序呈圆柱状或球状，具密集的花；花瓣顶端微凹，无毛。

花果期：8～10月开花。

药用价值：地上部分入药。用于肺炎、感冒咳嗽。

分布：丽江、香格里拉、德钦；海拔3800～4100m。

114
115
116
116

中文名

描述

117

鸦跖花
Oxygraphis glacialis

毛茛科 Ranunculaceae
鸦跖花属 *Oxygraphis*

植株：植株高2～9厘米。

根：须根细长，簇生。

茎：有短根状茎。

叶：叶全部基生，卵形、倒卵形至椭圆状长圆形，长0.3～3厘米，宽5～25毫米，全缘，有3出脉，无毛，常有软骨质边缘；叶柄较宽扁，长1～4厘米，基部鞘状，最后撕裂成纤维状残存。

花：花葶1～3（～5）条，无毛；花单生，直径1.5～3厘米；萼片5，宽倒卵形，长4～10毫米，近革质，无毛，果后增大，宿存；花瓣橙黄色或表面白色，10～15枚，披针形或长圆形，长7～15毫米，宽1.5～4米，有3～5脉，基部渐狭成爪，蜜槽呈杯状凹穴；花药长0.5～1.2毫米；花托较宽扁。

果和种子：聚合果近球形，直径约1厘米；瘦果楔状菱形，长2.5～3毫米，宽1～1.5毫米，有4条纵肋，背肋明显，喙顶生，短而硬，基部两侧有翼。

花果期：花果期6月至8月。

药用价值：全草入药。有祛风散寒、开窍通络之功效。

中文名

描述

118

拟耧斗菜
Paraquilegia microphylla

毛茛科 Ranunculaceae
拟耧斗菜属 *Paraquilegia*

植株：根状茎细圆柱形至近纺锤形，粗2～6毫米。

叶：叶多数，通常为二回三出复叶，无毛；叶片轮廓三角状卵形，宽2～6厘米，中央小叶宽菱形至肾状宽菱形，长5～8毫米，宽5～10毫米，三深裂，每深裂片再2～3细裂，小裂片倒披针形至椭圆状倒披针形，通常宽1.5～2毫米，表面绿色，背面淡绿色；叶柄细长，长2.5～11厘米。

花：花葶直立，比叶长，长3～18厘米；花直径2.8～5厘米；萼片淡堇色或淡紫红色，偶为白色，倒卵形至椭圆状倒卵形，长1.4～2.5厘米，宽0.9～1.5厘米，顶端近圆形；花瓣倒卵形至倒卵状长椭圆形，长约5毫米，顶端微凹，下部浅囊状；花药长0.8～1毫米，花丝长5～8.5毫米；心皮5（～8）枚，无毛。

果和种子：蓇葖直立，连同2毫米长的短喙共长11～14毫米，宽约4毫米；种子狭卵球形，长1.3～1.8毫米，褐色，一侧生狭翅，光滑。

花果期：6～8月开花，8～9月结果。

药用价值：枝、叶入药。用于子宫出血。根、种子入药，用于乳腺炎、恶疮痈疽等。

分布：玉龙县、贡山县、香格里拉市、维西县、德钦县。

117

118

118

中文名

描述

119

茴茴蒜

Ranunculus chinensis

毛茛科 Ranunculaceae

毛茛属 *Ranunculus*

植株：一年生草本。

根：须根簇生。

茎：茎直立，高10～50厘米，直径2～5毫米，有时粗达1厘米，上部多分枝，具多数节，下部节上有时生根，无毛或疏生柔毛。

叶：基生叶多数；叶片肾状圆形，长1～4厘米，宽1.5～5厘米，基部心形，3深裂不达基部，裂片倒卵状楔形，不等地2～3裂，顶端钝圆，有粗圆齿，无毛；叶柄长3～15厘米，近无毛。茎生叶多数，下部叶与基生叶相似；上部叶较小，3全裂，裂片披针形至线形，全缘，无毛，顶端钝圆，基部扩大成膜质宽鞘抱茎。

花：聚伞花序有多数花；花小，直径4～8毫米；花梗长1～2厘米，无毛；萼片椭圆形，长2～3.5毫米，外面有短柔毛，花瓣5，倒卵形，等长或稍长于花萼，基部有短爪，蜜槽呈棱状袋穴；雄蕊10多枚，花药卵形，长约0.2毫米；花托在果期伸长增大呈圆柱形，长3～10毫米，径1～3毫米，生短柔毛。

果和种子：聚合果长圆形，长8～12毫米，为宽的2～3倍；瘦果极多数，近百枚，紧密排列，倒卵球形，稍扁，长1～1.2毫米，无毛，喙短至近无，长0.1～0.2毫米。

花果期：花果期5月至8月。

药用价值：全草入药。味苦，性寒。有解毒、消肿、散结、清肝、利胆、活血之功效。外用敷穴位或患处，用于瘰疬、疟祛风湿。

分布：玉龙县、大理市、维西县。

中文名

描述

120

黄三七

Souliea vaginata

毛茛科 Ranunculaceae

黄三七属 *Souliea*

濒危级别：近危（NT）

植株：多年生草本；根状茎粗壮，横走，根茎高25～75厘米，无毛或近无毛。

根：叶二至三回三出全裂，无毛；叶片三角形；一回裂片具长柄，卵形至卵圆形。

茎：总状花序有4～6花；花瓣长为萼片的1/2～1/3，具多条脉。

叶：蓇葖1～3；种子12～16粒。

花：5～6月开花，7～9月结果。

花果期：花期春季。

药用价值：根状茎入药。味苦，性寒。有清热解毒、清火、镇痛之功效。用于眼结膜炎、口腔炎、肠炎、痢疾、金疮、止渴。

分布：丽江、鹤庆、维西、香格里拉、德钦；海拔2800～4000m。

119

119

120

120

中文名

121

狭序唐松草

Thalictrum atriplex

毛茛科 Ranunculaceae

唐松草属 *Thalictrum*

描述

植株：植株全部无毛。

茎：茎高40～80厘米，有细纵槽，上部分枝。

叶：茎下部叶长约25厘米，有长柄，为四回三出复叶；叶片长约15厘米；小叶草质。

花：花序生茎和分枝顶端，狭长，似总状花序，有稍密的花；花梗长1～5毫米；萼片4，白色或带黄绿色，椭圆形，长2.5～3.5毫米，宽1～1.5毫米，钝，早落。

果和种子：瘦果扁卵球形，长约2.5毫米，粗1.2～2毫米，有（6～）8（～10）条低而钝的纵肋，基部无柄或突缩成极短的柄（长0.1～0.3毫米），宿存花柱长1～2毫米，拳卷。

花果期：6月～7月开花，8～9月结果。

药用价值：根茎、根入药。有清热燥湿、解毒之功效。用于痢疾、肠炎、传染性肝炎、感冒、麻疹、痈肿疮疖、结膜炎等。

分布：丽江、香格里拉、维西、德钦；海拔2500～3800m。

中文名

122

爪哇唐松草

Thalictrum javanicum

毛茛科 Ranunculaceae

唐松草属 *Thalictrum*

描述

植株：植株全部无毛。

茎：茎高（30～）50～100厘米，中部以上分枝。

叶：茎生叶4～6，为三至四回三出复叶；叶片长6～25厘米，小叶纸质，顶生小叶倒卵形、椭圆形、或近圆形，长1.2～2.5厘米，宽1～1.8厘米，基部宽楔形、圆形或浅心形，三浅裂，有圆齿，背面脉隆起，脉网明显，小叶柄长0.5～1.4厘米；叶柄长达5.5厘米，托叶棕色，膜质，边缘流苏状分裂，宽2～3毫米。

花：花序近二歧状分枝，伞房状或圆锥状，有少数或多数花；花梗长3～7（～10）毫米；萼片4，长2.5～3毫米，早落；雄蕊多数，长2～5毫米，花药长0.6～1毫米，花丝上部倒披针形，比花药稍宽，下部丝形；心皮8～15。

果和种子：瘦果狭椭圆形，长2～3毫米，有6～8条纵肋，宿存花柱长0.6～1毫米，顶端拳卷。

花果期：4月～7月开花。

药用价值：根入药。有解热之功效。用于跌打损伤。全草入药用于关节炎。可代马尾连。

分布：丽江、泸水、福贡、剑川、香格里拉、维西、德钦；海拔1500～3600m。

121 121

122 122

中文名

123

帚枝唐松草

Thalictrum virgatum

毛茛科 Ranunculaceae

唐松草属 *Thalictrum*

描述

植株：植株全部无毛。

茎：茎高16～65厘米，分枝或不分枝。

叶：叶均茎生，7～10个，为三出复叶，有短柄或无柄；小叶纸质或薄革质，顶生小叶具细柄（长0.6～1.3厘米），菱状宽三角形或宽菱形，长1.1～2.5厘米，宽0.6～2.4厘米，顶端圆形，基部宽楔形、圆形或浅心形，三浅裂，边缘有少数圆齿，两面脉隆起，脉网明显，侧生小叶较小，有短柄。

花：简单或复杂的单歧聚伞花序生茎或分枝顶端；花梗细，长0.8～1.8厘米；萼片4～5，白色或带粉红色，卵形，长4～8毫米，宽2.5～4毫米，脱落；雄蕊长4～7毫米，花药狭长圆形，顶端钝，花丝狭线形；心皮10～25，基部有短柄，柱头小。

果和种子：瘦果两侧扁，椭圆形，长约3毫米，有8条纵肋，子房柄长约0.4毫米，宿存柱头长约0.3毫米。

花果期：6～8月开花。

药用价值：全草入药。有调和阴阳之功效。根茎入药。用于胃热。

分布：洱源、宾川、鹤庆、丽江、香格里拉、兰坪。

中文名

124

丽江唐松草

Thalictrum wangii

毛茛科 Ranunculaceae

唐松草属 *Thalictrum*

濒危级别：近危（NT）

描述

茎：茎高30～58厘米，与花序和叶背面有极短的腺毛，常自下部起分枝。

叶：茎中部叶有较短柄，为三回三出复叶；叶片长5.5～9.5厘米；小叶薄草质，顶生小叶圆卵形、圆菱形或菱状宽倒卵形，长9～11毫米，宽7～13毫米，基部圆楔形或圆形，三浅裂，裂片全缘或有1～2圆齿，脉在表面平，在背面稍隆起；叶柄长0.8～3厘米。

花：单歧聚伞花序生茎和分枝顶端，通常有3花；花梗长7～14毫米；萼片4，白色，早落，狭椭圆形，长约5毫米；雄蕊多数，长约5.5毫米，花药白色，狭长圆形，长约1.5毫米，顶端钝，花丝上部线形或狭倒披针形，与花药近等宽，下部丝形；心皮4～7，子房纺锤形，有小腺毛，基部有短柄，花柱与子房近等长，腹面上部有线形狭柱头。

果和种子：瘦果新月形，扁平，长约4.5毫米，有8条细纵肋，心皮柄长0.5毫米，宿存花柱长2毫米。

花果期：6～8月开花。

药用价值：全草、根、根茎入药。全草用于关节炎、泻痢。根及根茎用于炭疽病。

分布：玉龙县、香格里拉市、德钦县。

123
123
124
124

中文名

描述

125

云南金莲花

Trollius yunnanensis

毛茛科 Ranunculaceae

金莲花属 *Trollius*

植株：植株全部无毛。

茎：茎高（20～）30～80厘米，疏生1～2枚叶，不分枝或在中部以上分枝。

叶：基生叶2～3，长10～25厘米，有长柄；叶片干时常变暗绿色，五角形。

花：花单生茎顶端或2～3朵组成顶生聚伞花序；花瓣线形，比雄蕊稍短。

果和种子：聚合果近球形，直径约1厘米；蓇葖长9～11毫米，宽约3毫米，光滑，喙长约1毫米；种子狭卵球形，长约1.5毫米，具不明显4条纵棱，光滑。

花果期：6～9月开花，9～10月结果。

药用价值：根入药。有清热利胆之功效。用于疟疾。

分布：洱源、鹤庆、丽江、兰坪、香格里拉、维西、德钦；海拔3000～3800m。

中文名

描述

126

细枝茶藨子

Ribes tenue

茶藨子科 Grossulariaceae

茶藨子属 *Ribes*

植株：落叶灌木，高1～4米。

茎：枝细瘦，小枝灰褐色或灰棕色，皮长条状或薄片状撕裂，幼枝暗紫褐色或暗红褐色，无柔毛，常具腺毛，无刺；芽卵圆形或长卵圆形，长4～6毫米，先端急尖，具数枚紫褐色鳞片。

叶：叶长卵圆形，稀近圆形，长2～5.5厘米，宽2～5厘米，基部截形至心脏形，上面无毛或幼时具短柔毛和紧贴短腺毛，成长时逐渐脱落。下面幼时具短柔毛，老时近无毛，掌状3～5裂，顶生裂片菱状卵圆形，先端渐尖至尾尖，比侧生裂片长1～2倍，侧生裂片卵圆形或菱状卵圆形，先端急尖至短渐尖，边缘具深裂或缺刻状重锯齿，或混生少数粗锐单锯齿；叶柄长1～3厘米，无柔毛或具稀疏腺毛。

花：花单性，雌雄异株，组成直立总状花序；雄花序长3～5厘米，生于侧生小枝顶端，具花10～20朵；雌花序较短；花瓣楔状匙形或近倒卵圆形，长约1毫米或稍长，先端圆钝，暗红色。

果和种子：果实球形，直径4～7毫米，暗红色，无毛。

花果期：花期5～6月，果期8～9月。

药用价值：根入药。用于妇女五心烦热、四肢乏力、月经不调、经末腹痛。果实可食用和酿酒。

分布：德钦、维西、贡山、福贡、泸水；海拔2400～3700m。

125

125

126

中文名

127

落新妇

Astilbe chinensis

虎耳草科 Saxifragaceae
落新妇属 *Astilbe*

描述

植株： 多年生草本，高50～100厘米。

根： 根状茎暗褐色，粗壮，须根多数。

茎： 茎无毛。

叶： 基生叶为二至三回三出羽状复叶；顶生小叶片菱状椭圆形，侧生小叶片卵形至椭圆形，长1.8～8厘米，宽1.1～4厘米，先端短渐尖至急尖，边缘有重锯齿，基部楔形、浅心形至圆形，腹面沿脉生硬毛，背面沿脉疏生硬毛和小腺毛；叶轴仅于叶腋部具褐色柔毛；茎生叶2～3，较小。

花： 圆锥花序；花瓣5，淡紫色至紫红色。

果和种子： 蒴果长约3毫米；种子褐色，长约1.5毫米。

花果期： 花期7月。

药用价值： 全草、根入药。全草有祛风、清热、止咳。根：活血、祛瘀、止痛、解毒、强心镇静之功效。用于跌打损伤、关节痛。根富含淀粉。根茎、茎、叶含鞣质，可提制栲胶。

分布： 香格里拉、鹤庆、泸水、兰坪；海拔1400～2400m。

中文名

128

岩白菜

Bergenia purpurascens

虎耳草科 Saxifragaceae
岩白菜属 *Bergenia*

描述

植株： 多年生草本，高13～52厘米。

茎： 根状茎粗壮，被鳞片。

叶： 叶均基生；叶片革质，倒卵形、狭倒卵形至近椭圆形，稀阔倒卵形至近长圆形。

花： 花葶疏生腺毛。聚伞花序圆锥状。

花果期： 花果期5～10月。

药用价值： 根状茎、全草入药。根茎有清热解毒、止血调经、健胃止泻之功效。全草用于痢疾。

分布： 德钦、维西、香格里拉、贡山、福贡、泸水、丽江、大理；海拔3000～4500m。

127

128

中文名 | 描述

129

锈毛金腰

Chrysosplenium davidianum

虎耳草科 Saxifragaceae

金腰属 *Chrysosplenium*

植株：多年生草本，高（1～）3.5～19厘米，丛生。

茎：根状茎横走，密被褐色长柔毛；不育枝发达。茎被褐色卷曲柔毛。

叶：基生叶具柄，叶片阔卵形至近阔椭圆形。

花：聚伞花序长0.5～4厘米，具多花（较密集）；苞叶圆状扇形，长3.1～11.2毫米，宽3.1～9毫米，边缘具3～5～7圆齿，基部宽楔形，疏生柔毛至近无毛，柄长1.2～3.5毫米，疏生柔毛；花梗长1～5毫米，被褐色柔毛；花黄色；萼片通常近圆形，长1～2.6毫米，宽1.1～3.1毫米，先端钝圆或微凹，无毛；雄蕊8，长1～2毫米；子房半下位，花柱长0.8～2毫米；无花盘。

果和种子：蒴果长约3.8毫米，先端近平截而微凹，2果瓣近等大且水平状叉开，喙长约1毫米；种子黑棕色，卵球形，长约1毫米，被微乳头突起。

花果期：花果期4～8月。

药用价值：全草入药。有清肝胆热之功效。用于发热、肝炎、胆囊炎、胆病引起的头痛等。

分布：香格里拉、维西、丽江、福贡、鹤庆、大理、洱源；海拔2000～4100m。

中文名 | 描述

130

肾叶金腰

Chrysosplenium griffithii

虎耳草科 Saxifragaceae

金腰属 *Chrysosplenium*

植株：多年生草本，高8.5～32.7厘米，丛生。

茎：茎不分枝，无毛。

叶：无基生叶，或仅具1枚，叶片肾形；茎生叶互生，叶片肾形。

花：聚伞花序长3.8～10厘米，具多花；花黄色。

果和种子：蒴果长约3毫米，先端近平截而微凹，喙长约0.4毫米，2果瓣近等大，近水平状叉开；种子黑褐色，卵球形，长0.7～1毫米，无毛，有光泽。

花果期：花果期5～9月。

药用价值：全草入药。味苦，性寒。有清热缓下、利胆之功效。

分布：德钦、维西、香格里拉、贡山、福贡、丽江、鹤庆。生于；海拔（2500～）3200～4000m。

129

130

中文名 | 描述

131

山溪金腰
Chrysosplenium nepalense

虎耳草科 Saxifragaceae
金腰属 *Chrysosplenium*

植株：多年生草本，高5.5～21厘米；不育枝出自叶腋。

茎：花茎无毛。

叶：叶对生，叶片卵形至阔卵形，长0.3～1.8厘米，宽0.45～1.8厘米，先端钝圆，边缘具6～16圆齿，基部宽楔形至近截形，腹面有时具褐色乳头突起，背面无毛；叶柄长0.2～1.5厘米，腹面和叶腋部具褐色乳头突起。

花：聚伞花序长1.3～6厘米，具8～18花；苞叶阔卵形，长3.2～6.8毫米，宽3.2～6.5毫米，边缘具5～10圆齿，基部通常宽楔形，稀偏斜形，苞腋具褐色乳头突起；花黄绿色，直径约3毫米；花梗无毛；萼片在花期直立，近阔卵形，长1.1～1.3毫米，宽1～1.2毫米，先端钝圆，无毛；雄蕊8，长0.5～1.3毫米；子房近下位，花柱长约0.2毫米；无花盘。

果和种子：蒴果长约2.6毫米，2果瓣近等大，喙长约0.4毫米；种子红棕色，椭球形，长约1毫米，光滑无毛。

花果期：花果期5～7月。

药用价值：全草入药。有清肝胆热之功效。用于发热、肝炎、胆囊炎、胆病引起的头痛等。

分布：德钦、维西、香格里拉、福贡（碧江）、鹤庆、腾冲；海拔1500～3500m。

中文名 | 描述

132

羽叶鬼灯檠
Rodgersia pinnata

虎耳草科 Saxifragaceae
鬼灯檠属 *Rodgersia*

植株：多年生草本，高（0.25～）0.4～1.5米。

茎：茎无毛。

叶：近羽状复叶；叶柄长3.5～32.5厘米，基部和叶片着生处具褐色长柔毛；基生叶和下部茎生叶通常具小叶片6～9枚，上有顶生者3～5枚，下有轮生者3～4枚，上部茎生叶具小叶片3枚；小叶片椭圆形、长圆形至狭倒卵形，长（6.5～）11～32厘米，宽（2.7～）7～12.5厘米，先端短渐尖，基部渐狭，边缘有重锯齿，腹面无毛，背面沿脉具褐色柔毛。

花：多歧聚伞花序圆锥状，长12～31厘米，具多花；花序分枝长3.5～22厘米；花序轴与花梗被膜片状毛，有时还杂有短腺毛；花梗长1.5～3.5毫米；萼片5，革质，近卵形，长2～2.7毫米，宽约2毫米，先端短渐尖而钝，腹面仅基部疏生近无柄之腺毛，背面被黄褐色柔毛和近无柄之腺毛，具弧曲脉3，脉于先端汇合；花瓣不存在；雄蕊10，长2.8～4毫米；心皮2，长约3毫米，基部合生，子房近上位，花柱2。

果和种子：蒴果紫色，长约7毫米。

花果期：花果期6～8月。

药用价值：根茎入药。有活血调经、行气、祛风湿、收敛消炎、止痛、健胃、止泻之功效。用于跌打损伤、接骨、损伤咳嗽、月经不调。根茎还含淀粉和鞣质，可酿酒，又可提制栲胶。

分布：德钦、维西、香格里拉、贡山、福贡、丽江、大理、鹤庆、洱源、宾川等；海拔（1700～）2400～3800m。

中文名

133

灯架虎耳草

Saxifraga candelabrum

虎耳草科 Saxifragaceae
虎耳草属 *Saxifraga*

描述

植株：草本，高19～38厘米。

茎：茎被褐色腺毛。

叶：基生叶密集，呈莲座状，轮廓为匙形，长1.5～6厘米，宽5.3～14毫米，边缘先端具3～7齿，两面和边缘均具褐色腺毛；茎生叶较疏，轮廓为近匙形，长1.5～2.7厘米，宽5.8～12毫米，具3～8齿，两面和边缘均具褐色腺毛。

花：多歧聚伞花序圆锥状；花瓣浅黄色，中下部具紫色斑点，狭卵形至近长圆形。

花果期：花果期7～9月。

药用价值：全草入药。有清肝、胆实热及疮热、排脓之功效。用于肝热、胆热、诸热、肠病、血病、疮疖肿毒。

分布：德钦、香格里拉、贡山、丽江、鹤庆、洱源；海拔（2000～）2500～3000（～4200）m。

中文名

134

异叶虎耳草

Saxifraga diversifolia

虎耳草科 Saxifragaceae
虎耳草属 *Saxifraga*

描述

植株：多年生草本，高16～43厘米。

茎：茎中下部被褐色卷曲长柔毛或无毛，上部被短腺毛（腺头黑褐色）。

叶：基生叶具长柄，叶片卵状心形至狭卵形。

花：聚伞花序通常伞房状；花瓣黄色，椭圆形、倒卵形、卵形至狭卵形，稀长圆形。

花果期：花果期8～10月。

药用价值：全草入药。有强壮、明目之功效。用于血虚、眼病、瘀肿。

分布：香格里拉、丽江、大理；海拔2800～3800m。

中文名

135

芽生虎耳草

Saxifraga gemmipara

虎耳草科 Saxifragaceae
虎耳草属 *Saxifraga*

描述

植株：多年生草本，高（5～）9～24厘米，丛生。

茎：茎多分枝，被腺柔毛，具芽。

叶：茎生叶通常密集呈莲座状，叶片倒狭卵形、长圆形至线状长圆形，长0.6～2.9厘米，宽1.2～9毫米，先端急尖，基部楔形，两面被糙伏毛（有时具腺头），边缘具腺睫毛。

花：聚伞花序通常为伞房状，长2～9厘米，具2～12花；花梗长0.6～2.4厘米，密被腺毛；花瓣白色，具黄色或紫红色斑纹，卵形、椭圆形、狭卵形至长圆形。

花果期：花果期6～11月。

药用价值：全草入药。用于腹泻、痢疾。

分布：兰坪、香格里拉、丽江、鹤庆、大理、洱源；海拔（1600～）2000～2900（～4000）m。

133
133
134
134
135
135

中文名

136

垂头虎耳草

Saxifraga nigroglandulifera

虎耳草科 Saxifragaceae

虎耳草属 *Saxifraga*

描述

植株：多年生草本，高5～36厘米。

茎：茎不分枝，中下部仅于叶腋具黑褐色长柔毛，上部被黑褐色短腺毛。

叶：基生叶具柄，叶片阔椭圆形、椭圆形、卵形至近长圆形。

花：聚伞花序总状，长2～12.5厘米，具2～14花；花通常垂头，多偏向一侧；花瓣黄色，近匙形至狭倒卵形。

花果期：花果期7～10月。

药用价值：花、全草入药。有清热、解疮毒之功效。用于胆病。脉热、血热、诸疮。

分布：德钦、香格里拉、丽江、大理；海拔3500～4240m。

中文名

137

红毛虎耳草

Saxifraga rufescens

虎耳草科 Saxifragaceae

虎耳草属 *Saxifraga*

描述

植株：多年生草本，高16～40厘米。

茎：根状茎较长。

叶：叶均基生，叶片肾形、圆肾形至心形，长2.4～10厘米，宽3.2～12厘米，先端钝，基部心形，9～11浅裂，裂片阔卵形，具齿牙，有时再次3浅裂，两面和边缘均被腺毛；叶柄长3.7～15.5厘米，被红褐色长腺毛。

花：多歧聚伞花序圆锥状；花瓣白色至粉红色，5枚，通常其4枚较短，披针形至狭披针形。

果和种子：蒴果弯垂，长4～4.5毫米。

花果期：花期5～6月。

药用价值：全草入药。有清热、解毒、凉血、止血之功效。

分布：德钦、维西、香格里拉、贡山、福贡、泸水、兰坪、丽江、大理、鹤庆；海拔2200～3500（～4000）m。

中文名

138

柴胡红景天

Rhodiola bupleuroides

景天科 Crassulaceae

红景天属 *Rhodiola*

描述

植株：多年生草本。高（1～）5～60（～100）厘米。

根：根颈粗，倒圆锥形，直径达3厘米，长达10厘米，棕褐色，先端被鳞片，鳞片棕黑色。

茎：花茎1～2，少有更多的。

叶：叶互生，无柄或有短柄，厚草质，形状与大小变化很大，狭至宽椭圆形、近圆形或狭至宽卵形或倒卵形或长圆状卵形，长0.3～6（～9）厘米，宽0.4～2.2（～4.5）厘米，先端急尖至有短突尖或钝至圆，基部心形至短渐狭至长渐狭，全缘至有少数锯齿。

花：伞房状花序顶生，有7～100花，有苞片，苞片叶状；雌雄异株。

果和种子：蓇葖长4～5（～10）毫米，种子10～16枚。

花果期：花期6～8月，果期8～9月。

药用价值：茎轴、根入药。用于肺炎、支气管炎、口臭、淋巴肿大。

分布：德钦、贡山、香格里拉、丽江、维西、福贡（碧江）；海拔3000～5100m。

中文名

139

大花红景天

Rhodiola crenulata

景天科 Crassulaceae

红景天属 *Rhodiola*

濒危级别：濒危（EN）

描述

植株：多年生草本。

根：地上的根颈短，残存花枝茎少数，黑色，高5～20厘米。

茎：不育枝直立，高5～17厘米，先端密着叶，叶宽倒卵形，长1～3厘米。花茎多，直立或扇状排列，高5～20厘米，稻杆色至红色。

叶：叶有短的假柄，椭圆状长圆形至几为圆形，长1.2～3厘米，宽1～2.2厘米，先端钝或有短尖，全缘或波状或有圆齿。

花：花序伞房状，有多花，长2厘米，宽2～3厘米，有苞片；花大形，有长梗，雌雄异株；雄花萼片5，狭三角形至披针形，长2～2.5毫米，钝；花瓣5，红色，倒披针形。

果和种子：种子倒卵形，长1.5～2毫米，两端有翅。

花果期：花期6～7月，果期7～8月。

药用价值：茎轴、根入药。有清热、利肺、止咳、止血、去口臭之功效。

分布：德钦、香格里拉、丽江、宁蒗；海拔2800～4600m。

中文名

140

长鞭红景天

Rhodiola fastigiata

景天科 Crassulaceae

红景天属 *Rhodiola*

描述

植株：多年生草本。

根：根颈长达50厘米以上，不分枝或少分枝，每年伸出达1.5厘米，直径1～1.5厘米，老的花茎脱落，或有少数宿存的，基部鳞片三角形。

茎：花茎4～10，着生主轴顶端，长8～20厘米，粗1.2～2毫米，叶密生。

叶：叶互生，线状长圆形、线状披针形、椭圆形至倒披针形，长8～12毫米，宽1～4毫米，先端钝，基部无柄，全缘，或有微乳头状突起。

花：花序伞房状，长1厘米，宽2厘米；雌雄异株；花密生；萼片5，线形或长三角形，长3毫米，钝；花瓣5，红色，长圆状披针形，长5毫米，宽1.3毫米，钝；雄蕊10，长达5毫米，对瓣的着生基部上1毫米处；鳞片5，横长方形，长0.5毫米，宽1毫米，先端有微缺；心皮5，披针形，直立，花柱长。

果和种子：蓇葖长7～8毫米，直立，先端稍向外弯。

花果期：花期6～8月，果期9月。

药用价值：全草入药。用于跌打损伤。

分布：德钦、贡山、福贡、泸水、香格里拉、丽江、维西；海拔3400～4600m。

139

140

140

中文名

141

粗糙红景天

Rhodiola scabrida

景天科 Crassulaceae

红景天属 *Rhodiola*

描述

植株：多年生草本。

根：主根长30厘米以上。根颈直径1～1.5厘米，分枝多，先端被鳞片，宿存老枝茎多，黑色。

茎：花茎细，直径不及1毫米，高1.5～4厘米，红褐色，直立，被微乳头状突起。

叶：叶互生，线状披针形，长3～5毫米，宽不及1毫米，先端长渐尖，基部圆截形，无柄，全缘，叶面及叶缘常有微乳头状突起。

花：花序花单生，或2～4花着生；雌雄异株；雌花萼片4～5，披针形，长1毫米，宽不及0.5毫米，先端渐尖，花瓣4～5，红色，披针形，长1.5～2毫米，宽0.7～1毫米，急尖；鳞片4～5，横梯状长方形，长0.2毫米，宽0.5～0.8毫米；心皮4或5，直立，披针形，长4～6毫米，基部1～2毫米合生，先端在成熟时外弯。

果和种子：种子长圆形，长1.5毫米，先端有翅，长1毫米，褐色。

花果期：果期7～9月。

药用价值：茎入药。有补气血之功效。

分布：德钦、香格里拉、维西、丽江、洱源；海拔（3200～）3500～4600m。

中文名

142

云南红景天

Rhodiola yunnanensis

景天科 Crassulaceae

红景天属 *Rhodiola*

描述

植株：多年生草本。

根：根颈粗，长，直径可达2厘米，不分枝或少分枝，先端被卵状三角形鳞片。

茎：花茎单生或少数着生，无毛，高可达100厘米，直立，圆。

3叶轮生，稀对生，卵状披针形、椭圆形、卵状长圆形至宽卵形，长4～7（～9）厘米，宽2～4（～6）厘米，先端钝，基部圆楔形，边缘多少有疏锯齿，稀近全缘，下面苍白绿色，无柄。

花：聚伞圆锥花序，长5～15厘米，宽2.5～8厘米，多次三叉分枝；雌雄异株，稀两性花；雄花小，多，萼片4，披针形，长0.5毫米；花瓣4，黄绿色，匙形，长1.5毫米；雄蕊8，较花瓣短；鳞片4，楔状四方形，长0.3毫米；心皮4，小；雌花萼片、花瓣各4，绿色或紫色，线形，长1.2毫米，鳞片4，近半圆形，长0.5毫米；心皮4，卵形，叉开的，长1.5毫米，基部合生。

果和种子：蓇葖星芒状排列，长3～3.2毫米，基部1毫米合生，喙长1毫米。

花果期：花期5～7月，果期7～8月。

药用价值：全草入药。有消炎、消肿、接筋骨之功效。

分布：云南西北；海拔2200～4400m。

141

142

中文名

143

石莲
Sinocrassula indica

景天科 Crassulaceae
石莲属 *Sinocrassula*

描述

植株：二年生草本，无毛。

根：根须状。

茎：花茎高15～60厘米，直立，常被微乳头状突起。

叶：基生叶莲座状，匙状长圆形，长3.5～6厘米，宽1～1.5厘米；茎生叶互生，宽倒披针状线形至近倒卵形，上部的渐缩小，长2.5～3厘米，宽4～10毫米，渐尖。

花：花序圆锥状或近伞房状，总梗长5～6厘米；苞片似叶而小；萼片5，宽三角形，长2毫米，宽1毫米，先端稍急尖，花瓣5，红色，披针形至卵形，长4～5毫米，宽2毫米，先端常反折；雄蕊5，长3～4毫米；鳞片5，正方形，长0.5毫米，先端有微缺；心皮5，基部0.5～1毫米合生，卵形，长2.5～3毫米，先端急狭，花柱长不及1毫米。

果和种子：蓇葖的喙反曲；种子平滑。

花果期：花期7～10月。

药用价值：全草入药。有清热消炎之功效。用于头晕。头痛、乳腺炎、月经不调，外用于中耳炎。

分布：德钦、贡山、福贡、香格里拉、永胜、丽江、剑川、鹤庆；海拔1700～3300m。

中文名

144

狭叶崖爬藤
Tetrastigma serrulatum

葡萄科 Vitaceae
崖爬藤属 *Tetrastigma*

描述

植株：草质藤本。

茎：小枝纤细，圆柱形，有纵棱纹，无毛。卷须不分枝，相隔2节间断与叶对生。

叶：叶为鸟足状5小叶，小叶卵披针形或倒卵披针形，顶端尾尖、渐尖或急尖，基部圆形或阔楔形，侧小叶基部不对称，边缘常呈波状。

花：花序腋生；花瓣4，卵椭圆形，顶端有小角，外展，无毛。

果和种子：果实圆球形，紫黑色，直径0.81.2厘米，有种子2颗；种子倒卵椭圆形，顶端近圆形，基部渐狭成短喙，种脐在种子背面下部向上呈狭带形，下端略呈龟头状，腹部中棱脊突出，两侧洼穴呈沟状，从基部向上斜展达种子顶端，两侧边缘有横肋。

花果期：花期3～6月，果期7～10月。

药用价值：藤入药。有祛风除湿、接骨、消炎、止血之功效。

分布：怒江、香格里拉、维西、丽江、洱源、宾川、腾冲；海拔1400～2900m。

143

144

中文名

145

桦叶葡萄

Vitis betulifolia

葡萄科 Vitaceae

葡萄属 *Vitis*

描述

植株：木质藤本。

茎：小枝圆柱形，有显著纵棱纹，嫩时小枝疏被蛛丝状绒毛，以后脱落无毛。

叶：卷须2叉分枝，每隔2节间断与叶对生。叶卵圆形或卵椭圆形。

花：圆锥花序疏散，与叶对生，下部分枝发达，长4～15厘米，初时被蛛丝状绒毛，以后脱落几无毛；花梗长1.5～3毫米，无毛；花蕾倒卵圆形，高1.5～2毫米，顶端圆形；萼碟形，边缘膜质，全缘，高约0.2毫米；花瓣5，呈帽状粘合脱落；雄蕊5，花丝丝状，长1～1.5毫米，花药黄色，椭圆形，长约4毫米，在雌花内雄蕊显著短，败育；花盘发达，5裂；子房在雌花中卵圆形，花柱短，柱头微扩大。

果和种子：果实圆球形，成熟时紫黑色，直径0.8～1厘米；种子倒卵形，顶端圆形，基部有短喙，种脐在种子背面中部呈圆形或椭圆形，腹面中棱脊突起，两侧洼穴狭窄呈条形，向上达种子2/3～3/4。

花果期：花期3～6月，果期6～11月。

药用价值：根皮入药。味涩，性平。有舒筋活血、清热解毒、生肌、利湿之功效。用于接骨、风湿瘫痪、损伤、无名肿毒、赤痢等。

分布：鹤庆、维西、丽江；海拔达2500m。

中文名

146

肉色土圞儿

Apios carnea

豆科 Fabaceae

土圞儿属 *Apios*

描述

植株：缠绕藤本，长3～4米。

茎：茎细长，有条纹，幼时被毛，老则毛脱落而近于无毛。

叶：奇数羽状复叶；叶柄长5～8（～12）厘米；小叶通常5，长椭圆形，长6～12厘米，宽4～5厘米，先端渐尖，成短尾状，基部楔形或近圆形，上面绿色，下面灰绿色。

花：总状花序腋生，长15～24厘米；苞片和小苞片小，线形，脱落；花萼钟状，二唇形，绿色，萼齿三角形，短于萼筒；花冠淡红色、淡紫红色或橙红色，长为萼的2倍。

果和种子：荚果线形，直，长16～19厘米，宽约7毫米；种子12～21颗，肾形，黑褐色，光亮。

花果期：花期7～9月，果期8～11月。

药用价值：根入药。有清热解毒、理气散结之功效。用于感冒、咳嗽、百日咳、咽喉肿痛、疝气、痈肿、瘰疬。种子含油。

分布：德钦、维西、贡山、丽江、鹤庆、洱源、宾川、剑川；海拔300～3200m。

145

146

146

中文名 | 描述

147

鞍叶羊蹄甲

Bauhinia brachycarpa

豆科 Fabaceae

羊蹄甲属 *Bauhinia*

植株：直立或攀援小灌木；小枝纤细，具棱，被微柔毛，很快变秃净。

叶：叶纸质或膜质，近圆形，通常宽度大于长度，长3～6厘米，宽4～7厘米，基部近截形、阔圆形或有时浅心形，先端2裂达中部，罅口狭，裂片先端圆钝，上面无毛，下面略被稀疏的微柔毛，多少具松脂质丁字毛；基出脉7～9（～11）条；托叶丝状早落；叶柄纤细，长6～16毫米，具沟，略被微柔毛。

花：伞房式总状花序侧生，连总花梗长1.5～3厘米，有密集的花十余朵；总花梗短，与花梗同被短柔毛；苞片线形，锥尖，早落；花蕾椭圆形，多少被柔毛；花托陀螺形；萼佛焰状，裂片2；花瓣白色，倒披针形，连瓣柄长7～8毫米，具羽状脉；能育雄蕊通常10枚，其中5枚较长，花丝长5～6毫米，无毛；子房被茸毛，具短的子房柄，柱头盾状。

果和种子：荚果长圆形，扁平，长5～7.5厘米，宽9～12毫米，两端渐狭，中部两荚缝近平行，先端具短喙，成熟时开裂，果瓣革质，初时被短柔毛，渐变无毛，平滑，开裂后扭曲；种子2～4颗，卵形，略扁平，褐色，有光泽。

花果期：花期5～7月；果期8～10月。

药用价值：根、叶、嫩枝入药。根用于神经官能症。叶、嫩枝用于百日咳、筋骨疼痛。茎皮含纤维。

分布：云南大部分地区有分布；海拔1500～2200m。

中文名 | 描述

148

云实

Caesalpinia decapetala

豆科 Fabaceae

云实属 *Caesalpinia*

植株：藤本。

茎：树皮暗红色；枝、叶轴和花序均被柔毛和钩刺。

叶：二回羽状复叶长20～30厘米；羽片3～10对，对生，具柄，基部有刺1对；小叶8～12对，膜质，长圆形，长10～25毫米，宽6～12毫米，两端近圆钝，两面均被短柔毛，老时渐无毛；托叶小，斜卵形，先端渐尖，早落。

花：总状花序顶生，直立，长15～30厘米，具多花；总花梗多刺；花梗长3～4厘米，被毛，在花萼下具关节，故花易脱落；萼片5，长圆形，被短柔毛；花瓣黄色，膜质，圆形或倒卵形，长10～12毫米，盛开时反卷，基部具短柄；雄蕊与花瓣近等长，花丝基部扁平，下部被绵毛；子房无毛。

果和种子：荚果长圆状舌形，长6～12厘米，宽2.5～3厘米，脆革质，栗褐色，无毛，有光泽，沿腹缝线膨胀成狭翅，成熟时沿腹缝线开裂，先端具尖喙；种子6～9颗，椭圆状，长约11毫米，宽约6毫米，种皮棕色。

花果期：花果期4～10月。

药用价值：茎、根、果、种子、叶入药。茎、根、果有发表散寒、止痛散瘀、消炎解毒、通经和血、杀虫等功效。种子有驱除肠道寄生虫之功效。用于虐病、间歇热及赤痢。叶捣汁用于烧伤。植物多刺，春天盛开黄色美丽花朵，常种植为绿篱，可供观赏。果壳及茎皮均含鞣质，可提制栲胶。种子可榨油，供制肥皂、润滑油用。

分布：遍及云南云南；海拔700～1500（～2300）m。

147 147

148 148

中文名

描述

149

云南锦鸡儿

Caragana franchetiana

豆科 Fabaceae

锦鸡儿属 *Caragana*

植株：灌木，高1～3米。

茎：老枝灰褐色；小枝褐色，枝条伸长

叶：羽状复叶有5～9对小叶；托叶膜质，卵状披针形，脱落，先端具刺尖或无；仅长枝叶轴硬化成粗针刺，长2～5厘米，宿存，灰褐色，无毛；小叶倒卵状长圆形或长圆形，长5～9毫米，宽3～3.5毫米，嫩时有短柔毛，下面淡绿色。

花：花梗长5～20毫米，被柔毛，中下部具关节；苞片披针形，小苞片2，线形；花萼短管状，长8～12毫米，宽5～7毫米，基部囊状，初被疏柔毛，萼齿披针状三角形，长2～5毫米；花冠黄色，有时旗瓣带紫色，长约23毫米，旗瓣近圆形，先端不凹，具长瓣柄，翼瓣的瓣柄稍短于瓣片，具2耳，下耳线形，与瓣柄近等长，上耳齿状，短小，有时不明显，龙骨瓣先端钝，瓣柄与瓣片近相等，耳齿状；子房被密柔毛。

果和种子：荚果圆筒状，长2～4.5厘米，被密伏贴柔毛，里面被褐色绒毛。

花果期：花期5～6月，果期7月。

药用价值：花、根入药。花有补气益肾之功效。用于头晕头痛、耳鸣眼花、肺痨咳嗽、小儿疳积。根有祛风活血、止痛、利尿、补气益肾之功效。用于风湿性关节炎、跌打、浮肿、痛经。

分布：德钦、香格里拉、丽江、洱源；海拔2500～3800m。

中文名

描述

150

鬼箭锦鸡儿

Caragana jubata

豆科 Fabaceae

锦鸡儿属 *Caragana*

植株：灌木，直立或伏地，高0.3～2米，基部多分枝。

茎：树皮深褐色、绿灰色或灰褐色。

叶：羽状复叶有4～6对小叶；托叶先端刚毛状，不硬化成针刺；叶轴长5～7厘米，宿存，被疏柔毛。小叶长圆形，长11～15毫米，宽4～6毫米，先端圆或尖，具刺尖头，基部圆形，绿色，被长柔毛。

花：花梗单生，长约0.5毫米，基部具关节，苞片线形；花萼钟状管形，长14～17毫米，被长柔毛，萼齿披针形，长为萼筒的1/2；花冠玫瑰色、淡紫色、粉红色或近白色，长27～32毫米，旗瓣宽卵形，基部渐狭成长瓣柄，翼瓣近长圆形，瓣柄长为瓣片的2/3～3/4，耳狭线形，长为瓣柄的3/4，龙骨瓣先端斜截平而稍凹，瓣柄与瓣片近等长，耳短，三角形；子房被长柔毛。

果和种子：荚果长约3厘米，宽6～7毫米，密被丝状长柔毛。

花果期：花期6～7月，果期8～9月。

药用价值：皮、茎、叶、根入药。皮、茎、叶有接筋骨、祛风除湿、活血通经、消肿止痛之功效。用于跌打损伤、风湿筋骨疼痛、月经不调、乳房发炎。根有清热消肿、生肌止痛之功效。用于癫痫、疮疖、肿痛。本种之茎纤维可制绳索及麻袋。

分布：德钦、香格里拉、丽江；海拔2700～4000m。

149

150

中文名

151

川滇雀儿豆

Chesneya polystichoides

豆科 Fabaceae

雀儿豆属 *Chesneya*

描述

植株：垫状草本，植丛高10～20厘米。

茎：茎基木质，长而匍匐，粗壮而多分枝，直径可达2.5厘米，枝皮红棕色，分枝上部具密集的宿存叶柄与托叶。

叶：羽状复叶长8～14厘米，密集有19～41片小叶，托叶线形，长约1.5厘米，中部以下与叶柄基部贴生，疏被白色短柔毛；叶柄与叶轴疏被长柔毛，干后卷曲，宿存，小叶密生；几无小叶柄；叶片长圆形、卵形或儿圆形，长3～11毫米，宽2～6毫米，先端圆，较少截平或微凹，基部显著偏斜，上面深绿色，下面灰白色，两面皆无毛。

花：花单生；花梗长1～2厘米（花后略延伸），密被白色、开展的长柔毛，苞片线形；小苞片较苞片稍短；花萼管状，长1.2～1.5厘米，宽5～7毫米，疏被长柔毛，基部一侧膨大呈囊状，萼齿三角状披针形，长为萼筒的1/2；花冠黄色，旗瓣长20～22毫米，瓣片长圆形，背面密被白色短柔毛，翼瓣长15～17毫米，具耳，龙骨瓣与翼瓣近等长，无耳；子房无毛，无柄。

果和种子：荚果长椭圆形，长2.5～3.5厘米，宽约1厘米，革质，微扁，无毛。

花果期：花期7月，果期8月。

药用价值：根入药。有滋补之功效。

分布：德钦、香格里拉、丽江；海拔3300～4400m。

中文名

152

云南猪屎豆

Crotalaria yunnanensis

豆科 Fabaceae

猪屎豆属 *Crotalaria*

描述

植株：直立草本，地下根茎常很发达，高15～30厘米；具分枝，被粗糙开展的褐色长柔毛。

叶：无托叶；单叶，叶长圆形或椭圆形，长2～3厘米，宽0.5～1.5厘米，先端钝或渐窄，具短尖头，基部略楔形，两面被疏离的褐色长柔毛，尤以下面中脉毛更密，叶脉在上面隐见，在下凸起，侧脉不甚明显；柄长1. 毫米，。

花：总状花序顶生，或腋生，有花5～20朵，花序长5～10厘米；苞片线形，长2～4毫米，与花梗近等长，小苞片与苞片相似，生萼筒基部，被长柔毛；花萼二唇形，长5～7毫米，萼齿披针形，密被褐色长柔毛；花冠黄色，旗瓣圆形或阔圆形，直径9～11毫米，基部胼胝体垫状，翼瓣倒卵状长圆形，长7～10毫米，龙骨瓣与翼瓣近等长，弯曲，中部以上变狭形成长喙。

果和种子：荚果短圆柱形，长约1厘米，无毛。

花果期：花果期5～10月间。

药用价值：根、全草入药。有解毒、清热、利尿之功效。

分布：香格里拉、丽江、宁蒗、剑川、鹤庆、洱源；海拔2200～3200m。

151

151

152

中文名

描述

153

滇黔黄檀

Dalbergia yunnanensis

豆科 Fabaceae

黄檀属 *Dalbergia*

植株：大藤本，有时呈大灌木或小乔木状；茎匍匐状，具多数广展的枝。

茎：枝有时为螺旋钩状。

叶：羽状复叶长20～30厘米；叶轴被微柔毛；托叶早落；小叶（6～）7～9对，近革质，长圆形或椭圆状长圆形，长2.5～5（～7.5）厘米，宽1.2～2（～3.3）厘米，两端圆形，有时先端微缺，两面被伏贴和细柔毛，下面中脉上毛较密；小叶柄长约5毫米，被柔毛。

花：聚伞状圆锥花序生于上部叶腋，长约15厘米，径约7.5厘米；花冠白色，旗瓣阔倒卵状长圆形。

果和种子：荚果长圆形或椭圆形，长3.5～6.5厘米，宽2～2.5厘米，顶端急尖或钝，果瓣革质，对种子部分有明显的网纹，有种子1（2～3）粒；种子圆肾形，扁平，长约12毫米，宽约7毫米。

花果期：花期4～5月。

药用价值：根入药。有止血、理气发表之功效。用于感冒头痛发热、食积饱胀腹痛。

分布：丽江、永胜、洱源、鹤庆、宾川、腾冲；海拔900～2000m。

中文名

描述

154

小叶三点金

Desmodium microphyllum

豆科 Fabaceae

山蚂蟥属 *Desmodium*

植株：多年生草本。

茎：茎纤细，多分枝，直立或平卧，通常红褐色，近无毛；根粗，木质。

叶：叶为羽状三出复叶，或有时仅为单小叶；托叶披针形；小叶薄纸质，较大的为倒卵状长椭圆形或长椭圆形。

花：总状花序顶生或腋生，被黄褐色开展柔毛；有花6～10朵，花小，长约5毫米；苞片卵形，被黄褐色柔毛；花梗长5～8毫米，纤细，略被短柔毛；花萼长4毫米，5深裂，密被黄褐色长柔毛，裂片线状披针形，较萼筒长3～4倍；花冠粉红色，与花萼近等长，旗瓣倒卵形或倒卵状圆形，中部以下渐狭。

果和种子：荚果长12毫米，宽约3毫米，腹背两缝线浅齿状，通常有荚节3～4，有时2或5，荚节近圆形，扁平，被小钩状毛和缘毛或近于无毛。

花果期：花期5～9月，果期9～11月。

药用价值：根、全草入药。根有清热解毒、止咳、祛痰之功效。全草有清热解毒、利湿通络、消炎止血、活血祛瘀之功效。

分布：各地分布；海拔330～2800m。

153
153
154
154

中文名

155

小鸡藤

Dumasia forrestii

豆科 Fabaceae

山黑豆属 *Dumasia*

濒危级别：近危（NT）

描述

植株：缠绕草本。

茎：全株无毛或近无毛，茎纤细，有明显棱角，干后禾秆色。

叶：叶具羽状3小叶；托叶线状披针形，长4～7毫米，有纵线纹；叶柄长2～11厘米；小叶近纸质，等大或近等大，卵形、宽卵形或近圆形，长2～5厘米，宽2～4.8厘米，先端圆形或截平，常微凹和具小凸尖，两面无毛，或偶被疏短伏毛；侧脉每边4～6条，纤细，在上面明显凸起。

花：总状花序腋生；花密集，淡黄色。

果和种子：荚果线状长圆形，长3～4厘米，宽约6毫米，微弯，先端渐尖，基部渐狭成果颈，无毛；种子通常1～2颗。

花果期：花期8～9月，果期10月后。

药用价值：果入药。有舒筋活络、止痛之功效。用于坐骨神经痛、筋骨疼痛。

分布：香格里拉、维西、丽江、兰坪、鹤庆；海拔1250～3200m。

中文名

156

云南甘草

Glycyrrhiza yunnanensis

豆科 Fabaceae

甘草属 *Glycyrrhiza*

濒危级别：易危（VU）

描述

植株：多年生草本；根与根状茎无甜味。

茎：茎直立，带木质，多分枝，高60～100厘米，密被鳞片状腺点，疏生短柔毛。

叶：叶长8～16厘米；托叶披针形，长5～7毫米，宽2～3毫米，具腺点，无毛；叶柄密被鳞片状腺点，腹面密被白色长柔毛；小叶7～15枚，披针形或卵状披针形，长2～5厘米，宽0.7～1.5厘米，顶端渐尖，基部楔形，上面深绿色，下面淡绿色，两面均密被鳞片状腺点并疏生短柔毛。

花：总状花序腋生，花多数，密集成球状；总花梗短于叶，具条棱，密被鳞片状腺点；幼时疏被长柔毛；苞片披针形，长6～7毫米，密生腺点，花萼钟状，长约5毫米，疏被鳞片状腺点及短柔毛，萼齿5枚，披针形，长为萼筒的1/2～2/3，上部的2齿部分连合；花冠紫色，旗瓣长卵形或椭圆形，长6～9毫米，顶端钝，瓣柄极短，翼瓣长5～6毫米，龙骨瓣稍短于翼瓣，均具瓣柄及耳。

果和种子：果序球状，长2～4厘米，荚果密集，长卵形，长12～18毫米，宽4～6毫米，顶端渐尖，具宿存花柱形成的骤尖头，密被长约5毫米的褐色硬刺。种子褐色，肾形，长约4毫米。

花果期：花期5～6月，果期7～9月。

药用价值：根、根茎入药。有补脾益气、止咳祛痰、清热解表之功效。用于脾胃虚弱、中气不足、咳嗽气喘、痈疽疮毒。民间作甘草使用。种子油供制肥皂。

分布：丽江、宁蒗、香格里拉；海拔2150～2800m。

155

155

156

中文名 | 描述

157

腺毛木蓝

Indigofera scabrida

豆科 Fabaceae

木蓝属 *Indigofera*

植株：直立灌木，高达80厘米。

茎：茎圆柱形，上部分枝，呈“之”字形弯曲；枝、叶轴、叶缘、花序、苞片及萼片均有红色有柄头状腺毛。

叶：羽状复叶长达12厘米；叶柄长1～1.5厘米；托叶线形，长约7毫米；小叶3～5对，对生，椭圆形、倒卵状椭圆形或倒卵形，长1～3厘米，宽6～20毫米，先端圆钝或截平，基部阔楔形或圆形，边缘及叶脉具腺毛，上面有短细柔毛或无毛；小叶柄长约1毫米；小托叶与小叶柄近等长。

花：总状花序长6～12厘米，花疏生；总花梗较叶柄长；苞片线形，长约5毫米；花梗长1～2毫米；花萼长约2.5毫米，萼齿线形，长约2毫米；旗瓣倒卵状椭圆形，长约8毫米，外面有柔毛，翼瓣与旗瓣等长，龙骨瓣有距；花药球形；子房线形，有毛。

果和种子：荚果线形，长1.8～3厘米，近无毛，内果皮具斑点，有种子9～10粒；种子赤褐色，长方形，长约1.5毫米。

花果期：花期6～9月，果期8～10月。

药用价值：全草入药。有清热解毒之功效。用于流感、烫伤。

分布：洱源、鹤庆、丽江、维西；海拔1450～2060m。

中文名 | 描述

158

截叶铁扫帚

Lespedeza cuneata

豆科 Fabaceae

胡枝子属 *Lespedeza*

植株：小灌木，高达1米。

茎：茎直立或斜升，被毛，上部分枝；分枝斜上举。

叶：叶密集，柄短；小叶楔形或线状楔形，长1～3厘米，宽2～5（～7）毫米，先端截形成近截形，具小刺尖，基部楔形，上面近无毛，下面密被伏毛。

花：总状花序腋生，具2～4朵花；总花梗极短；小苞片卵形或狭卵形，长1～1.5毫米，先端渐尖，背面被白色伏毛，边具缘毛；花萼狭钟形，密被伏毛，5深裂，裂片披针形；花冠淡黄色或白色，旗瓣基部有紫斑，有时龙骨瓣先端带紫色，冀瓣与旗瓣近等长，龙骨瓣稍长；闭锁花簇生于叶腋。

果和种子：荚果宽卵形或近球形，被伏毛，长2.5～3.5毫米，宽约2.5毫米。

花果期：花期7～8月，果期9～10月。

药用价值：全草入药。有清热解毒、活血、止血、化积消食、宜肝明目、利尿、散瘀消肿、补肝肾、益肺阴、祛瘀消肿之功效。用于感冒、小儿疳积、痢疾、疝气、牙痛、毒蛇咬伤、遗精、白浊、哮喘、胃痛、损伤、跌打损伤、目赤。

分布：云南各地分布；海拔2500m以下的山坡路边。

157

158

158

中文名

描述

159

美丽胡枝子

Lespedeza formosa

豆科 Fabaceae

胡枝子属 *Lespedeza*

植株：直立灌木，高1～2米。

茎：多分枝，枝伸展，被疏柔毛。

叶：托叶披针形至线状披针形，长4～9毫米，褐色，被疏柔毛；叶柄长1～5厘米；被短柔毛；小叶椭圆形、长圆状椭圆形或卵形，稀倒卵形，两端稍尖或稍钝，长2.5～6厘米，宽1～3厘米，上面绿色，稍被短柔毛，下面淡绿色，贴生短柔毛。

花：总状花序单一，腋生，比叶长，或构成顶生的圆锥花序；花冠红紫色。

果和种子：荚果倒卵形或倒卵状长圆形，长8毫米，宽4毫米，表面具网纹且被疏柔毛。

花果期：花期7～9月，果期9～10月。

药用价值：根、枝叶、花入药。根有清肺热、祛风湿、散瘀血之功效。枝叶用于小便不利。花有清热凉血之功效。用于肺热、咯血、便血。

分布：宾川、丽江、香格里拉、维西、德钦、福贡、贡山、兰坪、腾冲；海拔1200～3000m。

中文名

描述

160

矮生胡枝子

Lespedeza forrestii

豆科 Fabaceae

胡枝子属 *Lespedeza*

植株：半灌木或灌木，高达20厘米。

茎：全株密被开展的白色长柔毛；根多头，根状茎横走；茎多数，单一，匍匐或斜升。

叶：托叶宽卵形至披针形，先端渐尖；羽状复叶具3小叶；茎上部叶大，向下渐小，节间短；小叶长圆状线形，长1～2.5厘米，宽3～6毫米，先端微凹或钝，有小刺尖，基部楔形；侧脉细，稍明显。

花：花1～3朵腋生；总花梗短，长2～3毫米；小苞片2，狭披针形，长约3毫米；花萼长7～8毫米，5深裂，上方2裂片基部合生，上部分离，裂片狭披针形；花冠粉红色，有紫斑，比花萼长约1倍，旗瓣宽椭圆形，长约10毫米，宽5毫米，瓣柄上部有内弯的附属物，先端微凹，翼瓣长圆形，长10毫米，宽2.5毫米，先端钝，基部耳状，具长瓣柄，龙骨瓣长9毫米，宽2毫米，钝头；子房被疏柔毛，有柄。

花果期：花期6～9月。

药用价值：根入药。用于风湿骨痛。

分布：剑川、丽江、洱源、鹤庆、香格里拉；海拔2200～3300m。

中文名

161

百脉根

Lotus corniculatus

豆科 Fabaceae

百脉根属 *Lotus*

描述

植株：多年生草本，高15～50厘米，全株散生稀疏白色柔毛或秃净。

根：具主根。

茎：茎丛生，平卧或上升，实心，近四棱形。

叶：羽状复叶小叶5枚；叶轴长4～8毫米，疏被柔毛，顶端3小叶，基部2小叶呈托叶状，纸质，斜卵形至倒披针状卵形，长5～15毫米，宽4～8毫米，中脉不清晰；小叶柄甚短，长约1毫米，密被黄色长柔毛。

花：伞形花序；总花梗长3～10厘米；花3～7朵集生于总花梗顶端；花冠黄色或金黄色，干后常变蓝色。

果和种子：荚果直，线状圆柱形，长20～25毫米，径2～4毫米，褐色，二瓣裂，扭曲；有多数种子，种子细小，卵圆形，长约1毫米，灰褐色。

花果期：花期5～9月，果期7～10月。

药用价值：全草、根入药。全草有清热消炎、止咳平喘、解毒之功效。用于咽炎、扁桃体炎、淋巴腺炎、湿疹、疥疮、风热咳嗽、胃脘痛、痔疮、下乳、大肠出血、痢疾。根有下气、去热、除虚劳之功效。酒浸或用水煮均可。茎叶为优良饲料。

分布：香格里拉、维西、丽江、宁蒗、鹤庆、剑川、洱源；海拔1500～3500m。

中文名

162

天蓝苜蓿

Medicago lupulina

豆科 Fabaceae

苜蓿属 *Medicago*

描述

植株：一、二年生或多年生草本，高15～60厘米，全株被柔毛或有腺毛。

根：主根浅，须根发达。

茎：茎平卧或上升，多分枝，叶茂盛。

叶：羽状三出复叶；托叶卵状披针形，长可达1厘米，先端渐尖，基部圆或戟状，常齿裂；下部叶柄较长，长1～2厘米，上部叶柄比小叶短；小叶倒卵形、阔倒卵形或倒心形。

花：花序小头状，具花10～20朵；总花梗细，挺直，比叶长，密被贴伏柔毛；苞片刺毛状，甚小；花长2～2.2毫米；花梗短，长不到1毫米；萼钟形，长约2毫米，密被毛，萼齿线状披针形，稍不等长，比萼筒略长或等长；花冠黄色，旗瓣近圆形，顶端微凹，翼瓣和龙骨瓣近等长，均比旗瓣短：子房阔卵形，被毛，花柱弯曲，胚珠1粒。

果和种子：荚果肾形，长3毫米，宽2毫米，表面具同心弧形脉纹，被稀疏毛，熟时变黑；有种子1粒。种子卵形，褐色，平滑。

花果期：花期7～9月，果期8～10月。

药用价值：全草入药。有舒筋活络、清热利尿之功效。用于坐骨神经痛、风湿筋骨痛、损伤疼痛、黄疸型肝炎、白血病、咳喘、大肠出血、小儿高热、肺炎等、毒蛇咬伤、蜂蜇。为优良牧草。

分布：香格里拉、维西、德钦、丽江、宁蒗；海拔1200～3250m。

161

162

162

中文名

163

云南棘豆

Oxytropis yunnanensis

豆科 Fabaceae

棘豆属 *Oxytropis*

描述

植株：多年生草本，高7～15厘米。

根：根粗壮，圆柱形。

茎：茎缩短，基部有分枝，疏丛生。

叶：羽状复叶长3～5厘米；托叶纸质，长卵形，与叶柄分离，彼此于中部合生，疏被白色和黑色长柔毛；叶柄与叶轴细，于小叶之间有腺点，被疏柔毛，宿存；小叶9（13）～19（～23），披针形，长5～7（～10）毫米，宽1.5～3毫米，先端渐尖或急尖，基部圆，两面疏被白色短柔毛。

花：5～12花组成头形总状花序；总花梗长于叶，或与之等长，疏被短柔毛；苞片膜质，被白色和黑色毛；花长约11毫米；花萼钟状，长6～9毫米，宽约3毫米，疏被黑色和白色长柔毛，萼齿锥形，稍短于萼筒；花冠蓝紫色或紫红色，旗瓣长10（12）～13（～15）毫米，瓣片宽卵形或宽倒卵形，宽约7毫米，先端2浅裂，翼瓣稍短，先端2裂；龙骨瓣比翼瓣短，喙长约1毫米；子房疏被白色和黑色短柔毛。

果和种子：荚果近革质，椭圆形、长圆形、卵形，长2～3厘米，宽约1厘米，密被黑色贴伏短柔毛，1室；果梗长5～7毫米。种子6～10颗。

花果期：花果期7～9月。

药用价值：全草入药。有消炎、利尿、除湿、祛风、愈疮之功效。用于时疫、炎症、血病、出血、体内积液、风湿、瘙痒、疮疖、便秘、水肿。

分布：德钦、香格里拉、丽江、洱源；海拔3350～4300m。

中文名

164

尼泊尔黄花木

Piptanthus nepalensis

豆科 Fabaceae

黄花木属 *Piptanthus*

描述

植株：灌木，高1.5～3米。

茎：茎圆柱形，具沟棱，被白色棉毛。

叶：叶柄长1～3厘米，上面具阔槽，下面圆凸，密被毛；托叶长7～14毫米，被毛；小叶披针形、长圆状椭圆形或线状卵形。

花：总状花序顶生，长5～8厘米，具花2～4轮，花后几不伸长，密被白色棉毛；花冠黄色。

果和种子：荚果阔线形，扁平，长8～15厘米，宽1.6～1.8厘米，先端骤尖，具尖喙，基部具颈，颈长1.6厘米，被毛，果瓣膜质，网状脉纹明显，疏被柔毛；有4～8粒种子。种子肾形，压扁，黄褐色，长4～5毫米，宽3～3.5毫米。

花果期：花期4～6月，果期6～7月。

药用价值：果实、种子入药。有清肝明目、利水润肠之功效。花大而美，可供观赏。

分布：维西、香格里拉、德钦、丽江、鹤庆、洱源；海拔2800～3800m。

163

164

中文名 | 描述

165

大花野豌豆
Vicia bungei

豆科 Fabaceae
野豌豆属 *Vicia*

植株：一年生或二年生草本，高15～90（～105）厘米。

茎：茎斜升或攀援，单一或多分枝，具棱，被微柔毛。

叶：偶数羽状复叶长2～10厘米，叶轴顶端卷须有2～3分支；托叶戟形，通常2～4裂齿，长0.3～0.4厘米，宽0.15～0.35厘米；小叶2～7对，长椭圆形或近心形，长0.9～2.5厘米，宽0.3～1厘米，先端圆或平截有凹，具短尖头，基部楔形，侧脉不甚明显，两面被贴伏黄柔毛。

花：花1～2（～4）腋生，近无梗；萼钟形，外面被柔毛，萼齿披针形或锥形；花冠紫红色或红色，旗瓣长倒卵圆形，先端圆，微凹，中部缢缩，翼瓣短于旗瓣，长于龙骨瓣；子房线形，微被柔毛，胚珠4～8，子房具柄短，花柱上部被淡黄白色髯毛。

果和种子：荚果线长圆形，长约4～6厘米，宽0.5～0.8厘米，表皮土黄色种间缢缩，有毛，成熟时背腹开裂，果瓣扭曲。种子4～8，圆球形，棕色或黑褐色，种脐长相当于种子圆周1/5。

花果期：花期4～7月，果期7～9月。

药用价值：全草、种子入药。味甘、辛，性寒。有清热利湿、和血祛瘀之功效。用于黄疸、浮肿、疟疾、衄血、心悸、梦遗、月经不调、咳嗽痰多、疔疮、痔疮。种子用于抗肿瘤药。可作为饲料及绿肥植物。

分布：丽江、维西、贡山；海拔1000～2600m。

中文名 | 描述

166

歪头菜
Vicia unijuga

豆科 Fabaceae
野豌豆属 *Vicia*

植株：多年生草本，高（15）40～100（～180）厘米。

根：根茎粗壮近木质，主根长达8～9厘米，直径2.5厘米，须根发达，表皮黑褐色。

茎：通常数茎丛生，具棱，疏被柔毛，老时渐脱落，茎基部表皮红褐色或紫褐红色。

叶：叶轴末端为细刺尖头；偶见卷须，托叶戟形或近披针形，长0.8～2厘米，宽3～5毫米，边缘有不规则齿蚀状；小叶一对，卵状披针形或近菱形，长（1.5）3～7（～11）厘米，宽1.5～4（～5）厘米，先端渐尖，边缘具小齿状，基部楔形，两面均疏被微柔毛。

花：总状花序单一稀有分支呈圆锥状复总状花序；花冠蓝紫色、紫红色或淡蓝色。

果和种子：荚果扁、长圆形，长2～3.5厘米，宽0.5～0.7厘米，无毛，表皮棕黄色，近革质，两端渐尖，先端具喙，成熟时腹背开裂，果瓣扭曲。种子3～7，扁圆球形，直径0.2～0.3厘米，种皮黑褐色，革质，种脐长相当于种子周长1/4。

花果期：花期6～7月，果期8～9月。

药用价值：全草、嫩叶入药。有平肝降压、行气止痛之功效。用于高血压、头晕、胃病、损伤、强壮。可做牧草及水土保持植物。嫩叶供蔬食，老叶做饲料。种子淀粉可食用、酿酒等。

分布：香格里拉、丽江；海拔1200～2780m。

165

166

166

中文名

描述

167

紫藤

Wisteria sinensis

豆科 Fabaceae

紫藤属 *Wisteria*

植株：落叶藤本。

茎：茎左旋，枝较粗壮，嫩枝被白色柔毛，后秃净。

叶：奇数羽状复叶长15～25厘米；托叶线形，早落；小叶3～6对，纸质，卵状椭圆形至卵状披针形，上部小叶较大，基部1对最小，长5～8厘米，宽2～4厘米，先端渐尖至尾尖，基部钝圆或楔形，或歪斜，嫩叶两面被平伏毛，后秃净；小叶柄长3～4毫米，被柔毛；小托叶刺毛状，长4～5毫米，宿存。

花：总状花序发自去年年短枝的腋芽或顶芽，长15～30厘米，径8～10厘米，花序轴被白色柔毛；花冠紫色。

果和种子：荚果倒披针形，长10～15厘米，宽1.5～2厘米，密被绒毛，悬垂枝上不脱落，有种子1～3粒；种子褐色，具光泽，圆形，宽1.5厘米，扁平。

花果期：花期4月中旬至5月上旬，果期5～8月。

药用价值：茎叶、花、种子入药。茎叶、花有解毒驱虫、止吐泻之功效。用于腹水及性病。根有行血之功效。用于痈肿疮毒、牙痛、痢疾。种子有杀虫、解毒之功效。用于筋骨疼痛。花含芳香油，鲜花浸膏可用作调香原料。茎皮纤维洁白，有丝光，可制成人造棉，单纺或混纺。其枝坚韧，可编箩筐。常栽培作观赏植物。

分布：丽江等地栽培。

中文名

描述

168

西伯利亚远志

Polygala sibirica

远志科 Polygalaceae

远志属 *Polygala*

植株：多年生草本，高10～30厘米；根直立或斜生，木质。

茎：茎丛生，通常直立，被短柔毛。

叶：叶互生，叶片纸质至亚革质，下部叶小卵形，长约6毫米，宽约4毫米，先端钝，上部者大，披针形或椭圆状披针形，长1～2厘米，宽3～6毫米，先端钝，具骨质短尖头，基部楔形，全缘，略反卷，绿色，两面被短柔毛，主脉上面凹陷，背面隆起，侧脉不明显，具短柄。

花：总状花序腋外生或假顶生；花瓣3，蓝紫色，侧瓣倒卵形。

果和种子：蒴果近倒心形，径约5毫米，顶端微缺，具狭翅及短缘毛。种子长圆形，扁，长约1.5毫米，黑色，密被白色柔毛，具白色种阜。

花果期：花期4～7月，果期5～8月。

药用价值：全草、根入药。全草有益智安神、祛痰之功效。根有滋阴清热、祛痰、解毒之功效。用于痨热咳嗽、慢性支气管炎、小儿肺炎、胃痛、慢性腹泻、痢疾、腰酸、白带、跌打损伤、风湿疼痛、疔疮、牙痛烂臭。

分布：丽江、香格里拉、维西、德钦、贡山；海拔1100～2800m。

167

168

中文名 | 描述

169

小扁豆

Polygala tatarinowii

远志科 Polygalaceae
远志属 *Polygala*

植株：一年生直立草本，高5～15厘米。

茎：茎不分枝或多分枝，具纵棱，无毛。

叶：单叶互生，叶片纸质，卵形或椭圆形至阔椭圆形，长0.8～2.5厘米，宽0.6～1.5厘米，先端急尖，基部楔形下延，全缘，具缘毛，两面均绿色，疏被短柔毛，具羽状脉；叶柄长5～10毫米，稍具翅。

花：总状花序顶生，花密，花后延长达6厘米；花瓣3，红色至紫红色，侧生花瓣较龙骨瓣稍长，2/3以下合生，龙骨瓣顶端无鸡冠状附属物，圆形，具乳突。

果和种子：蒴果扁圆形，径约2毫米，顶端具短尖头，具翅，疏被短柔毛；种子近长圆形，径约1毫米，长约1.5毫米，黑色，被白色短柔毛，种阜小，盔形。

花果期：花期8～9月，果期9～11月。

药用价值：全草入药。用于截疟、补虚弱、跌打损伤。

分布：香格里拉、德钦、兰坪、鹤庆、贡山、福贡等地；海拔1300～3000（～3900）m。

中文名 | 描述

170

匍匐栒子

Cotoneaster adpressus

蔷薇科 Rosaceae
栒子属 *Cotoneaster*

植株：落叶匍匐灌木。

茎：茎不规则分枝，平铺地上；小枝细瘦，圆柱形，幼嫩时具糙伏毛，逐渐脱落，红褐色至暗灰色。

叶：叶片宽卵形或倒卵形，稀椭圆形，长5～15毫米，宽4～10毫米，先端圆钝或稍急尖，基部楔形，边缘全缘而呈波状，上面无毛，下面具稀疏短柔毛或无毛；叶柄长1～2毫米，无毛；托叶钻形，成长时脱落。

花：花1～2朵，几无梗，直径7～8毫米；萼筒钟状，外具稀疏短柔毛，内面无毛；萼片卵状三角形，先端急尖，外面有稀疏短柔毛，内面常无毛；花瓣直立，倒卵形，长约4.5毫米，宽几与长相等，先端微凹或圆钝，粉红色；雄蕊约10～15，短于花瓣；花柱2，离生，比雄蕊短；子房顶部有短柔毛。

果和种子：果实近球形，直径6～7毫米，鲜红色，无毛，通常有2小核，稀3小核。

花果期：花期5～6月，果期8～9月。

药用价值：果入药。有退热之功效。

分布：德钦、香格里拉、丽江；海拔2000～4000m。

中文名

171

西南栒子

Cotoneaster franchetii

蔷薇科 Rosaceae

栒子属 *Cotoneaster*

描述

植株：半常绿灌木，高1～3米。

茎：枝开张，呈弓形弯曲，暗灰褐色或灰黑色，嫩枝密被糙伏毛，老时逐渐脱落。

叶：叶片厚，椭圆形至卵形，长2～3厘米，宽1～1.5厘米，先端急尖或渐尖，基部楔形，全缘，上面幼时具伏生柔毛，老时脱落，下面密被带黄色或白色绒毛；叶柄长2～3毫米，具绒毛；托叶线状披针形，有毛，成长时脱落。

花：花5～11朵，成聚伞花序，生于短侧枝顶端，总花梗和花梗密被短柔毛；苞片线形，具柔毛；花梗长2～4毫米；花直径6～7毫米；萼筒钟状，外面密被柔毛，内面无毛；萼片三角形，先端急尖或短渐尖，外面密生柔毛，内面先端微具柔毛；花瓣直立，宽倒卵形或椭圆形，长4毫米，宽3毫米，先端圆钝，粉红色；雄蕊20，比花瓣短；花柱2～3，离生，短于雄蕊；子房先端有柔毛。

果和种子：果实卵球形，直径6～7毫米，橘红色，初时微具柔毛，最后无毛，常具3小核，有时多至5核。

花果期：花期6～7月，果期9～10月。

药用价值：根入药。有消炎、消肿止痛、清热解毒之功效。用于腮腺炎、淋巴结炎、麻疹。

分布：贡山、维西、香格里拉、丽江、鹤庆、大理；海拔1700～3050m。

中文名

172

小叶栒子

Cotoneaster microphyllus

蔷薇科 Rosaceae

栒子属 *Cotoneaster*

描述

植株：常绿矮生灌木，高达1米。

茎：枝条开展，小枝圆柱形，红褐色至黑褐色，幼时具黄色柔毛，逐渐脱落。

叶：叶片厚革质，倒卵形至长圆倒卵形，长4～10毫米，宽3.5～7毫米，先端圆钝，稀微凹或急尖，基部宽楔形，上面无毛或具稀疏柔毛，下面被带灰白色短柔毛，叶边反卷；叶柄长1～2毫米，有短柔毛；托叶细小，早落。

花：花通常单生，稀2～3朵，直径约1厘米，花梗甚短；萼筒钟状，外面有稀疏短柔毛，内面无毛；萼片卵状三角形，先端钝，外面稍具短柔毛，内面无毛或仅先端边缘上有少数柔毛；花瓣平展，近圆形，长与宽各约4毫米，先端钝，白色；雄蕊15～20，短于花瓣；花柱2，离生，稍短于雄蕊；子房先端有短柔毛。

果和种子：果实球形，直径5～6毫米，红色，内常具2小核。

花果期：花期5～6月，果期8～9月。

药用价值：根、叶入药。有止血生肌之功效。研粉用于刀伤。

分布：香格里拉、德钦、维西、丽江、大理、兰坪；海拔2100～4000m。

171

172

中文名

173

蛇莓

Duchesnea indica

蔷薇科 Rosaceae

蛇莓属 *Duchesnea*

描述

植株：多年生草本；根茎短，粗壮；匍匐茎多数，长30～100厘米，有柔毛。

叶：小叶片倒卵形至菱状长圆形，长2～3.5（～5）厘米，宽1～3厘米，先端圆钝，边缘有钝锯齿，两面皆有柔毛，或上面无毛，具小叶柄；叶柄长1～5厘米，有柔毛；托叶窄卵形至宽披针形，长5～8毫米。

花：花单生于叶腋；直径1.5～2.5厘米；花梗长3～6厘米，有柔毛；萼片卵形，长4～6毫米，先端锐尖，外面有散生柔毛；副萼片倒卵形，长5～8毫米，比萼片长，先端常具3～5锯齿；花瓣倒卵形，长5～10毫米，黄色，先端圆钝；雄蕊20～30；心皮多数，离生；花托在果期膨大，海绵质，鲜红色，有光泽，直径10～20毫米，外面有长柔毛。

果和种子：瘦果卵形，长约1.5毫米，光滑或具不显明突起，鲜时有光泽。

花果期：花期6～8月，果期8～10月。

药用价值：全草入药。有清热解毒、散瘀消肿、凉血、祛风、化痰之功效。用于感冒发热。

分布：各地均产；海拔2400m以下。

中文名

174

黄毛草莓

Fragaria nilgerrensis

蔷薇科 Rosaceae

草莓属 *Fragaria*

描述

植株：多年生草本，粗壮，密集成丛。

叶：叶三出，小叶具短柄，质地较厚，小叶片倒卵形或椭圆形，长1～4.5厘米，宽0.8～3厘米，顶端圆钝，顶生小叶基部楔形，侧生小叶基部偏斜，边缘具缺刻状锯齿，锯齿顶端急尖或圆钝，上面深绿色，被疏柔毛，下面淡绿色，被黄棕色绢状柔毛，沿叶脉上毛长而密；叶柄长4～18厘米，密被黄棕色绢状柔毛。

花：聚伞花序（1）2～5（6）朵，花序下部具一或三出有柄的小叶；花两性，直径1～2厘米；萼片卵状披针形，比副萼片宽或近相等，副萼片披针形，全缘或2裂，果时增大；花瓣白色，圆形，基部有短爪；雄蕊20枚，不等长。

果和种子：聚合果圆形，白色、淡白黄色或红色，宿存萼片直立，紧贴果实；瘦果卵形，光滑。

花果期：花期4～7月，果期6～8月。

药用价值：全草入药。有消炎解毒、接骨舒筋、祛风、清热之功效。用于口腔溃疡、肾炎、跌打损伤、毒蛇咬伤等。

分布：贡山、福贡、大理；海拔1500～4000m。

173
173
174
174

中文名

描述

175

路边青

Geum aleppicum

蔷薇科 Rosaceae

路边青属 *Geum*

植株：多年生草本。

根：须根簇生。

茎：茎直立，高30～100厘米，被开展粗硬毛稀几无毛。

叶：基生叶为大头羽状复叶，通常有小叶2～6对，连叶柄长10～25厘米，小叶大小极不相等，顶生小叶最大，菱状广卵形或宽扁圆形；茎生叶羽状复叶，有时重复分裂，向上小叶逐渐减少，顶生小叶披针形或倒卵披针形。

花：花序顶生，疏散排列，花梗被短柔毛或微硬毛；花直径1～1.7厘米；花瓣黄色，几圆形，比萼片长；萼片卵状三角形，顶端渐尖，副萼片狭小，披针形，顶端渐尖稀2裂，比萼片短1倍多，外面被短柔毛及长柔毛；花柱顶生，在上部1/4处扭曲，成熟后自扭曲处脱落，脱落部分下部被疏柔毛。

果和种子：聚合果倒卵球形，瘦果被长硬毛，花柱宿存部分无毛，顶端有小钩；果托被短硬毛，长约1毫米。

花果期：花果期7～10月。

药用价值：全草入药。有清热解毒、祛风、除湿、止痛、活血之功效。鲜嫩枝可食用。种子含干性油，可制皂和油漆。

分布：德钦、维西、香格里拉、贡山、丽江、大理、鹤庆、洱源；海拔1300～3650m。

中文名

描述

176

红花

Carthamus tinctorius

菊科 Asteraceae

红花属 *Carthamus*

植株：一年生草本。高 50～100 厘米。

茎：茎直立，上部分枝，全部茎枝白色或淡白色，光滑，无毛。

叶：中下部茎叶披针形、披状披针形或长椭圆形。全部叶质地坚硬，革质，两面无毛无腺点。

花：头状花序多数，在茎枝顶端排成伞房花序。小花红色、橘红色，全部为两性。

果实和种子：瘦果倒卵形。

花果期：花果期5～8月。

药用价值：红花的花入药，通经、活血，主治妇女病。

分布：丽江等地栽培。

175

175

176

176

中文名

177

丽江山荆子
Malus rockii

蔷薇科 Rosaceae
苹果属 *Malus*

描述

植株：乔木，高8～10米。

茎：枝多下垂；小枝圆柱形，嫩时被长柔毛，逐渐脱落，深褐色，有稀疏皮孔。

叶：叶片椭圆形、卵状椭圆形或长圆卵形，长6～12厘米，宽3.5～7厘米，先端渐尖，基部圆形或宽楔形，边缘有不等的紧贴细锯齿，上面中脉稍带柔毛，下面中脉、侧脉和细脉上均被短柔毛；叶柄长2～4厘米，有长柔毛；托叶膜质，披针形，早落。

花：近似伞形花序，具花4～8朵，花梗长2～4厘米，被柔毛；苞片膜质，披针形，早落；花直径2.5～3厘米；萼筒钟形，密被长柔毛；萼片三角披针形，先端急尖或渐尖，全缘，外面有稀疏柔毛或近于无毛，内面密被柔毛，比萼筒稍长或近于等长；花瓣倒卵形，长1.2～1.5厘米，宽5～8厘米，白色，基部有短爪；雄蕊25，花丝长短不等，长不及花瓣之半；花柱4～5。

果和种子：果实卵形或近球形，直径1～1.5厘米，红色，萼片脱落很迟，萼洼微隆起；果梗长2～4厘米，有长柔毛。

花果期：花期5～6月，果期9月。

药用价值：果、根入药。果有健胃、降血压、消炎、调经之功效。用于消化不良、高血压、肝炎、眼疾、腹泻、月经不调。根用于尿浊。

分布：贡山、泸水、德钦、维西、香格里拉、丽江；海拔2400～3800m。

中文名

178

绣线梅
Neillia thrysiflora

蔷薇科 Rosaceae
绣线梅属 *Neillia*

描述

植株：直立灌木，高达2米；冬芽卵形，先端稍钝，红褐色，有2～4枚外露的鳞片，边缘微被柔毛，在开花枝上叶腋间常2～3芽迭生。

茎：小枝细弱，有棱角，红褐色，微被柔毛或近于无毛。

叶：叶片卵形至卵状椭圆形，近花序叶片常呈卵状披针形，长6～8.5厘米，宽4～6厘米，先端长渐尖，基部圆形或近心形，通常基部3深裂，稀有不规则的3～5浅裂，边缘有尖锐重锯齿，下面沿叶脉有稀疏柔毛或近于无毛；叶柄长1～1.5厘米，微被毛或近于无毛；托叶卵状披针形，有稀疏锯齿，长约6毫米，两面近于无毛。

花：顶生圆锥花序；花瓣倒卵形，白色。

果和种子：蓇葖果长圆形，宿萼外面密被柔毛和稀疏长腺毛；种子8～10，卵形，亮褐色，长约1.5毫米。

花果期：花期7月，果期9～10月。

药用价值：花入药。用于结核。

分布：云南西北；海拔1000～3000m。

177

178

中文名 描述

179

华西小石积
Osteomeles schwerinae

蔷薇科 Rosaceae
小石积属 *Osteomeles*

植株：落叶或半常绿灌木，高达1～3米。

茎：枝条开展密集；小枝细弱，圆柱形，微弯曲，幼时密被灰白色柔毛，逐渐脱落无毛，红褐色或紫褐色，多年生枝条黑褐色；冬芽小，扁三角卵形，先端急尖，紫褐色，近于无毛。

叶：奇数羽状复叶，具小叶片7～15对，连叶柄长2～4.5厘米，幼时外被绒毛，老时减少；小叶片对生，相距2～4毫米，椭圆形、椭圆长圆形或倒卵状长圆形。

花：顶生伞房花序，有花3～5朵，直径2～3厘米；总花梗和花梗均密被灰白色柔毛；花瓣长圆形，白色。

果和种子：果实卵形或近球形，直径6～8毫米，蓝黑色，具宿存反折萼片；小核5，骨质，褐色，椭圆形，三棱，表面粗糙。

花果期：花期4～5月，果期7月。

药用价值：根、叶入药。用于痢疾、腹泻、腮腺炎、肠风下血、水肿、关节痛、子宫脱垂、宫寒不孕、拔异物、外伤出血。

分布：各地均有；海拔1100～2000m。

中文名 描述

180

短梗稠李
Padus brachypoda

蔷薇科 Rosaceae
稠李属 *Padus*

植株：落叶乔木，高8～10米，树皮黑色。

茎：多年生小枝黑褐色，无毛，有散生浅色皮孔；当年生小枝红褐色，被短绒毛或近无毛；冬芽卵圆形通常无毛。

叶：叶片长圆形，稀椭圆形，长6～16厘米，宽3～7厘米，先端急尖或渐尖，稀短尾尖，基部圆形或微心形，稀截形，叶边有贴生或开展锐锯齿，齿尖带短芒，上面深绿色，无毛，中脉和侧脉均下陷，下面淡绿色，无毛或在脉腋有髯毛，中脉和侧脉均突起；叶柄长1.5～2.3厘米，无毛，顶端两侧各有1腺体；托叶膜质，线形，先端渐尖，边缘有带腺锯齿，早落。

花：总状花序具有多花，长16～30厘米，基部有1～3叶，叶片长圆形或长圆披针形；花瓣白色，倒卵形，中部以上啮蚀状或波状，基部楔形有短爪。

果和种子：核果球形，直径5～7毫米，幼时紫红色，老时黑褐色，无毛；果梗被短柔毛；萼片脱落，萼筒基部宿存；核光滑。

花果期：花期4～5月，果期5～10月。

药用价值：根、叶、果入药。用于筋骨扭伤。

分布：贡山、鹤庆、丽江、宁蒗；海拔1700～3550m。

179 179

180 180

中文名

181

刺叶石楠

Photinia prionophylla

蔷薇科 Rosaceae

石楠属 *Photinia*

描述

植株：灌木或小乔木，高1～2米。

茎：幼枝被灰色短绒毛，老时脱落近无毛。

叶：叶片革质，倒卵形或椭圆倒卵形，长4.5～7厘米，宽4～5厘米，先端圆钝、急尖或渐尖，基部渐狭或楔形，边缘除基部外有刺状锯齿，上面初疏生绒毛，以后近于无毛，下面密生灰色绒毛，中脉在上面陷入，在下面凸起，侧脉10～14对；叶柄粗壮，长6～15毫米，有灰色绒毛；托叶钻形或针状线形，边缘具红色腺体。

花：花成顶生复伞房花序，直径7～9厘米，花梗和总花梗密生绒毛；苞片及小苞片钻形，长2～2.5毫米；花直径7～9毫米；萼筒浅杯状，长2～3毫米，外面密生绒毛；萼片三角形，长1～2毫米，先端急尖或钝，边缘有黑色腺体；密生绒毛；花瓣白色，近圆形，直径约3毫米，内面有绒毛；雄蕊20，较花瓣短或与其等长；花柱2，下部合生，子房密生长绒毛。

果和种子：果实卵形或倒卵形，直径6～8毫米，红色，有绒毛。

花果期：花期5月，果期9～11月。

药用价值：茎皮入药。用于烧伤、烫伤。

分布：香格里拉、丽江、鹤庆、永胜、洱源；海拔1900～2600m。

中文名

182

石楠

Photinia serrulata

蔷薇科 Rosaceae

石楠属 *Photinia*

描述

植株：常绿灌木或小乔木，高4～6米，有时可达12米。

茎：枝褐灰色，无毛；冬芽卵形，鳞片褐色，无毛。

叶：叶片革质，长椭圆形、长倒卵形或倒卵状椭圆形，长9～22厘米，宽3～6.5厘米，先端尾尖，基部圆形或宽楔形，边缘有疏生具腺细锯齿，近基部全缘，上面光亮，幼时中脉有绒毛，成熟后两面皆无毛，中脉显著，侧脉25～30对；叶柄粗壮，长2～4厘米，幼时有绒毛，以后无毛。

花：复伞房花序顶生，直径10～16厘米；总花梗和花梗无毛，花梗长3～5毫米；花密生，直径6～8毫米；萼筒杯状，长约1毫米，无毛；萼片阔三角形，长约1毫米，先端急尖，无毛；花瓣白色，近圆形，直径3～4毫米，内外两面皆无毛；雄蕊20，外轮较花瓣长，内轮较花瓣短，花药带紫色；花柱2，有时为3，基部合生，柱头头状，子房顶端有柔毛。

果和种子：果实球形，直径5～6毫米，红色，后成褐紫色，有1粒种子；种子卵形，长2毫米，棕色，平滑。

花果期：花期4～5月，果期10月。

药用价值：叶、果实入药。叶有强壮利尿、镇痛、解热、益肾气、利筋骨之功效。果实有破积聚、逐风痹之功效。用于头风、脚气、月经不调、腰脊酸痛、肾虚、脚酸。

分布：迪庆、福贡、丽江、鹤庆、洱源、大理；海拔950～2600m。

181
181
182

中文名

183

金露梅

Potentilla fruticosa

蔷薇科 Rosaceae

委陵菜属 *Potentilla*

描述

植株：灌木，高0.5～2米，多分枝，树皮纵向剥落。

茎：小枝红褐色，幼时被长柔毛。

叶：羽状复叶，有小叶2对，稀3小叶，上面一对小叶基部下延与叶轴汇合；叶柄被绢毛或疏柔毛；小叶片长圆形、倒卵长圆形或卵状披针形，长0.7～2厘米，宽0.4～1厘米，全缘，边缘平坦，顶端急尖或圆钝，基部楔形，两面绿色，疏被绢毛或柔毛或脱落近于几毛；托叶薄膜质，宽大，外面被长柔毛或脱落。

花：单花或数朵生于枝顶，花梗密被长柔毛或绢毛；花直径2.2～3厘米；萼片卵圆形，顶端急尖至短渐尖，副萼片披针形至倒卵状披针形，顶端渐尖至急尖，与萼片近等长，外面疏被绢毛；花瓣黄色，宽倒卵形，顶端圆钝，比萼片长；花柱近基生，棒形，基部稍细，顶部缢缩，柱头扩大。

果和种子：瘦果近卵形，褐棕色，长1.5毫米，外被长柔毛。

花果期：花果期6～9月。

药用价值：花、叶入药。花有健脾化湿之功效。用于消化不良、乳腺炎。叶有清暑热、益脑清心之功效。用于暑热眩晕、两目不清、胃气不和、月经不调。叶、果均含鞣质。可提制栲胶。叶可代茶叶用。

分布：德钦；海拔4200～4500m。

中文名

184

西南委陵菜

Potentilla fulgens

蔷薇科 Rosaceae

委陵菜属 *Potentilla*

描述

植株：多年生草本。

根：根粗壮，圆柱形。

茎：花茎直立或上升，高10～60厘米，密被开展长柔毛及短柔毛。

叶：基生叶为间断羽状复叶，有小叶6～13（～15）对，连叶柄长6～30厘米，叶柄密被开展长柔毛及短柔毛，小叶片无柄或有时顶生小叶片有柄，倒卵长圆形或倒卵椭圆形。

花：伞房状聚伞花序顶生；花直径1.2～1.5厘米；萼片三角卵圆形，顶端急尖，外面绿色，被长柔毛，副萼片椭圆形，顶端急尖，全缘，稀有齿，外面密生白色绢毛，与萼片近等长；花瓣黄色，顶端圆钝，比萼片稍长；花柱近基生，两端渐狭，中间粗，子房无毛。

果和种子：瘦果光滑。

花果期：花果期6～10月。

药用价值：根入药。用于消化不良、消化道出血、痢疾、吐血、咯血、便血。根含缩合性鞣质。

分布：各地分布；海拔1100～3600m。

183
183
184
184

中文名 | 描述

185

银露梅
Potentilla glabra

蔷薇科 Rosaceae
委陵菜属 *Potentilla*

植株：灌木，高0.3～2米，稀达3米，树皮纵向剥落。

茎：小枝灰褐色或紫褐色，被稀疏柔毛。

叶：叶为羽状复叶，有小叶2对，稀3小叶，上面一对小叶基部下延与轴汇合，叶柄被疏柔毛；小叶片椭圆形、倒卵椭圆形或卵状椭圆形，长0.5～1.2厘米，宽0.4～0.8厘米，顶端圆钝或急尖，基部楔形或几圆形，边缘平坦或微向下反卷，全缘，两面绿色，被疏柔毛或几无毛；托叶薄膜质，外被疏柔毛或脱落几无毛。

花：顶生单花或数朵，花梗细长，被疏柔毛；花直径1.5～2.5厘米；萼片卵形，急尖或短渐尖，副萼片披针形、倒卵披针形或卵形，比萼片短或近等长，外面被疏柔毛；花瓣白色，倒卵形，顶端圆钝；花柱近基生，棒状，基部较细，在柱头下缢缩，柱头扩大。

果和种子：瘦果表面被毛。

花果期：花果期6～11月。

药用价值：花入药。有固齿、理气、除湿之功效。用于牙病、肺病、胸胁胀满、内脏积液等。

分布：丽江、宁蒗、维西、香格里拉、德钦；海拔3800～4350m。

中文名 | 描述

186

蛇含委陵菜
Potentilla kleiniana

蔷薇科 Rosaceae
委陵菜属 *Potentilla*

植株：一年生、二年生或多年生宿根草本。

根：多须根。

茎：花茎上升或匍匐，常于节处生根并发育出新植株，长10～50厘米，被疏柔毛或开展长柔毛。

叶：基生叶为近于鸟足状5小叶，，下部茎生叶有5小叶，上部茎生叶有3小叶；基生叶托叶膜质，淡褐色。

花：聚伞花序密集枝顶如假伞形，花梗长1～1.5厘米，密被开展长柔毛，下有茎生叶如苞片状；花直径0.8～1厘米；萼片三角卵圆形，顶端急尖或渐尖，副萼片披针形或椭圆披针形，顶端急尖或渐尖，花时比萼片短，果时略长或近等长，外被稀疏长柔毛；花瓣黄色，倒卵形，顶端微凹，长于萼片；花柱近顶生，圆锥形，基部膨大，柱头扩大。

果和种子：瘦果近圆形，一面稍平，直径约0.5毫米，具皱纹。

花果期：花果期4～9月。

药用价值：全草入药。有清热、解毒、止咳、化痰之功效。捣烂外敷用于疮毒、痈肿及蛇咬伤。

分布：德钦、贡山、福贡、泸水、丽江；海拔1100～2000m。

185

185

186

中文名 | 描述

187

钉柱委陵菜
Potentilla saundersiana

蔷薇科 Rosaceae
委陵菜属 *Potentilla*

植株：多年生草本。

根：根粗壮，圆柱形。

茎：花茎直立或上升，高10～20厘米，被白色绒毛及疏柔毛。

叶：基生叶3～5掌状复叶，连叶柄长2～5厘米，被白色绒毛及疏柔毛，小叶无柄；小叶片长圆倒卵形。

花：聚伞花序顶生，有花多朵，疏散，花梗长1～3厘米，外被白色绒毛；花直径1～1.4厘米；萼片三角卵形或三角披针形，副萼片披针形，顶端尖锐，比萼片短或几等长，外被白色绒毛及柔毛；花瓣黄色，倒卵形，顶端下凹，比萼片略长或长1倍；花柱近顶生，基部膨大不明显，柱头略扩大。

果和种子：瘦果光滑。

花果期：花果期6～8月。

药用价值：全草入药。有清热解毒之功效。用于阿米巴痢疾、肠炎、肺炎。

分布：德钦、香格里拉、丽江；海拔1900～4100m。

中文名 | 描述

188

火棘
Pyracantha fortuneana

蔷薇科 Rosaceae
火棘属 *Pyracantha*

植株：常绿灌木，高达3米。

茎：侧枝短，先端成刺状，嫩枝外被锈色短柔毛，老枝暗褐色，无毛；芽小，外被短柔毛。

叶：叶片倒卵形或倒卵状长圆形，长1.5～6厘米，宽0.5～2厘米，先端圆钝或微凹，有时具短尖头，基部楔形，下延连于叶柄，边缘有钝锯齿，齿尖向内弯，近基部全缘，两面皆无毛；叶柄短，无毛或嫩时有柔毛。

花：花集成复伞房花序，直径3～4厘米，花梗和总花梗近于无毛，花梗长约1厘米；花直径约1厘米；萼筒钟状，无毛；萼片三角卵形，先端钝；花瓣白色，近圆形，长约4毫米，宽约3毫米；雄蕊20，花丝长3～4毫米，药黄色；花柱5，离生，与雄蕊等长，子房上部密生白色柔毛。

果和种子：果实近球形，直径约5毫米，橘红色或深红色。

花果期：花期3～5月，果期8～11月。

药用价值：果入药。有健脾和胃、活血止血、止泻、保胎、解表之功效。富含淀粉，可生食或酿酒。云南各地栽培做篱笆。根皮含鞣质，可提制栲胶。果美丽，栽培供观赏。

分布：香格里拉、德钦、维西、丽江；海拔500～2800m。

187

187

188

中文名

189

川梨

Pyrus pashia

蔷薇科 Rosaceae
梨属 *Pyrus*

描述

植株：乔木，高达12米。

茎：常具枝刺；小枝圆柱形，幼嫩时有绵状毛，以后脱落，二年生枝条紫褐色或暗褐色。

叶：叶片卵形至长卵形，稀椭圆形，长4～7厘米，宽2～5厘米，先端渐尖或急尖，基部圆形，稀宽楔形，边缘有钝锯齿，在幼苗或萌蘖上的叶片常具分裂并有尖锐锯齿，幼嫩时有绒毛，以后脱落；叶柄长1.5～3厘米；托叶膜质，线状披针形，不久即脱落。

花：伞形总状花序，具花7～13朵；花瓣倒卵形，先端圆或啮齿状，基部具短爪，白色。

果和种子：果实近球形，直径1～1.5厘米，褐色，有斑点，萼片早落，果梗长2～3厘米。

花果期：花期3～4月，果期8～9月。

药用价值：果实、茎内皮入药。有润肠通便、利水、消积食、化痰滞、止泻痢之功效。常作为栽培品种的砧木。

分布：各地均产；海拔2600m以下。

中文名

190

木香花

Rosa banksiae

蔷薇科 Rosaceae
蔷薇属 *Rosa*

描述

植株：攀援小灌木，高可达6米。

茎：小枝圆柱形，无毛，有短小皮刺；老枝上的皮刺较大，坚硬，经栽培后有时枝条无刺。

叶：小叶3～5，稀7，连叶柄长4～6厘米；小叶片椭圆状卵形或长圆披针形，长2～5厘米，宽8～18毫米，先端急尖或稍钝，基部近圆形或宽楔形，边缘有紧贴细锯齿，上面无毛，深绿色，下面淡绿色，中脉突起，沿脉有柔毛；小叶柄和叶轴有稀疏柔毛和散生小皮刺；托叶线状披针形，膜质，离生，早落。

花：花小形，多朵成伞形花序，花直径1.5～2.5厘米；花梗长2～3厘米，无毛；萼片卵形，先端长渐尖，全缘，萼筒和萼片外面均无毛，内面被白色柔毛；花瓣重瓣至半重瓣，白色，倒卵形，先端圆，基部楔形；心皮多数，花柱离生，密被柔毛，比雄蕊短很多。

花果期：花期4～5月。

药用价值：根、叶入药。有收敛、止痢、止血之功效。著名观赏植物，适作缘篱和棚架。花含芳香油，可供配制香精化妆品用。根皮含鞣质，可提制栲胶。

分布：维西、丽江；海拔1500～2650m。

中文名 | 描述

191

长尖叶蔷薇

Rosa longicuspis

蔷薇科 Rosaceae

蔷薇属 *Rosa*

植株：攀援灌木，高1.5～3米。

茎：枝弓曲，常有短粗钩状皮刺。

叶：小叶革质，7～9，近花序的小叶常为5，连叶柄长7～14 厘米；小叶片卵形、椭圆形或卵状长圆形，稀倒卵状长圆形，长3～7（～11）厘米，宽1～3.5（～5）厘米，先端渐尖或长渐尖，基部近圆形或宽楔形，边缘有尖锐锯齿，两面无毛，上面有光泽，下面中脉突起；小叶柄和叶轴均无毛，有散生小钩状皮刺；托叶大部贴生于叶柄，离生部分披针形，无毛，常有腺毛。

花：花多数，排成伞房状，花梗长1.5～3.5厘米，有稀疏柔毛和较密腺毛；花直径3～4（～5）厘米；萼筒卵球形至倒卵球形，外被稀疏柔毛；萼片披针形，先端长渐尖，全缘或有羽裂片，内外两面均被柔毛，外面并有腺毛；花瓣白色，宽倒卵形，先端凹凸不平，基部宽楔形，外面有平铺绢毛；花柱结合成柱，有毛，比雄蕊稍长。

果和种子：果实倒卵球形。

花果期：花期5～7月，果期7～11月。

药用价值：叶上虫瘿、果入药。虫瘿用于风湿、喘咳、子宫脱垂、小儿疝气。果有止痢之功效。用于尿频、淋症。亦可栽培观赏用。

分布：云南各地均产；海拔400～2900m。

中文名 | 描述

192

华西蔷薇

Rosa moyesii

蔷薇科 Rosaceae

蔷薇属 *Rosa*

植株：灌木，高1～4 米。

茎：小枝圆柱形，无毛或有稀疏短柔毛，有直立或稍弯曲、扁平而基部稍膨大皮刺，稀无刺。

叶：小叶7～13，连叶柄长7～13厘米；小叶片卵形、椭圆形或长圆状卵形，长1～5厘米，宽8～25毫米，先端急尖或圆钝，基部近圆形或宽楔形，边缘有尖锐单锯齿，上面无毛，下面中脉和侧脉均突起，沿脉有柔毛；小叶柄和叶轴有短柔毛、腺毛和散生小皮刺；托叶宽平，大部贴生于叶柄，离生部分长卵形，先端急尖，无毛，边缘有腺齿。

花：花单生或2～3朵簇生；苞片1或2枚，长圆卵形，长可达2厘米，先端急尖或渐尖，边缘有腺齿；花梗长1～3厘米，花梗和萼筒通常有腺毛，稀光滑；花直径4～6厘米；萼片卵形，先端延长成叶状而有羽状浅裂，外面有腺毛，内面被柔毛；花瓣深红色，宽倒卵形，先端微凹不平，基部宽楔形；花柱离生，被柔毛，比雄蕊短。

果和种子：果长圆卵球形或卵球形，直径1～2厘米，先端有短颈，紫红色，外面有腺毛，萼片直立宿存。

花果期：花期6～7月，果期8～10月。

药用价值：花、果入药。有消炎、解毒之功效。用于肝炎、食物中毒。可栽培观赏用。

分布：维西、德钦、香格里拉、丽江、大理、洱源；海拔3000～3600m。

191

192

中文名

193

峨眉蔷薇

Rosa omeiensis

蔷薇科 Rosaceae

蔷薇属 *Rosa*

描述

植株：直立灌木，高3～4米。

茎：小枝细弱，无刺或有扁而基部膨大皮刺，幼嫩时常密被针刺或无针刺。

叶：小叶9～13（～17），连叶柄长3～6厘米；小叶片长圆形或椭圆状长圆形，长8～30毫米，宽4～10毫米，先端急尖或圆钝，基部圆钝或宽楔形，边缘有锐锯齿，上面无毛，中脉下陷，下面无毛或在中脉有疏柔毛，中脉突起；叶轴和叶柄有散生小皮刺；托叶大部贴生于叶柄，顶端离生部分呈三角状卵形，边缘有齿或全缘，有时有腺。

花：花单生于叶腋，无苞片；花梗长6～20毫米，无毛；花直径2.5～3.5厘米；萼片4，披针形，全缘，先端渐尖或长尾尖，外面近无毛，内面有稀疏柔毛；花瓣4，白色，倒三角状卵形，先端微凹，基部宽楔形；花柱离生，被长柔毛，比雄蕊短很多。

果和种子：果倒卵球形或梨形，直径8～15毫米，亮红色，果成熟时果梗肥大，萼片直立宿存。

花果期：花期5～6月，果期7～9月。

药用价值：果入药。有止血、止痢之功效。用于吐血、衄血、崩漏、白带、赤白痢疾。根皮含鞣质，可提制栲胶。果实味甜可食也可酿酒。亦可栽培观赏用。

分布：云南西北；海拔2400～4000m。

中文名

194

绢毛蔷薇

Rosa sericea

蔷薇科 Rosaceae

蔷薇属 *Rosa*

描述

植株：直立灌木，高1～2米。

茎：枝粗壮，弓形；皮刺散生或对生，基部稍膨大，有时密生针刺。

叶：小叶（5）7～11，连叶柄长3.5～8厘米；小叶片卵形或倒卵形，稀倒卵长圆形，长8～20毫米，宽5～8毫米，先端圆钝或急尖，基部宽楔形，边缘仅上半部有锯齿，基部全缘，上面无毛，有褶皱，下面被丝状长柔毛；叶轴、叶柄有极稀疏皮刺和腺毛；托叶大部贴生于叶柄，仅顶端部分离生，呈耳状，有毛或无毛，边缘有腺。

花：花单生于叶腋，无苞片；花梗长1～2厘米，无毛；花直径2.5～5厘米；萼片卵状披针形，先端渐尖或急尖，全缘，外面有稀疏柔毛或近于无毛，内面有长柔毛；花瓣白色，宽倒卵形，先端微凹，基部宽楔形；花柱离生，被长柔毛，稍伸出萼筒口外，比雄蕊短。

果和种子：果倒卵球形或球形，直径8～15毫米，红色或紫褐色，无毛，有宿存直立萼片。

花果期：花期5～6月，果期7～8月。

药用价值：果入药。有清热利湿、凉血止血之功效。用于痢疾、血崩、月经过多。

分布：德钦、香格里拉、维西、福贡、丽江、宁蒗、洱源、鹤庆；海拔2000～3600m。

193

193

194

中文名

描述

195

钝叶蔷薇
Rosa sertata

蔷薇科 Rosaceae
蔷薇属 *Rosa*

植株：灌木，高1～2米。

茎：小枝圆柱形，细弱，无毛，散生直立皮刺或无刺。

叶：小叶7～11，连叶柄长5～8厘米，小叶片广椭圆形至卵状椭圆形，长1～2.5厘米，宽7～15毫米，先端急尖或l圆钝，基部近圆形，边缘有尖锐单锯齿，近基部全缘，两面无毛，或下面沿中脉有稀疏柔毛，中脉和侧脉均突起；小叶柄和叶轴有稀疏柔毛，腺毛和小皮刺；托叶大部贴生于叶柄，离生部分耳状，卵形，无毛，边缘有腺毛。

花：花单生或3～5朵，排成伞房状；小苞片1～3枚，苞片卵形，先端短渐尖，边缘有腺毛，无毛；花梗长1.5～3厘米，花梗和萼筒无毛，或有稀疏腺毛；花直径2～3.5厘米（据记载有达5～6厘米者）；萼片卵状披针形，先端延长成叶状，全缘，外面无毛，内面密被黄白色柔毛，边缘较密；花瓣粉红色或玫瑰色，宽倒卵形，先端微凹，基部宽楔形，比萼片短；花柱离生，被柔毛，比雄蕊短。

果和种子：果卵球形，顶端有短颈，长1.2～2厘米，直径约1厘米，深红色。

花果期：花期6月，果期8～10月。

药用价值：根入药。用于月经不调、痛风、无名肿毒。

分布：丽江、大理、永胜；海拔1750～3950m。

中文名

描述

196

川滇蔷薇
Rosa soulieana

蔷薇科 Rosaceae
蔷薇属 *Rosa*

植株：直立开展灌木，高2～4米。

茎：枝条开展，圆柱形，常弓形弯曲，无毛；小枝常带苍白绿色；皮刺基部膨大，直立或稍弯曲。

叶：小叶5～9，常7，连叶柄长3～8厘米，小叶片椭圆形或倒卵形，长1～3厘米，宽7～20毫米，先端圆钝，急尖或截形，基部近圆形或宽楔形，边缘有紧贴锯齿，近基部常全缘，上面中脉下陷，无毛，下面叶脉突起，无毛或沿中脉有短柔毛；叶柄有稀疏小皮刺，无毛，或有稀疏柔毛；托叶大部贴生于叶柄，离生部分极短，三角形，全缘，有时具腺。

花：花成多花伞房花序，稀单花顶生，直径3～4厘米；花梗长不到1厘米，有小苞片，花梗和萼筒无毛，有时具腺毛；花直径3～3.5厘米；萼片卵形，先端渐尖，全缘，基部带有1～2裂片，外面有稀疏短柔毛，内面密被短柔毛；花瓣黄白色，倒卵形，先端微凹，基部楔形；心皮多数，密被柔毛，花柱结合成柱，伸出，被毛，比雄蕊稍长，果实近球形至卵球形，直径约1厘米，橘红色，老时变为黑紫色，有光泽，花柱宿存，萼片脱落，果梗长可达1.5厘米。

花果期：花期5～7，果期8～9月。

药用价值：果入药。有固肾涩精之功效。

分布：迪庆及丽江、鹤庆；海拔2000～3700m。

195 195
196 196

中文名

197

粉枝莓
Rubus biflorus

蔷薇科 Rosaceae
悬钩子属 *Rubus*

描述

植株：攀援灌木，高1～3米。

茎：枝紫褐色至棕褐色，无毛，具白粉霜，疏生粗壮钩状皮刺。

叶：小叶常3枚，稀5枚，长2.5～5厘米，宽1.5～4（5）厘米，顶生小叶宽卵形或近圆形，侧生小叶卵形或椭圆形，顶端急尖或短渐尖，基部宽楔形至圆形，上面伏生柔毛，下面密被灰白色或灰黄色绒毛。

花：花2～8朵，生于侧生小枝顶端的花较多，常4～8朵簇生或成伞房状花序，腋生者花较少，通常2～3朵簇生；花梗长2～3厘米，无毛，疏生小皮刺；苞片线形或狭披针形，常无毛，稀有疏柔毛；花直径1.5～2厘米；花萼外面无毛；萼片宽卵形或圆卵形，宽5～7毫米，顶端急尖并具针状短尖头，在花时直立开展，果时包于果实；花瓣近圆形，白色，直径7～8毫米，比萼片长得多；花丝线形或基部稍宽；花柱基部及子房顶部密被白色绒毛。

果和种子：果实球形，包于萼内，直径1～1.5（2）厘米，黄色，无毛，或顶端常有具绒毛的残存花柱；核肾形，具细密皱纹。

花果期：花期5～6月，果期7～8月。

药用价值：果入药。有益肾补肝、明目、兴阳之功效。

分布：香格里拉、维西、丽江、宾川；海拔2000～3500m。

中文名

198

红泡刺藤
Rubus niveus

蔷薇科 Rosaceae
悬钩子属 *Rubus*

描述

植株：灌木，高1～2.5米。

茎：枝常紫红色，被白粉，疏生钩状皮刺，小枝带紫色或绿色，幼时被绒毛状毛。

叶：小叶常7～9枚，稀5或11枚，椭圆形、卵状椭圆形或菱状椭圆形，顶生小叶卵形或椭圆形。

花：花成伞房花序或短圆锥状花序，顶生或腋生；总花梗和花梗被绒毛状柔毛；花梗长0.5～1厘米；苞片披针形或线形，有柔毛；花直径达1厘米；花萼外面密被绒毛，并混生柔毛；萼片三角状卵形或三角状披针形，顶端急尖或突尖，在花果期常直立开展；花瓣近圆形，红色，基部有短爪，短于萼片；雄蕊几与花柱等长，花丝基部稍宽；雌蕊约55～70，花柱紫红色，子房和花柱基部密被灰白色绒毛。

果和种子：果实半球形，直径8～12毫米，深红色转为黑色，密被灰白色绒毛；核有浅皱纹。

花果期：花期5～7月，果期7～9月。

药用价值：根、木质部入药。木质部有清热、利气之功效。用于肺病、感冒、头痛。根用于风湿、痢疾。果供食用及酿酒。根皮、茎皮含鞣质，可提制栲胶。

分布：贡山、泸水、香格里拉、丽江、宁蒗、大理、剑川；海拔1000～2000m。

197

198

中文名

描述

199

地榆
Sanguisorba officinalis

蔷薇科 Rosaceae
地榆属 *Sanguisorba*

植株：多年生草本，高30～120厘米。

根：根粗壮，多呈纺锤形，稀圆柱形，表面棕褐色或紫褐色，有纵皱及横裂纹，横切面黄白或紫红色，较平正。

茎：茎直立，有棱，无毛或基部有稀疏腺毛。

叶：基生叶为羽状复叶，有小叶4～6对，叶柄无毛或基部有稀疏腺毛；小叶片有短柄，卵形或长圆状卵形。

花：穗状花序椭圆形，圆柱形或卵球形，直立，通常长1～3（4）厘米，横径0.5～1厘米，从花序顶端向下开放，花序梗光滑或偶有稀疏腺毛；苞片膜质，披针形，顶端渐尖至尾尖，比萼片短或近等长，背面及边缘有柔毛；萼片4枚，紫红色，椭圆形至宽卵形，背面被疏柔毛，中央微有纵棱脊，顶端常具短尖头；雄蕊4枚，花丝丝状，不扩大，与萼片近等长或稍短；子房外面无毛或基部微被毛，柱头顶端扩大，盘形，边缘具流苏状乳头。

果和种子：果实包藏在宿存萼筒内，外面有斗棱。

花果期：花果期7～10月。

药用价值：根入药。有收敛、止血、止泻之功效。用于肠胃发炎、出血、吐血、月经过多、烫火伤等。根、茎、叶均含有鞣质，可提制栲胶。嫩叶可代茶饮，有地区用来提取栲胶。

分布：香格里拉、丽江、鹤庆、洱源、大理；海拔1600～3140m。

中文名

描述

200

高丛珍珠梅
Sorbaria arborea

蔷薇科 Rosaceae
珍珠梅属 *Sorbaria*

植株：落叶灌木，高达6米。

茎：枝条开展；小枝圆柱形，稍有棱角，幼时黄绿色，微被星状毛或柔毛，老时暗红褐色，无毛；冬芽卵形或近长圆形，先端圆钝，紫褐色，具数枚外露鳞片，外被绒毛。

叶：羽状复叶，小叶片13～17枚，连叶柄长20～32厘米，微被短柔毛或无毛；小叶片对生，相距2.5～3.5厘米，披针形至长圆披针形。

花：顶生大型圆锥花序，分枝开展，直径15～25厘米，长20～30厘米，花梗长2～3毫米，总花梗与花梗微具星状柔毛；苞片线状披针形至披针形，长4～5毫米，微被短柔毛；花直径6～7毫米；萼筒浅钟状，内外两面无毛，萼片长圆形至卵形，先端钝，稍短于萼筒；花瓣近圆形，先端钝，基部楔形，长3～4毫米，白色；雄蕊20～30，着生在花盘边缘，约长于花瓣1.5倍；心皮5；无毛，花柱长不及雄蕊的一半。

果和种子：蓇葖果圆柱形，无毛，长约3毫米，花柱在顶端稍下方向外弯曲；萼片宿存，反折，果梗弯曲，果实下垂。

花果期：花期6～7月，果期9～10月。

药用价值：茎皮入药。有毒。有活血祛瘀、消肿止痛之功效。用于骨折、跌打损伤等。

分布：德钦、维西、丽江；海拔2400～3400m。

199
199
200
200

中文名 | 描述

201

西康花楸
Sorbus prattii

蔷薇科 Rosaceae
花楸属 *Sorbus*

植株：灌木，高2～4米。

茎：小枝细弱，圆柱形，暗灰色，具少数不明显的皮孔，老时无毛。

叶：奇数羽状复叶，连叶柄共长8～15厘米，叶柄长1～2厘米；小叶片9～13（～17）对，间隔6～10毫米，长圆形，稀长圆卵形，长1.5～2.5厘米，宽5～8毫米，先端圆钝或急尖，基部偏斜圆形，边缘仅上半部或2/3以上部分有尖锐细锯齿。

花：复伞房花序多着生在侧生短枝上，排列疏松，总花梗和花梗有稀疏白色或黄色柔毛，成长时逐渐脱落，至果期几无毛；花梗长2～3毫米；萼筒钟状，内外两面均无毛；萼片三角形，先端圆钝，外面无毛，内面微具柔毛；花瓣宽卵形，长约5毫米，宽4毫米，先端圆钝，白色，无毛；雄蕊20，长约为花瓣之半；花柱5或4，几与雄蕊等长，基部无毛或微具柔毛。

果和种子：果实球形，直径约7～8毫米，白色，先端有宿存闭合萼片。

花果期：花期5～6月，果期9月。

药用价值：根皮入药。有散风寒、除湿邪之功效。用于牙龈肿痛、肾虚阴缩。

分布：维西、香格里拉、丽江；海拔2100～3700m。

中文名 | 描述

202

马蹄黄
Spenceria ramalana

蔷薇科 Rosaceae
马蹄黄属 *Spenceria*

植株：多年生草本，高18～32厘米；根茎木质，顶端有旧叶柄残痕；茎直立，圆柱形，带红褐色，不分枝，或在栽培时稍分枝，疏生白色长柔毛或绢状柔毛。

叶：基生叶为奇数羽状复叶，连叶柄长4.5～13厘米，叶柄长1～6厘米；小叶片13～21个，常为13个，对生稀互生，纸质，宽椭圆形或倒卵状矩圆形，长1～2.5厘米，宽5～10毫米，先端2～3浅裂，基部圆形，全缘，侧脉不显；托叶卵形，长约1厘米；茎生叶有少数小叶片或成单叶，3裂或有2～3齿。

花：总状花序顶生；花瓣黄色。

果和种子：瘦果近球形，直径3～4毫米，黄褐色，包在萼管内。

花果期：花期7～8月，果期9～10月。

药用价值：根入药。有解毒消炎、收敛止血、止泻、止痛之功效。

分布：德钦、香格里拉、丽江、洱源、鹤庆；海拔2700～3900m。

201

202

中文名

描述

203

川滇绣线菊
Spiraea schneideriana

蔷薇科 Rosaceae
绣线菊属 *Spiraea*

植株：灌木，高1～2米。

茎：枝条开展，小枝有棱角，幼时被细长柔毛，暗褐色，以后毛逐渐脱落，老枝灰褐色，无毛；冬芽卵形，先端稍钝或急尖，具数枚褐色鳞片，幼时外面被柔毛。

叶：叶片卵至卵状长圆形，长8～15毫米，宽5～7毫米，先端圆钝或微急尖，基部楔形至圆形，全缘，稀先端有少数锯齿，两面无毛或沿叶缘有细长柔毛，叶脉不显著，有时基部具3脉；叶柄长1～2毫米，常无毛。

花：复伞房花序着生在侧生小枝顶端，外被短柔毛或近于无毛，具多数花朵；花瓣圆形至卵形，先端圆钝或微凹，白色。

果和种子：蓇葖果开张，无毛或仅沿腹缝微被柔毛，花柱生于背部先端，近直立或稍倾斜开展，萼片直立。

花果期：花期5～6月，果期7～9月。

药用价值：花入药。有生津止渴、止血、利水、除湿之功效。用于发热性口渴、腹水、子宫出血、风湿、痒疹。

分布：德钦、维西、贡山、丽江；海拔2800～4060m。

中文名

描述

204

红果树
Stranvaesia davidiana

蔷薇科 Rosaceae
红果树属 *Stranvaesia*

植株：灌木或小乔木，高达1～10米。

茎：枝条密集；小枝粗壮，圆柱形，幼时密被长柔毛，逐渐脱落，当年枝条紫褐色，老枝灰褐色，有稀疏不显明皮孔。

叶：叶片长圆形、长圆披针形或倒披针形，长5～12厘米，宽2～4.5厘米，先端急尖或突尖，基部楔形至宽楔形，全缘，上面中脉下陷，沿中脉被灰褐色柔毛，下面中脉突起，侧脉8～16对，不明显，沿中脉有稀疏柔毛；叶柄长1.2～2厘米，被柔毛，逐渐脱落；托叶膜质，钻形，长5～6毫米，早落。

花：复伞房花序，直径5～9厘米，密具多花；总花梗和花梗均被柔毛，花梗短，长2～4毫米；苞片与小苞片均膜质，卵状披针形，早落；花直径5～10毫米；萼筒外面有稀疏柔毛；萼片三角卵形，先端急尖，全缘，长2～3毫米，长不及萼筒之半，外被少数柔毛；花瓣近圆形，直径约4毫米，基部有短爪，白色；雄蕊20，花药紫红色；花柱5，大部分连合，柱头头状，比雄蕊稍短；子房顶端被绒毛。

果和种子：果实近球形，橘红色，直径7～8毫米；萼片宿存，直立；种子长椭圆形。

花果期：花期5～6月，果期9～10月。

药用价值：全草入药。有清热除湿、化瘀止痛之功效。用于风湿、跌打、痢疾、消化不良。

分布：维西、香格里拉、德钦、丽江、兰坪、鹤庆；海拔900～3000m。

203 203

204 204

中文名

描述

205

牛奶子

Elaeagnus umbellata

胡颓子科 Elaeagnaceae
胡颓子属 *Elaeagnus*

植株：落叶直立灌木，高1～4米，具长1～4厘米的刺。

茎：小枝甚开展，多分枝，幼枝密被银白色和少数黄褐色鳞片，有时全被深褐色或锈色鳞片，老枝鳞片脱落，灰黑色；芽银白色或褐色至锈色。

叶：叶纸质或膜质，椭圆形至卵状椭圆形或倒卵状披针形，长3～8厘米，宽1～3.2厘米，顶端钝形或渐尖，基部圆形至楔形，边缘全缘或皱卷至波状，上面幼时具白色星状短柔毛或鳞片，成熟后全部或部分脱落，干燥后淡绿色或黑褐色，下面密被银白色和散生少数褐色鳞片。

花：花较叶先开放，黄白色，芳香，密被银白色盾形鳞片；花梗白色，长3～6毫米；萼筒圆筒状漏斗形，稀圆筒形，长5～7毫米，在裂片下面扩展，向基部渐窄狭，在子房上略收缩，裂片卵状三角形。

果和种子：果实几球形或卵圆形，长5～7毫米，幼时绿色，被银白色或有时全被褐色鳞片，成熟时红色；果梗直立，粗壮，长4～10毫米。

花果期：花期4～5月，果期7～8月。

药用价值：果实、根、叶入药。有清热利湿、止血之功效。用于咳嗽、泄泻、痢疾、淋病、崩滞。叶可制作土农药。果实含糖，可酿酒，也能作蜜饯及果酱。花还可提芳香油。亦可作观赏植物。

分布：大理、剑川、维西、德钦、香格里拉、丽江、贡山、福贡、泸水、腾冲；海拔1500～2800m。

中文名

描述

206

腋花勾儿茶

Berchemia edgeworthii

鼠李科 Rhamnaceae
勾儿茶属 *Berchemia*

濒危级别：近危（NT）

植株：多分枝矮小灌木，高可达2米；小枝圆柱状，平滑无毛。

叶：叶极小，纸质，卵形、矩圆形或近圆形，长410毫米，宽3～6毫米，顶端圆钝，有细尖头，基部圆形，上面绿色，下面浅绿色，无毛，侧脉每边4～5条；叶柄短，长1～2毫米，无毛；托叶狭披针形，与叶柄等长或稍长，宿存。

花：花小，白色，单生或2～3个簇生于叶腋，无毛，直径2.5～3毫米，花梗长2～4毫米；花芽卵圆形，顶端钝或锐尖；萼片卵状三角形；花瓣矩圆状匙形，顶端圆钝，与雄蕊等长。

果和种子：核果圆柱形，长7～9毫米，直径3～4毫米，成熟时橘红色或紫红色，具甜味，基部有不显露的花盘和萼筒；果梗长2～4毫米，无毛。

花果期：花期7～10月，果期翌年4～7月。

药用价值：根入药。有止咳祛痰、散瘀之功效。

分布：丽江、香格里拉、德钦；海拔2100～4500m。

205

205

206

中文名

207

云南勾儿茶

Berchemia yunnanensis

鼠李科 Rhamnaceae

勾儿茶属 *Berchemia*

描述

植株：藤状灌木，高2.5～5米；小枝平展，淡黄绿色，老枝黄褐色，无毛。

叶：叶纸质，卵状椭圆形、矩圆状椭圆形或卵形，长2.5～6厘米，宽1.5～3厘米，顶端锐尖，稀钝，具小尖头，基部圆形，稀宽楔形，两面无毛，上面绿色，下面浅绿色，干时常变黄色，侧脉每边8～12条，两面凸起；叶柄长7～13毫米，无毛；托叶膜质，披针形。

花：花黄色，无毛，通常数个簇生，近无总梗或有短总梗，排成聚伞总状或窄聚伞圆锥花序，花序常生于具叶的侧枝顶端，长2～5厘米，花梗长3～4毫米，无毛；花芽卵球形，顶端钝或锐尖，长宽相等；萼片三角形，顶端锐尖或短渐尖；花瓣倒卵形，顶端钝；雄蕊稍短于花瓣。

果和种子：核果圆柱形，长6～9毫米，直径4～5毫米，顶端钝而无小尖头，成熟时红色，后黑色，有甜味，基部宿存的花盘皿状，果 梗长4～5毫米。

花果期：花期6～8月，果期翌年4～5月。

药用价值：根、叶入药。根有清热除湿、生新解毒、补虚之功效。叶用于吐血、痈疽疔疮。

分布：香格里拉、维西、德钦、贡山、泸水、丽江、宁蒗、鹤庆、洱源；海拔1500～3900m。

中文名

208

羽脉山黄麻

Trema levigata

大麻科 Cannabaceae

山黄麻属 *Trema*

描述

植株：小乔木，高4～7（～10）米，或灌木。

茎：小枝被灰白色柔毛，老枝灰褐色，皮孔明显，近圆形。

叶：叶纸质，卵状披针形或狭披针形，长5～11厘米，宽1.5～2.5厘米，先端渐尖，基部对称或微偏斜，钝圆或浅心形，边缘有细锯齿，叶面深绿，被稀疏的柔毛，后毛渐脱落，近光滑，稀带光泽，稍粗糙，叶背浅绿，除脉上疏生柔毛外，其它处光滑无毛，微被白粉，羽状脉，稀有不明显的基出3脉，侧脉5～7对；叶柄长5～8毫米，被灰白色柔毛。

花：聚伞花序与叶柄近等长；雄花直径略过1毫米，花被片5，倒卵状船形，外面疏生微柔毛，退化子房狭倒卵状。

果和种子：小核果近球形，微压扁，直径1.5～2毫米，熟时由橘红色渐变成黑色，花被脱落。

花果期：花期4～5月，果期9～12月。

药用价值：树皮入药。用于水肿及接骨。茎皮纤维可做人造棉和造纸原料。

分布：香格里拉、丽江、兰坪、鹤庆；海拔2800m以下。

207
207
208
208

中文名

209

鸡桑

Morus australis

桑科 Moraceae

桑属 *Morus*

描述

植株：灌木或小乔木，树皮灰褐色，冬芽大，圆锥状卵圆形。

叶：叶卵形，长5～14厘米，宽3.5～12厘米，先端急尖或尾状，基部楔形或心形，边缘具粗锯齿，不分裂或3～5裂，表面粗糙，密生短刺毛，背面疏被粗毛；叶柄长1～1.5厘米，被毛；托叶线状披针形，早落。

花：雄花序长1～1.5厘米，被柔毛，雄花绿色，具短梗，花被片卵形，花药黄色；雌花序球形，长约1厘米，密被白色柔毛，雌花花被片长圆形，暗绿色，花柱很长，柱头2裂，内面被柔毛。

果和种子：聚花果短椭圆形，直径约1厘米，成熟时红色或暗紫色。

花果期：花期3～4月，果期4～5月。

药用价值：叶入药。有清热解表之功效。用于感冒咳嗽。果实成熟时味酸甜，可生食、酿酒或制醋等。种子可榨油，制肥皂及作润滑油。枝皮富含纤维，可供造纸（蜡纸和绝缘纸）和人造棉原料。叶可饲蚕。

分布：宁蒗、丽江；海拔1450～2700m。

中文名

210

水麻

Debregeasia orientalis

荨麻科 Urticaceae

水麻属 *Debregeasia*

描述

植株：灌木，高达1～4米，小枝纤细，暗红色，常被贴生的白色短柔毛，以后渐变无毛。

叶：叶纸质或薄纸质，干时硬膜质，长圆状狭披针形或条状披针形，先端渐尖或短渐尖，基部圆形或宽楔形。

花：花序雌雄异株，稀同株，生上年生枝和老枝的叶腋，2回二歧分枝或二叉分枝，具短梗或无梗，长1～1.5厘米，每分枝的顶端各生一球状团伞花簇，雄的团伞花簇直径4～6毫米，雌的直径3～5毫米；苞片宽倒卵形.长约2毫米。雄花在芽时扁球形。雌花几无梗，倒卵形。

果和种子：瘦果小浆果状，倒卵形，长约1毫米，鲜时橙黄色，宿存花被肉质紧贴生于果实。

花果期：花期3～4月，果期5～7月。

药用价值：根、叶入药。有清热解毒、利湿、止泻和止血之功效。果实可食用和酿酒。叶作饲料。纤维优良，为麻代用品及人造棉原料。

分布：泸水、兰坪、福贡、鹤庆、丽江、维西、香格里拉；海拔600～3600m。

209
209
210
210

中文名

211

糯米团
Gonostegia hirta

荨麻科 Urticaceae
糯米团属 *Gonostegia*

描述

植株：多年生草本，有时茎基部变木质；茎蔓生、铺地或渐升，长50～100（～160）厘米，基部粗1～2.5毫米，不分枝或分枝，上部带四棱形，有短柔毛。

叶：叶对生；叶片草质或纸质，宽披针形至狭披针形、狭卵形、稀卵形或椭圆形，长（1～2～）3～10厘米，宽（0.7～）1.2～2.8厘米，顶端长渐尖至短渐尖，基部浅心形或圆形，边缘全缘，上面稍粗糙，有稀疏短伏毛或近无毛，下面沿脉有疏毛或近无毛，基出脉3～5条；叶柄长1～4毫米；托叶钻形，长约2.5毫米。

花：团伞花序腋生，通常两性，有时单性，雌雄异株，直径2～9毫米；苞片三角形，长约2毫米。

果和种子：瘦果卵球形，长约1.5毫米，白色或黑色，有光泽。

花果期：花期5～9月。

药用价值：全草入药。有清热解毒、健脾止血、舒筋接骨之功效。用于疔疮、小儿食积胀满、外伤出血、痢疾、通经、骨折等。全草可做猪饲料。茎皮纤维又可制人造棉，供混纺或单纺。

分布：云南各地分布；海拔1300～2900m。

中文名

212

珠芽艾麻
Laportea bulbifera

荨麻科 Urticaceae
艾麻属 *Laportea*

描述

植株：多年生草本。

根：根数条，丛生，纺锤状，红褐色。

茎：茎下部多少木质化，高50～150厘米，不分枝或少分枝，在上部常呈“之”字形弯曲，具5条纵棱，有短柔毛和稀疏的刺毛，以后渐脱落；珠芽1～3个，常生于不生长花序的叶腋，木质化，球形，直径3～6毫米，多数植株无珠芽。

叶：叶卵形至披针形，有时宽卵形。

花：花序雌雄同株，稀异株，圆锥状，序轴上生短柔毛和稀疏的刺毛；雄花序生茎顶部以下的叶腋，具短梗；雌花序生茎顶部或近顶部叶腋，长10～25厘米。雄花具短梗或无梗，在芽时扁圆球形；雌花具梗：花被片4，不等大，分生。

果和种子：瘦果圆状倒卵形或近半圆形，偏斜，扁平，长约2～3毫米，光滑，有紫褐色细斑点；雌蕊柄增长到约0.5毫米，下弯；宿存花被片侧生的2枚，长约1.5毫米，伸达果的近中部，外面生短糙毛，有时近光滑；花梗长2～4毫米，在两侧面扁化成膜质翅，有时果序枝也扁化成翅，匙形，顶端有深的凹缺。

花果期：花期6～8月，果期8～12月。

药用价值：全草、根、种子入药。全草、根有祛风、除湿、活血之功效。种子榨油，供食用。茎皮纤维强韧，可供造纸、纺织原料，可代麻用。

分布：德钦、香格里拉、维西、丽江、兰坪、鹤庆、福贡、贡山、腾冲；海拔1000～3000m。

211

212

212

中文名

213

粗齿冷水花
Pilea sinofasciata

荨麻科 Urticaceae
冷水花属 *Pilea*

描述

植株：草本。

茎：茎肉质，高25～100厘米，有时上部有短柔毛，几乎不分枝。

叶：叶同对近等大，椭圆形、卵形、椭圆状或长圆状披针形、稀卵形。

花：花雌雄异株或同株；花序聚伞圆锥状，具短梗，长不过叶柄。雄花具短梗，花被片4，合生至中下部，椭圆形。雌花小，长约0.5毫米；花被片3，近等大。

果和种子：瘦果圆卵形，顶端歪斜，长约0.7毫米，熟时外面常有细疣点，宿存花被片在下部合生，宽卵形，先端钝圆，边缘膜质，长及果的约一半；退化雄蕊长圆形，长约0.4毫米。

花果期：花期6～7月，果期8～10月。

药用价值：全草入药。有祛风活血、清热解毒、理气止痛之功效。用于高热、扁桃体炎、胃痛、鹅口疮、消化不良、接骨、风湿疼痛。

分布：洱源、鹤庆、丽江、永胜、维西、香格里拉、泸水、贡山、腾冲；海拔（1250～）1500～2600m。

中文名

214

板栗
Castanea mollissima

壳斗科 Fagaceae
栗属 *Castanea*

描述

植株：高达20米的乔木，胸径80厘米，冬芽长约5毫米，小枝灰褐色，托叶长圆形，长10～15毫米，被疏长毛及鳞腺。

叶：叶椭圆至长圆形，长11～17厘米，宽稀达7厘米，顶部短至渐尖，基部近截平或圆，或两侧稍向内弯而呈耳垂状，常一侧偏斜而不对称，新生叶的基部常狭楔尖且两侧对称，叶背被星芒状伏贴绒毛或因毛脱落变为几无毛；叶柄长1～2厘米。

花：雄花序长10～20厘米，花序轴被毛；花3～5朵聚生成簇，雌花1～3（～5）朵发育结实，花柱下部被毛。

果和种子：成熟壳斗的锐刺有长有短，有疏有密，密时全遮蔽壳斗外壁，疏时则外壁可见，壳斗连刺径4.5～6.5厘米；坚果高1.5～3厘米，宽1.8～3.5厘米。

花果期：花期4～6月，果期8～10月。

药用价值：种仁、花序、根皮、茎皮、叶、总苞入药。种仁味甘，性温。有滋阴补肾、健脾益气之功效。用于肾虚腰痛。花序有止泻、健脾除湿之功效。用于腹泻、红白痢疾、久泻不止、小儿消化不良。根皮味甘、淡，性平。用于疝气。茎皮用于疮毒冻疮。叶用于百日咳。总苞用于丹毒、红肿。种仁（栗子）含丰富淀粉，可酿酒、生食或炒食。木材可作地板、桥板、船舶、车辆、枕木、家具、建筑等。树皮、壳斗、嫩枝、木材的髓部均含有鞣质，可提制栲胶。叶可饲柞蚕。

分布：云南大部分地区栽培；海拔800～2500m。

213

214

214

中文名

描述

215

黄毛青冈

Cyclobalanopsis delavayi

壳斗科 Fagaceae

青冈属 *Cyclobalanopsis*

植株：常绿乔木，高达20米，胸径达1米。

茎：小枝密被黄褐色绒毛。

叶：叶片革质，长椭圆形或卵状长椭圆形，长8～12厘米，宽2～4.5厘米，顶端渐尖或短渐尖，基部宽楔形或近圆形，叶缘中部以上有锯齿，中脉在叶面凹陷，在叶背凸起，侧脉每边10～14条，叶面无毛，叶背密被黄色星状绒毛；叶柄长1～2.5厘米，密被灰黄色绒毛。

花：雄花序簇生或分枝，长2～4厘米，被黄色绒毛；雌花序腋生，长约4厘米，着生2～3朵花，被黄色绒毛，花柱3～5裂。

果和种子：壳斗浅碗形，包着坚果约1/2。坚果椭圆形或卵形，直径1～1.5厘米，高约1.8厘米，初被绒毛，后渐脱落；果脐凸起，直径6～8毫米。

花果期：花期4～5月，果期翌年9～10月。

药用价值：树皮入药。味微苦、涩，性微温。有平喘之功效。用于哮喘等。木材为辐射孔材，红褐色，材质坚硬，耐腐，供桩柱、桥梁、车立柱、造船、地板、农具柄、水车轴等用材。树皮及壳斗含鞣质，可提制栲胶。

分布：丽江、香格里拉；海拔达3000m。

中文名

描述

216

川滇高山栎

Quercus aquifolioides

壳斗科 Fagaceae

栎属 *Quercus*

植株：常绿乔木，高达20米，生于干旱阳坡或山顶时常呈灌木状。

茎：幼枝被黄棕色星状绒毛。

叶：叶片椭圆形或倒卵形，长2.5～7厘米，宽1.5～3.5厘米，老树之叶片顶端圆形，基部圆形或浅心形，全缘，幼树之叶叶缘有刺锯齿，幼叶两面被黄棕色腺毛，尤以叶背中脉上更密，老叶背面被黄棕色薄星状毛和单毛或粉状鳞秕，中脉上部呈之字形曲折，侧脉每边6～8条，明显可见；叶柄长2～5毫米，有时近无柄。

花：雄花序长5～9厘米，花序轴及花被均被疏毛；果序长0.5～2.5厘米，有花1～4朵。

果和种子：果序长不及3厘米，壳斗浅杯形，包着坚果基部，直径0.9～1.2厘米，高5～6毫米，内壁密生绒毛，外壁被灰色短柔毛；小苞片卵状长椭圆形，钝头，顶端常与壳斗壁分离。坚果卵形或长卵形，直径1～1.5厘米，高1.2～2厘米，无毛。

花果期：花期5～6月，果期9～10月。

药用价值：叶、种子入药。有清热解毒之功效。用于泻痢、肠炎、哮喘。

分布：云南西北；海拔2300～3200m。

215

216

中文名

217

锥连栎

Quercus franchetii

壳斗科 Fagaceae

栎属 *Quercus*

描述

植株：常绿乔木，高达15米，树皮暗褐色，纵裂。

茎：小枝密被灰黄色单毛和束毛。

叶：叶面平坦，叶片倒卵形、椭圆形，长5～12厘米，高2.5～6厘米，顶端渐尖或钝尖，基部楔形或圆形，叶缘中部以上有腺锯齿，幼叶两面密被灰黄色腺质束毛或单毛，老时背面密被灰黄色腺毛，侧脉每边8～12条，直达齿端；叶柄长1～2厘米，密被灰黄色绒毛。

花：雄花序生于新枝基部，长4～5厘米，花序轴被灰黄色绒毛；雌花序长1～2厘米，有花5～6朵。

果和种子：壳斗杯形果序长1～2厘米，果序轴密被灰黄色绒毛。包着坚果约1/2，直径1～1.4厘米，高0.7～1.2厘米，有时盘形，高约4毫米；小苞片三角形，长约2毫米；背部呈瘤状突起，被灰色绒毛。坚果矩圆形，直径0.9～1.3厘米，高1.1～1.3厘米，被灰色细绒毛，顶端平截或凹陷，果脐突起。

花果期：花期2～3月，果期9月。

药用价值：茎干内皮入药。味涩、微苦，性微温。有止喘、定喘之功效。用于感冒、哮喘等。

分布：鹤庆；海拔1100～2600m。

中文名

218

栓皮栎

Quercus variabilis

壳斗科 Fagaceae

栎属 *Quercus*

描述

植株：落叶乔木，高达30米，胸径达1米以上，树皮黑褐色，深纵裂，木栓层发达。

茎：小枝灰棕色，无毛；芽圆锥形，芽鳞褐色，具缘毛。

叶：叶片卵状披针形或长椭圆形，长8～15（～20）厘米，宽2～6（～8）厘米，顶端渐尖，基部圆形或宽楔形，叶缘具刺芒状锯齿，叶背密被灰白色星状绒毛，侧脉每边13～18条，直达齿端；叶柄长1～3（～5）厘米，无毛。

花：雄花序长达14厘米，花序轴密被褐色绒毛，花被4～6裂，雄蕊10枚或较多；雌花序生于新枝上端叶腋，花柱30壳斗杯形，包着坚果2/3，连小苞片直径2.5～4厘米，高约1.5厘米；小苞片钻形，反曲，被短毛。

果和种子：坚果近球形或宽卵形，高、径约1.5厘米，顶端圆，果脐突起。

花果期：花期3～4月，果期翌年9～10月。

药用价值：果壳、果实入药。果壳味苦、涩，性平。有止咳、涩肠之功效。用于咳嗽、水泻、头癣等。果实用于健胃、收敛、止血痢、痔疮、恶疮、痈肿等。种子含淀粉，供酿酒或作饲料。木材质较坚重，耐腐。木栓可作软木，在工业上有多种用途。壳斗含单宁。

分布：除高山地区外云南西北有分布；海拔700～2300m。

217 217
218 218

中文名

219

滇榛
Corylus yunnanensis

桦木科 Betulaceae
榛属 *Corylus*

描述

植株：灌木或小乔木，高1～7米。

茎：树皮暗灰色；枝条暗灰色或灰褐色，无毛；小枝褐色，密被黄色绒毛和具或疏或密的刺状腺体。

叶：叶厚纸质，几圆形或宽卵形，很少倒卵形，长4～12厘米，宽3～9厘米，顶端骤尖或尾状，基部几心形，边缘具不规则的锯齿，上面疏被短柔毛，幼时具刺状腺体，下面密被绒毛，幼时沿主脉的下部生刺状腺体；侧脉5～7对；叶柄粗壮，长7～12毫米，密被绒毛杞，幼时密生刺状腺体。

花：雄花序2～3枚排成总状，下垂，长2.5～3.5厘米，苞鳞背面密被短柔毛。

果和种子：果单生或2～3枚簇生成头状，果苞钟状，外面密被黄色绒毛和刺状腺体，通常与果等长或较果短，很少较果长，上部浅裂，裂片三角形，边缘具疏齿。坚果球形，长1.5～2厘米，密被绒毛。

花果期：花期5～7月，果期7～9月。

药用价值：种仁入药。有滋补、润肠通便之功效。果可食和榨油，果苞和树皮含鞣质。萌发力强，宜作薪炭树种。

分布：大理、文山、丽江、香格里拉、维西、洱源、鹤庆、腾冲；海拔1700～3700m。

中文名

220

马桑
Coriaria nepalensis

马桑科 Coriariaceae
马桑属 *Coriaria*

描述

植株：灌木，高1.5～2.5米，分枝水平开展，小枝四棱形或成四狭翅，幼枝疏被微柔毛，后毛，常带紫色，老枝紫褐色，具显著圆形突起的皮孔；芽鳞膜质，卵形或卵状三角形，长毫米，紫红色，无毛。

叶：叶对生，纸质至薄革质，椭圆形或阔椭圆形，长2.5～8厘米，5～4厘米，先端急尖，基部圆形，全缘，两面无毛或沿脉上疏被毛，基出3脉，弧形伸端，在叶面微凹，叶背突起；叶短柄，长2～3毫米，疏被毛，紫色，基部具垫状突起物。

花：花序生于二年生的枝条上，雄花序先叶开放，长1.5～2.5厘米，多花密集，序轴被腺柔毛；苞片和小苞片卵圆形；花瓣极小，卵形。

果和种子：果球形，果期花瓣肉质增大包于果外，成熟时由红色变紫黑色，径4～6毫米；种子卵状长圆形。

花果期：花期3～4月。

药用价值：根、叶入药。根有毒。用于风湿麻木、风火牙痛、跌打损伤。叶有剧毒。用于痈疽、肿毒、疥癞、烫伤。叶、果都能杀虫，用于防植物病，但以果的毒效最佳。本种果实可酿酒（因种子有毒不宜饮用），提取酒精，供工业或医疗用。种子油可制油漆、油墨、肥皂等用。茎皮、叶和根皮均含鞣质，可提制栲胶。

分布：各地有分布；海拔400～3200m。

219

219

220

中文名

描述

221

茅瓜

Solena amplexicaulis

葫芦科 Cucurbitaceae

茅瓜属 *Solena*

植株：攀援草本。

根：块根纺锤状，径粗1.5～2厘米。

茎：茎、枝柔弱，无毛，具沟纹。

叶：叶柄纤细，短，长仅0.5～1厘米，初时被淡黄色短柔毛，后渐脱落；叶片薄革质，多型，变异极大，卵形、长圆形、卵状三角形或戟形等，不分裂、3～5浅裂至深裂，裂片长圆状披针形、披针形或三角形，长8～12厘米，宽1～5厘米，先端钝或渐尖，上面深绿色，稍粗糙，脉上有微柔毛，背面灰绿色，叶脉凸起，几无毛，基部心形，弯缺半圆形，有时基部向后靠合，边缘全缘或有疏齿。

花：雌雄异株。雄花：10～20朵生于2～5毫米长的花序梗顶端，呈伞房状花序；花极小，花梗纤细，长2～8毫米，几无毛。雌花：单生于叶腋；花梗长5～10毫米，被微柔毛；子房卵形，长2.5～3.5毫米，径2～3毫米，无毛或疏被黄褐色柔毛，柱头3。

果和种子：果实红褐色，长圆状或近球形，长2～6厘米，径2～5厘米，表面近平滑。种子数枚，灰白色，近圆球形或倒卵形，长5～7毫米，径5毫米，边缘不拱起，表面光滑无毛。

花果期：花期5～8月，果期8～11月。

药用价值：根入药。味苦、辛，性凉。有小毒。有养阴清热、消炎解毒、清热化痰、利湿止痛、消肿散结之功效。用于感冒干咳、吐血、疖疮、咽喉炎、肺热咳嗽、消渴、腮腺炎、结膜炎、乳腺炎、蜂窝织炎、淋巴结核、淋病、胃痛、腹泻、赤白痢、湿疹、疮疡、毒蛇咬伤、疟疾。

分布：鹤庆、腾冲、泸水；海拔2600m以下。

中文名

描述

222

刺果卫矛

Euonymus acanthocarpus

卫矛科 Celastraceae

卫矛属 *Euonymus*

植株：灌木，直立或藤本，高2～3米；小枝密被黄色细疣突。

叶：叶革质，长方椭圆形、长方卵形或窄卵形，少为阔披针形，长7～12厘米，宽3～5.5厘米，先端急尖或短渐尖，基部楔形、阔楔形或稍近圆形，边缘疏浅齿不明显，侧脉5～8对，在叶缘边缘处结网，小脉网通常不显；叶柄长1～2厘米。

花：聚伞花序较疏大；花黄绿色，直径6～8毫米；萼片近圆形；花瓣近倒卵形，基部窄缩成短爪；花盘近圆形；雄蕊具明显花丝，花丝长2～3毫米，基部稍宽；子房有柱状花柱，柱头不膨大。

果和种子：蒴果成熟时棕褐带红，近球状，直径连刺1～1.2厘米，刺密集，针刺状，基部稍宽，长约1.5毫米；种子外被橙黄色假种皮。

花果期：花期6月，果熟期10月。

药用价值：茎、茎皮入药。茎有祛风除湿、通经活络之功效。茎皮代杜仲用。用于妇科血症、风湿、外伤出血、跌打骨折。

分布：丽江、大理、怒江、迪庆；海拔700～3200m。

221 221 222 222

中文名

223

西南卫矛

Euonymus hamiltonianus

卫矛科 Celastraceae

卫矛属 *Euonymus*

描述

植株：小乔木，高5～6米。

茎：枝条无栓翅，但小枝的棱上有时有4条极窄木栓棱。

果和种子：蒴果较大，直径1～1.5厘米。

花果期：花期5～6月，果期9～10月。

药用价值：茎皮、根、根皮、果实入药。茎皮有散瘀、止血之功效。用于跌打损伤。根、根皮、果实入药。用于止鼻血、止血、泻热、鼻衄、血栓闭塞性脉管炎、风湿、跌打、漆疮。

分布：丽江；海拔2000～3000m。

中文名

224

染用卫矛

Euonymus tingens

卫矛科 Celastraceae

卫矛属 *Euonymus*

濒危级别：近危（NT）

描述

植株：乔木，高5～8米，树干直径约达40厘米；小枝紫黑色，近圆形。

叶：叶厚革质，长方窄椭圆形，偶为窄倒卵形，长2～7厘米，宽1～3厘米，先端急尖或渐尖，基部阔楔形，边缘有极浅疏齿。

花：聚伞花序1～5花，集生小枝顶端，花序梗长1～2厘米，小花梗较花序梗长；花5数；花萼长圆形；花瓣白绿色带紫色脉纹。

果和种子：蒴果倒锥状或近球状，直径约1.5厘米，5棱，上部宽圆平截；种子每室1～4，棕色或深棕色，长圆卵状。

花果期：花期5～8月，果期8～11月。

药用价值：茎皮入药。丽江民间代杜仲用。

分布：丽江、大理、怒江、迪庆；海拔1350～3700m。

中文名

225

游藤卫矛

Euonymus vagans

卫矛科 Celastraceae

卫矛属 *Euonymus*

描述

植株：藤本，高1.5～3米。

叶：叶近革质或厚纸质，长方椭圆形，椭圆披针形偶或窄卵披针形，长5～12厘米，宽2.5～5厘米，偶有更大或更小，先端急尖或钝，偶为短渐尖，基部楔形或阔楔形，边缘有不明显疏浅锯齿，齿端有时内曲，侧脉6～7对，细韧；叶柄长6～12毫米。

花：聚伞花序腋生，2～3次分枝；花序梗长1.2～2厘米，中央花小花梗细长，长8～10毫米，通常与第一次分枝近等长或超过，稀稍短，小聚伞3花疏生，小花梗近等长；花白色或黄白色，直径约5毫米；花萼4浅裂；花瓣近圆形或长圆形，基部微窄缩，雄蕊具花丝，长约1毫米，基部稍宽；花盘近方形；子房具短花柱，受精后伸长成明显柱状。

果和种子：蒴果近圆球状，直径7～8毫米，熟后有时可达1厘米；种子每室1～2个，深棕色，种脊色浅，长达种子2/3。

花果期：花期6～9月，果期8～12月。

药用价值：树皮入药。代杜仲用。有止血、生肌之功效。用于刀伤。

分布：大理、怒江；海拔1100～2300m。

223

224

225

中文名 | 描述

226

突隔梅花草
Parnassia delavayi

卫矛科 Celastraceae
梅花草属 *Parnassia*

植株：多年生草本，高12～35厘米。

茎：根状茎形状多样，其上部有褐色鳞片，下部有不甚发达纤维状根。

叶：基生叶3～4（～7），具长柄；叶片肾形或近圆形。

花：花单生于茎顶，直径3～3.5厘米；花瓣白色，长圆倒卵形或匙状倒卵形。

果和种子：蒴果3裂；种子多数，褐色，有光泽。

花果期：花期7～8月，果期9月开始。

药用价值：全草入药。有清热润肺、消肿止痛之功效。用于肺结核、腮腺炎、淋巴腺炎、热毒疮肿、跌打损伤等。

分布：德钦、维西、香格里拉、贡山、福贡、兰坪、丽江、大理、鹤庆、洱源；海拔（1700～）2700～4000m。

中文名 | 描述

227

凹瓣梅花草
Parnassia mysorensis

卫矛科 Celastraceae
梅花草属 *Parnassia*

植株：多年生草本，高8～13厘米，细弱。

根：根状茎块状或长圆状，其下生出多数成簇细长纤维状根，其上有少数褐色膜质鳞片。

叶：基生叶2～4，稀5，具柄；叶片卵状心形或宽卵形；近基部或1/3部分有1茎生叶，茎生叶无柄半抱茎，与基生叶同形，但较小。

花：花单生于茎顶，直径18～20毫米；萼筒管陀螺状；萼片长圆形或半圆形，长4～5毫米，宽约3.5毫米，先端钝；花瓣白色，宽匙形，长约8毫米，宽约5毫米。

果和种子：蒴果3裂；种子多数，褐色，有光泽，沿整个缝线着生。

花果期：花期7～8月，果期9月开始。

药用价值：全草入药。有清热解毒、解暑消炎之功效。

分布：丽江、鹤庆、大理、洱源；海拔2000～2700（～3500）m。

226
226
227
227

中文名

描述

228

酢浆草

Oxalis corniculata

酢浆草科 Oxalidaceae

酢浆草属 *Oxalis*

植株：草本，高10～35厘米，全株被柔毛。

根：根茎稍肥厚。

茎：茎细弱，多分枝，直立或匍匐，匍匐茎节上生根。

叶：叶基生或茎上互生；托叶小，长圆形或卵形，边缘被密长柔毛，基部与叶柄合生，或同一植株下部托叶明显而上部托叶不明显；叶柄长1～13厘米，基部具关节；小叶3，无柄，倒心形，长4～16毫米，宽4～22毫米，先端凹入，基部宽楔形，两面被柔毛或表面无毛，沿脉被毛较密，边缘具贴伏缘毛。

花：花单生或数朵集为伞形花序状，腋生；花瓣5，黄色，长圆状倒卵形。

果和种子：蒴果长圆柱形，长1～2.5厘米，5棱。种子长卵形，长1～1.5毫米，褐色或红棕色，具横向肋状网纹。

花果期：花、果期2～9月。

药用价值：全草入药。味酸，性寒。有清热利湿、解毒消肿、活血、散瘀、利尿、止血之功效。用于感冒发热、肠炎、肝炎、尿路结石、神经衰弱等。外用于跌打损伤、毒蛇咬伤、痈肿疮疖、脚癣、烧伤、烫伤等。

分布：分布几遍云南；海拔1000～3400m。

中文名

描述

229

美丽金丝桃

Hypericum bellum

金丝桃科 Hypericaceae

金丝桃属 *Hypericum*

植株：灌木，高0.3～1.5米，通常形成矮灌丛，有密集的直立或拱弯的枝条。

茎：茎红至橙色，初时具4纵线棱及略为两侧压扁，很快呈圆柱形；节间长1～8厘米，通常等于或长于叶；皮层灰褐色。

叶：叶具柄，叶柄长0.5～2.5毫米；叶片卵状长圆形或宽菱形至近圆形。

花：花瓣金黄色至奶油黄色或稀为暗黄色，无红晕，内弯，宽至狭的倒卵形，长1.5～2.5（～3）厘米，宽l.1～2.1厘米，边缘全缘，有近顶生的小尖突，小尖突先端圆形。

果和种子：蒴果宽至狭的卵珠形，长1～1.5厘米，宽0.6～1厘米，常具皱。种子深红褐色，狭圆柱形，长0.8～1毫米，多少有龙骨状突起，有浅的梯状网纹。

花果期：花期6～7月，果期8～9月。

药用价值：全草入药。味苦，性寒。有清热解毒、祛风除湿、凉血止血、杀虫止痒之功效。用于急慢性肝炎、感冒、痢疾、口腔炎、皮炎、蛔虫痛等。

分布：丽江、香格里拉、贡山、德钦；海拔1900～3500m。

228

229

229

中文名

描述

230

地耳草

Hypericum japonicum

金丝桃科 Hypericaceae
金丝桃属 *Hypericum*

植株：一年生或多年生草本，高2～45厘米。

茎：茎单一或多少簇生，直立或外倾或匍地而在基部生根，在花序下部不分枝或各式分枝，具4纵线棱，散布淡色腺点。

叶：叶无柄，叶片通常卵形或卵状三角形至长圆形或椭圆形，长0.2～1.8厘米，宽0.1～1厘米，先端近锐尖至圆形，基部心形抱茎至截形，边缘全缘，坚纸质，上面绿色，下面淡绿但有时带苍白色，具1～条基生主脉和1～2对侧脉，但无明显脉网，无边缘生的腺点，全面散布透明腺点。

花：花序具1～30花，两岐状或多少呈单岐状，有或无侧生的小花枝；苞片及小苞片线形、披针形至叶状，微小至与叶等长。花直径4～8毫米，多少平展；花蕾圆柱状椭圆形，先端多少钝形；花梗长2～5毫米。花瓣白色、淡黄至橙黄色，椭圆形或长圆形，长2～5毫米，宽0.8～1.8毫米，先端钝形，无腺点，宿存。

果和种子：蒴果短圆柱形至圆球形，长2.5～6毫米，宽1.3～2.8毫米，无腺条纹。种子淡黄色，圆柱形，长约0.5毫米，两端锐尖，无龙骨状突起和顶端的附属.物，全面有细蜂窝纹。

花果期：花期3～6月，果期6～10月。

药用价值：全草入药。味苦、辛，性平。有清热利湿、散瘀消肿、止痛之功效。用于肝炎、阑尾炎、痈疖、急性结膜炎、口腔炎、蛇虫咬伤、烫伤等。

分布：各地分布；海拔2800m以下。

中文名

描述

231

灰叶堇菜

Viola delavayi

堇菜科 Violaceae
堇菜属 *Viola*

植株：多年生草本。

根：根状茎短粗，具多数暗褐色纤维状根。

茎：地上茎直立，高15～25厘米，细弱，无毛，通常不分枝，下部无叶。

叶：基生叶通常1枚或缺，叶片厚纸质，卵形；茎生叶叶片较基生叶小，宽卵形或三角状卵形，基部浅心形或截形，上部叶卵状披针形。

花：花黄色，由上部叶腋抽出，具长梗；花梗较叶片为长，长约1.5～3厘米，近顶部（紧靠花下）有2枚线形小苞片；萼片线形，长约5毫米，先端尖，无毛或被疏柔毛，基部附属物很短，呈截形；上方花瓣倒卵形，长约1.2厘米，侧方花瓣长约0.9～1厘米，下方花瓣宽倒卵形，长8～9毫米，宽约5毫米，基部有紫色条纹；距极短，长仅0.5～1毫米，末端钝圆；子房卵形，光滑无毛；花柱下部细，上部增粗，柱头2裂，裂片直伸，宽卵形，顶端圆。

果和种子：蒴果小，卵形或近长圆形，长3～4毫米，与宿存的萼片近等长或稍短。

花果期：花期6～8月，果期7～8月。

药用价值：全草、根入药。全草有清热解毒之功效。用于跌打损伤、分时关节炎。根有止咳、利湿热、温经通络之功效。用于肺炎、虚弱头晕、小儿疳积、风湿、跌打。

分布：玉龙县、大理市、洱源县、贡山县、香格里拉市、维西县。

230

230

231

中文名

紫花地丁

Viola philippica

堇菜科 Violaceae

堇菜属 *Viola*

描述

植株：多年生草本，高4～14厘米，果期高可达20余厘米。

根：根状茎短，垂直，淡褐色，长4～13毫米，粗2～7毫米，节密生，有数条淡褐色或近白色的细根。

茎：无地上茎。

叶：叶多数，基生，莲座状；叶片下部者通常较小，呈三角状卵形或狭卵形，上部者较长，呈长圆形、狭卵状披针形或长圆状卵形。

花：花中等大，紫堇色或淡紫色，稀呈白色，喉部色较淡并带有紫色条纹。

果和种子：蒴果长圆形，长5～12毫米，无毛；种子卵球形，长1.8毫米，淡黄色。

花果期：花果期4月中下旬至9月。

药用价值：全草、根入药。为清凉性解毒药。全草有凉血消肿之功效。用于各种化脓性炎症痈疖、丹毒、乳腺炎、目赤肿痛、黄疸型肝炎、肠炎、毒蛇咬伤。将生根捣汁，用布贴于患部，能吸出脓液，将根煎服，能止泻。本种嫩叶可作野菜。可作早春观赏花卉。

分布：洱源、丽江；海拔1800～2500m。

233

中文名

圆叶小堇菜

Viola rockiana

堇菜科 Violaceae

堇菜属 *Viola*

描述

植株：多年生小草本，高5～8厘米。

茎：根状茎近垂直，具结节，上部有较宽的褐色鳞片。茎细弱，通常2（3）枚，具2节，无毛，仅下部生叶。

叶：基生叶叶片较厚，圆形或近肾形，宽1～1.5（2）厘米，基部心形，有较长叶柄；茎生叶少数，有时仅2枚，叶片圆形或卵圆形，长、宽约1厘米，基部浅心形或近截形，边缘具波状浅圆齿，上面尤其沿叶缘被粗毛，下面无毛；托叶离生，卵状披针形或披针形，长3～4毫米，先端尖，近全缘。

花：花黄色，有紫色条纹，宽约1厘米；花梗较叶长，细弱，长1.5～3.5厘米，在上部有2枚小苞片；萼片狭条形，长约5毫米，先端钝，基部附属物极短，边缘膜质；上方及侧方花瓣倒卵形或长圆状倒卵形，长7～9毫米，宽3～4毫米，侧方花瓣里面无须毛，下方花瓣稍短；距浅囊状，长1～1.5毫米；下方雄蕊之距短而宽呈钝三角形；子房近球形，无毛，花柱基部稍膝曲，上部2裂，裂片肥厚，微平展。

果和种子：蒴果卵圆形，直径3～4毫米，无毛。

花果期：花期6～7月，果期7～8月。

药用价值：全草入药。有清热解毒之功效。

分布：丽江、维西、贡山；海拔2700～3500（～4300）m。

232

233

中文名

234

高山大戟

Euphorbia stracheyi

大戟科 Euphorbiaceae
大戟属 *Euphorbia*

描述

植株：多年生草本。

茎：根状茎细长，达10～20厘米，直径3～5毫米，末端具块根，纺锤形，长7～13厘米，直径2～4厘米，最末端常具多数分枝。茎常匍匐状直立或直立，自基部多分枝并于上部多分枝，高10～60厘米，体态变化较大，幼时常呈红色或淡红色，老时颜色变淡至正常绿色。

叶：叶互生，倒卵形至长椭圆形，长8～27毫米，宽4～9毫米，先端圆形或渐尖，基部半圆形或渐狭，边缘全缘；主脉不明显；无叶柄；总苞叶5～8枚，长卵形至椭圆形，基部常具叶柄，长约3毫米，有时极短，似无柄；伞幅5～8枚，长1～5厘米；次级总苞叶与总苞叶相同；苞叶2枚，倒卵形，长约8毫米，宽5～6毫米，先端近圆，基部楔形，无柄。

花：花序单生于二歧分枝顶端，无柄；总苞钟状，高约3.5毫米，直径3～4毫米，外部常具褐色短毛；边缘4裂，裂片舌状，先端具不规则的细齿，内侧具柔毛或无；腺体4，肾状圆形，淡褐色，背部具短柔毛。

果和种子：蒴果卵圆状，长与直径均5～6毫米，无毛。种子圆柱状，长约4毫米，直径约2.5毫米，灰褐色或淡灰色；种阜盾状，无柄。

花果期：花果期5～8月。

药用价值：根入药。有止血、止痛、生肌之功效。

分布：云南西北丽江、香格里拉、维西、德钦等县；海拔1000～4900m。

中文名

235

云南土沉香

Excoecaria acerifolia

大戟科 Euphorbiaceae
海漆属 *Excoecaria*

描述

植株：灌木至小乔木，高1～3米，各部均无毛；枝具纵棱，疏生皮孔。

叶：叶互生，纸质，叶片卵形或卵状披针形，稀椭圆形，长6～13厘米，宽2～5.5厘米，顶端渐尖，基部渐狭或短尖，有时钝，边缘有尖的腺状密锯齿，齿间距1～2毫米；中脉两面均凸起，背面尤著，侧脉6～10对，弧形上升，离缘2～3毫米弯拱网结，网脉明显；叶柄长2～5毫米，无腺体；托叶小，腺体状，长约0.5毫米。

花：花单性，雌雄同株同序，花序顶生和腋生，长2.5～6厘米，雌花生于花序轴下部，雄花生于花序轴上部。雄花：花梗极短；苞片阔卵形或三角形。雌花花梗极短或不明显；苞片卵形。

果和种子：蒴果近球形，具3棱，直径约1厘米；种子卵球形，干时灰黑色，平滑，直径约4毫米。

花果期：花期6～8月。

药用价值：幼嫩全草入药。有解毒、消食、通便、通经、止痛、行气、破血之功效。用于风湿骨痛、消化不良、便秘、黄疸、吐血、鼓胀、损伤、药物中毒、痔疮等。种子油可供制肥皂。

分布：云南西北；海拔1200～3300m。

234

235

235

中文名

描述

236

蓖麻

Ricinus communis

大戟科 Euphorbiaceae

蓖麻属 *Ricinus*

植株：一年生或多年生草本植物，高达5米。

茎：小枝、叶和花序通常被白霜，茎多液汁。

叶：叶轮廓近圆形，长和宽达40厘米或更大，掌状7～11裂，裂缺几达中部，裂片卵状长圆形或披针形，顶端急尖或渐尖，边缘具锯齿。

花：总状花序或圆锥花序。

花果期：花果期7～10月。

药用价值：根、叶、种子入药。有毒。有通窍、泻积滞、消肿拔毒之功效。根、叶用于消炎杀菌、拔脓。种子外敷用于口眼歪斜、淋巴结核。蓖麻子和叶可做农药，可杀虫，用于防植物病。种子榨油，蓖麻油在工业上用途广，是一种很好的润滑油，在医药上亦做轻泻剂。蓖麻叶片可用来饲养蓖麻蚕。茎皮坚韧纤细为良好的纤维原料。

分布：海拔2300m以下栽培或逸生。

中文名

描述

237

乌桕

Triadica sebiferum

大戟科 Euphorbiaceae

乌桕属 *Triadica*

植株：乔木，高可达15米。

茎：树皮暗灰色，有纵裂纹；枝广展，具皮孔。

叶：叶互生，纸质，叶片菱形、菱状卵形或稀有菱状倒卵形。

花：花单性，雌雄同株，聚集成顶生。

花果期：花期4～8月。

药用价值：根皮、叶、桕子、嫩枝乳汁入药。根皮有毒。有破积逐水、杀虫解毒之功效。用于大腹水肿、肝硬化腹水、血吸虫腹水。叶用于湿疹、疥癣、大小便不利。桕子外用于皮肤病及肿毒。嫩枝乳汁用于蜈蚣咬伤、止肿痛。种子表面附有一层白色蜡质，俗称“皮油”或“桕蜡”，可用作制蜡烛与肥皂的原料。除去蜡层的种子可榨油，其油称“桕油”或“梓油”，为黄色液体油，可供制油漆和油酸，亦作为机械润滑油、油墨、化妆品、蜡纸等原料。

分布：华坪、泸水、福贡、鹤庆、洱源；海拔320～1750m。

236

236

237

中文名

描述

238

油桐

Vernicia fordii

大戟科 Euphorbiaceae

油桐属 *Vernicia*

植株：落叶乔木，高达10米。

茎：树皮灰色，近光滑；枝条粗壮，无毛，具明显皮孔。

叶：叶卵圆、形，长8～18厘米，宽6～15厘米，顶端短尖，基部截平至浅心形，全缘，稀1～3浅裂，嫩叶上面被很快脱落微柔毛，下面被渐脱落棕褐色微柔毛，成长叶上面深绿色，无毛，下面灰绿色，被贴伏微柔毛；掌状脉5（～7）条；叶柄与叶片近等长，几无毛，顶端有2枚扁平、无柄腺体。

花：花雌雄同株，先叶或与叶同时开放；花萼长约1厘米，2（～3）裂，外面密被棕褐色微柔毛；花瓣白色，有淡红色脉纹，倒卵形，长2～3厘米，宽1～1.5厘米，顶端圆形，基部爪状；雄花：雄蕊8～12枚，2轮；外轮离生，内轮花丝中部以下合生；雌花：子房密被柔毛，3～5（～8）室，每室有1颗胚珠，花柱与子房室同数，2裂。

果和种子：核果近球状，直径4～6（～8）厘米，果皮光滑；种子3～4（～8）颗，种皮木质。

花果期：花期3～4月，果期8～9月。

药用价值：根、叶、花、果、种子、种子油入药。根有毒。用于蛔虫病、食积腹胀、风湿骨痛、水肿。叶有解毒、杀虫之功效。外用于疮疡癣疥。花有清热、解毒、生肌之功效。外用于烧伤、烫伤。果用于疝气、消食积。种子有吐风痰、消肿毒、利尿通便之功效。种子含脂肪油，为重要的工业油料植物。其果皮还可制活性炭和提制碳酸钾。

分布：泸水、贡山；海拔350～2000m。

中文名

描述

239

石海椒

Reinwardtia indica

亚麻科 Linaceae

石海椒属 *Reinwardtia*

植株：小灌木，高达1米。

茎：树皮灰色，无毛，枝干后有纵沟纹。

叶：叶纸质，椭圆形或倒卵状椭圆形，长2～8.8厘米，宽0.7～3.5厘米，先端急尖或近圆形，有短尖，基部楔形，全缘或有圆齿状锯齿，表面深绿色，背面浅绿色，干后表面灰褐色，背面灰绿色，背面中脉稍凸；叶柄长8～25毫米；托叶小，早落。

花：花序顶生或腋生，或单花腋生；花有大有小；同一植株上的花的花瓣有5片有4片，黄色。

果和种子：蒴果球形，3裂，每裂瓣有种子2粒；种子具膜质翅，翅长稍短于蒴果。

花果期：花果期4～12月，直至翌年1月。

药用价值：嫩枝、茎、叶入药。有清热利尿之功效。

分布：丽江、鹤庆；海拔达2700m。

238 238

239 239

中文名

240

艾胶算盘子

Glochidion lanceolarium

叶下珠科 Phyllanthaceae
算盘子属 *Glochidion*

描述

植株：常绿灌木或乔木，通常高1～3米，稀7～12米；除子房和蒴果外，全株均无毛。

叶：叶片革质，椭圆形、长圆形或长圆状披针形，长6～16厘米，宽2.5～6厘米，顶端钝或急尖，基部急尖或阔楔形而稍下延，两侧近相等，上面深绿色，下面淡绿色，干后黄绿色；侧脉每边5～7条；叶柄长3～5毫米；托叶三角状披针形，长2.5～3毫米。

花：花簇生于叶腋内，雌雄花分别着生于不同的小枝上或雌花1～3朵生于雄花束内；雄花：花梗长8～10毫米；萼片6，倒卵形或长倒卵形，长约3毫米，黄色；雄蕊5～6；雌花：花梗长2～4毫米；萼片6，3片较大，3片较小，大的卵形，小的狭卵形，长2.5～3毫米；子房圆球状，6～8室，密被短柔毛，花柱合生呈卵形，长不及1毫米，约为子房长的一半，顶端近截平。

果和种子：蒴果近球状，直径12～18毫米，高7～10毫米，顶端常凹陷，边缘具6～8条纵沟，顶端被微柔毛，后变无毛。

花果期：花期4～9月，果期7月～翌年2月。

药用价值：枝叶、根入药。

分布：腾冲；海拔1200m。

中文名

241

余甘子

Phyllanthus emblica

叶下珠科 Phyllanthaceae
叶下珠属 *Phyllanthus*

描述

植株：乔木，高达23米，胸径50厘米；树皮浅褐色；枝条具纵细条纹，被黄褐色短柔毛。

叶：叶片纸质至革质，二列，线状长圆形，长8～20毫米，宽2～6毫米，顶端截平或钝圆，有锐尖头或微凹，基部浅心形而稍偏斜，上面绿色，下面浅绿色，干后带红色或淡褐色，边缘略背卷；侧脉每边4～7条；叶柄长0.3～0.7毫米；托叶三角形，长0.8～1.5毫米，褐红色，边缘有睫毛。

花：多朵雄花和1朵雌花或全为雄花组成腋生的聚伞花序；萼片6；雄花：花梗长1～2.5毫米；萼片膜质，黄色，长倒卵形或匙形；雌花：花梗长约0.5毫米；萼片长圆形或匙形，顶端钝或圆，较厚，边缘膜质，多少具浅齿；花盘杯状。

果和种子：蒴果呈核果状，圆球形，直径1～1.3厘米，外果皮肉质，绿白色或淡黄白色，内果皮硬壳质；种子略带红色，长5～6毫米，宽2～3毫米。

花果期：花期4～6月，果期7～9月。

药用价值：果、叶、根、树皮、虫瘿入药。

分布：泸水、鹤庆、丽江、腾冲；海拔160～2100m。

240
240
241
241

中文名 | 描述

242

紫地榆
Geranium strictipes

牻牛儿苗科 Geraniaceae
老鹳草属 *Geranium*

植株：多年生草本，高20～30厘米。

根：根茎粗壮或块茎状，木质化，粗1～2厘米。

茎：茎直立或基部仰卧，具明显棱角，被倒向短柔毛和开展的多细胞透明腺毛，腺头常早落，通常从基部开始假二叉状分枝。

叶：叶基生和茎上对生；托叶钻状披针形或钻形，长5～6毫米，宽约1.5毫米；基生叶和茎下部叶具长柄，柄长为叶片的2～3倍，被倒向短柔毛和开展的腺毛，向上叶柄渐短或不明显；叶片五角状圆肾形，长3～4厘米，宽4～5厘米，5深裂至4/5处，裂片宽楔形、倒卵形或倒卵状菱形，先端齿状羽裂，裂齿先端钝圆，具不明显短尖头，表面被多细胞棒状透明伏毛，背面通常仅沿脉被糙毛。

花：总花梗腋生和顶生，明显长于叶，被倒向短柔毛和腺毛；花瓣紫红色，倒卵形。

果和种子：蒴果长2.5～3厘米，被短柔毛。

花果期：花期7～8月，果期8～9月。

药用价值：根入药。味苦、涩，性凉。有清热利湿、活血止血、止痢、收敛、涩肠、消炎之功效。用于痢疾、胸腹肿痛、便血、月经过多、产后流血、跌打损伤、消积食。

分布：香格里拉、丽江、永胜；海拔2700～3800m。

中文名 | 描述

243

漆
Toxicodendronvernicifluum

漆树科 Anacardiaceae
漆树属 *Toxicodendron*

植株：落叶乔木，高达20米。

茎：树皮灰白色，粗糙，呈不规则纵裂。

叶：奇数羽状复叶互生，常螺旋状排列，有小叶4～6对，叶轴圆柱形，被微柔毛。

花：圆锥花序长15～30厘米，与叶近等长，被灰黄色微柔毛；花瓣长圆形。

果实和种子：果序多少下垂，核果肾形或椭圆形，不偏斜，略压扁。

花果期：花期5～6月，果期7～10月。

药用价值：根、皮、叶、种子、树液入药。味辛，性温。有毒。

分布：兰坪、丽江、迪庆、维西、贡山、香格里拉、德钦。

242
242
243
243

中文名

描述

244

五裂槭

Acer oliverianum

无患子科 Sapindaceae

槭属 *Acer*

植株：落叶小乔木，高4～7米。

茎：树皮平滑，淡绿色或灰褐色，常被蜡粉。小枝细瘦，无毛或微被短柔毛，当年生嫩枝紫绿色，多年生老枝淡褐绿色。

叶：叶纸质，长4～8厘米，宽5～9厘米，基部近于心脏形或近于截形，5裂；裂片三角状卵形或长圆卵形，先端锐尖，边缘有紧密的细锯齿。

花：花杂性，雄花与两性花同株，常生成无毛的伞房花序，开花与叶的生长同时；萼片5，紫绿色，卵形或椭圆卵形，先端钝圆，长3～4毫米；花瓣5，淡白色，卵形，先端钝圆，长3～4毫米；雄蕊8，生于雄花者比花瓣稍长、花丝无毛，花药黄色，雌花的雄蕊很短；花盘微裂，位于雄蕊的外侧；子房微有长柔毛，花柱无毛，长2毫米，2裂，柱头反卷。

果和种子：翅果常生于下垂的主皇墨塾小坚果凸起，长6毫米，宽4毫米，脉纹显著；翅嫩时淡紫色，成熟时黄褐色，镰刀形，连同小坚果共长3～3.5厘米，宽1厘米，张开近水平。

花果期：花期5月，果期9月。

药用价值：枝叶入药。味苦，性凉。有清热解毒、理气止痛之功效。用于腹痛、痈疮。

分布：香格里拉、丽江、维西、兰坪、德钦；海拔（1800～）2000～3500m。

中文名

描述

245

花椒

Zanthoxylum bungeanum

芸香科 Rutaceae

花椒属 *Zanthoxylum*

植株：高3～7米的落叶小乔木。

植株：高3～7米的落叶小乔木。

茎：茎干上的刺常早落，枝有短刺。

叶：叶有小叶5～13片，叶轴常有甚狭窄的叶翼；小叶对生，无柄，卵形，椭圆形，稀披针形，位于叶轴顶部的较大，近基部的有时圆形。

花：花序顶生或生于侧枝之顶，花序轴及花梗密被短柔毛或无毛；花被片6～8片，黄绿色。

果实和种子：果紫红色，单个分果瓣径4～5毫米，散生微凸起的油点，顶端有甚短的芒尖或无；种子长3.5～4.5毫米。

花果期：花期4～5月，果期8～9月或10月。

药用价值：果皮、叶、种子入药。果皮（花椒）有温中、散寒、除湿、止痛、杀虫之功效。

分布：云南西北各地栽培或逸生；海拔1200～3600m。

244
244
245
245

中文名 | 描述

246

华椴

Tilia chinensis

锦葵科 Malvaceae

椴属 *Tilia*

植株：乔木，高15米；顶芽倒卵形，无毛。

茎：嫩枝无毛。

叶：叶阔卵形，长5～10厘米，宽4.5～9厘米，先端急短尖，基部斜心形或近截形，上面无毛，下面被灰色星状茸毛，侧脉7～8对，边缘密具细锯齿，齿刻相隔2毫米，齿尖长1～1.5毫米；叶柄长3～5厘米，稍粗壮，被灰色毛。

花：聚伞花序长4～7厘米，有花3朵，花序柄有毛，下半部与苞片合生；花柄长1～1.5厘米；苞片窄长圆形，长4～8厘米，无柄，上面有疏毛，下面毛较密；萼片长卵形，长6毫米，外面有星状柔毛；花瓣长7～8毫米；退化雄蕊较花瓣短小；雄蕊长5～6毫米；子房被灰黄色星状茸毛，花柱长3～5毫米，无毛。

果和种子：果实椭圆形，长1厘米，两端略尖，有5条棱突，被黄褐色星状茸毛。

花果期：花期夏初。

药用价值：根入药。有清热消滞、健胃利湿之功效。用于感冒食滞、食欲不振、黄疸型肝炎、跌打损伤。茎皮纤维坚韧，可代麻制绳索、织麻袋、造纸等用。木材轻软，色白、易于加工，适于做家具火柴杆及造纸等。

分布：云南西北；海拔2500～3900m。

中文名 | 描述

247

地桃花

Urena lobata

锦葵科 Malvaceae

梵天花属 *Urena*

植株：直立亚灌木状草本，高达1米。

茎：小枝被星状绒毛。

叶：茎下部的叶近圆形，长4～5厘米，．宽5～6厘米，先端浅3裂，基部圆形或近心形，边缘具锯齿；中部的叶卵形，长5～7厘米，3～6.5厘米；上部的叶长圆形至披针形，长4～7厘米，宽1.5～3厘米；叶上面被柔毛，下面被灰白色星状绒毛；叶柄长1～4厘米，被灰白色星状毛；托叶线形，长约2毫米，早落。

花：花腋生，单生或稍丛生，淡红色，直径约15毫米；花梗长约3毫米，被绵毛；小苞片5，长约6毫米，基部1/3合生；花萼杯状，裂片5，较小苞片略短，两者均被星状柔毛；花瓣5，倒卵形，长约15毫米，外面被星状柔毛；雄蕊柱长约15毫米，无毛；花柱枝10，微被长硬毛。

果和种子：果扁球形，直径约1厘米，分果爿被星状短柔毛和锚状刺。

花果期：花期7～10月。

药用价值：根、叶入药。味甘、淡，性凉。有祛风和血、清热利湿、解毒消肿之功效。用于风湿关节痛、感冒、疟疾、肠炎、痢疾（煎水点酒服用）、小儿消化不良、白带、淋病、水肿。全草外用于跌打损伤、骨折、毒蛇咬伤、乳腺炎等。茎皮纤维坚韧，供制绳索，也供纺织料，为麻类的代用品。亦为优良造纸原料。种子含油，供制肥皂或作机械润滑油用。

分布：丽江、怒江等地州；海拔2500m以下。

246

246

247

247

中文名 | 描述

248

大叶碎米荠
Cardamine macrophylla

十字花科 Brassicaceae
碎米荠属 *Cardamine*

植株：多年生草本，高30～100厘米。

根：根状茎匍匐延伸，密被纤维状的须根。

茎：茎较粗壮，圆柱形，直立，有时基部倾卧，不分枝或上部分枝，表面有沟棱。

叶：茎生叶通常4～5枚，有叶柄，长2.5～5厘米；小叶4～5对，顶生小叶与侧生小叶的形状及大小相似，小叶椭圆形或卵状披针形，长4～9厘米，宽1～2.5厘米，顶端钝或短渐尖，边缘具比较整齐的锐锯齿或钝锯齿，顶生小叶基部楔形，无小叶柄、侧生小叶基部稍不等。

花：总状花序多花，花梗长10～14毫米；外轮萼片淡红色，长椭圆形，长5～6.5毫米，边缘膜质，外面有毛或无毛，内轮萼片基部囊状；花瓣淡紫色、紫红色，少有白色，倒卵形，长9～14毫米，顶端圆或微凹，向基部渐狭成爪；花丝扁平；子房柱状，花柱短。

果和种子：长角果扁平，长35～45毫米，宽2～3毫米；果瓣平坦无毛，有时带紫色，花柱很短，柱头微凹；果梗直立开展，长10～25毫米。种子椭圆形，长约3毫米，褐色。

花果期：花期5～6月，果期7～8月。

药用价值：全草入药。有消肿补虚、利小便之功效。用于虚劳内伤、头晕乏力、红崩、白带、败血病等。嫩叶、茎作蔬菜食用，也是家畜的良好饲料。

分布：洱源、鹤庆、丽江、泸水、维西、香格里拉；海拔2600～3800m。

中文名 | 描述

249

高河菜
Megacarpaea delavayi

十字花科 Brassicaceae
高河菜属 *Megacarpaea*

植株：多年生草本，高30～70厘米；根肉质，肥厚；茎直立，分枝，有短柔毛。

叶：羽状复叶，基生叶及茎下部叶具柄，长2～5厘米，中部叶及上部叶抱茎，外形长圆状披针形，长6～10厘米，两面有极短糙毛，小叶5～7对，远离或接近，卵形或卵状披针形，长1.5～2厘米，宽5～10毫米，无柄，顶端急尖，基部圆形，边缘有不整齐锯齿或羽状深裂，下面和叶轴有长柔毛。

花：总状花序顶生，成圆锥花序状；总花梗及花梗都有柔毛；花粉红色或紫色，直径6～10毫米；萼片卵形，长3～4毫米，深紫色，顶端圆形，无毛或稍有柔毛；花瓣倒卵形，长6～8毫米，顶端圆形，常有3齿，基部渐窄成爪；雄蕊6，近等长，几不外伸，花丝下部稍扩展。

果和种子：短角果顶端2深裂，裂瓣歪倒卵形，长10～14毫米，宽7～10毫米，黄绿带紫色，偏平，翅宽1～2毫米；果梗粗，长7～10毫米，下弯或伸展，有长柔毛。种子卵形，长约5毫米，棕色。

花果期：花期6～7月，果期8～9月。

药用价值：全草入药。有清热之功效。可腌做咸菜，为大理名产。

分布：云南西北；海拔3750～4200m。

248

249

249

中文名

250

高蔊菜

Rorippa elata

十字花科 Brassicaceae

蔊菜属 *Rorippa*

描述

植株：二年生草本，高25～100厘米，植株具单毛。

茎：茎直立，粗壮，下部单一，上部分枝，表面有纵沟。

叶：基生叶丛出，大头羽裂，顶裂片最大，长4～7厘米，宽2～3.5厘米，长椭圆形，边缘具小圆齿，下部叶片3～5对，向下渐小，基部扩大成圆耳状，抱茎；茎下部叶及中部叶亦为大头羽裂或浅裂，基部耳状抱茎；上部叶无柄，裂片边缘具浅齿或浅裂。

花：总状花序顶生或腋生，结果时延长至20～40厘米，花多数，黄色；萼片宽椭圆形，长2～3毫米，宽约1毫米；花瓣长倒倒卵形，长3～4毫米，顶端圆钝，边缘微波状，基部渐狭；雄蕊 6，2枚稍短。

果和种子：长角果圆柱形，长1～2厘米，宽2～4毫米，果瓣隆起，具中肋，顶端具宿存花柱；果梗稍短于果实，直立而紧靠果轴生。种子每室2行，多数，细小，卵形而扁，灰褐色，表面具细密网纹；子叶缘倚胚根。

花果期：花期5～7月，果期7～10月。

药用价值：种子入药。用于肺病、血症、食物中毒、烦热。

分布：洱源、鹤庆、维西、香格里拉、德钦；海拔2600～4000m。

中文名

251

线叶丛菔

Solms-Laubachia linearifolia

十字花科 Brassicaceae

丛菔属 *Solms-Laubachia*

描述

植株：多年生草本，高3～10厘米。

根：根粗壮，直径2～4毫米。

茎：茎分枝1～5，密被宿存叶柄及叶痕，草质。

叶：叶少数，叶片狭长椭圆形或条形。

花：花单生于花葶顶端，萼片长椭圆形，长7～10毫米，宽约2毫米，背面被长柔毛；花瓣粉红色，倒卵形，长19～20毫米，宽5～7毫米，基部具长爪，长约10毫米；柱头2浅裂。

果和种子：长角果长椭圆形或卵形，长3.5～5厘米，宽5～10毫米，密被长柔毛，果瓣具中脉，基部宿存萼片。种子每室2行，5～6粒，种子宽卵形，长约2毫米，褐色。

花果期：花期5～6月，果期7～8月。

药用价值：根、全草入药。用于肺炎、咳嗽、感冒。

分布：维西、香格里拉、德钦；海拔3600～4300m。

250

250

251

中文名

252

高山松寄生

Arceuthobium pini

檀香科 Santalaceae
油杉寄生属 *Arceuthobium*

描述

植株：亚灌木，高5～15（～20）厘米。

茎：枝条黄绿色或绿色；主茎的节间长5～15毫米，粗1.5～2.5毫米；侧枝交叉对生，稀3～4条轮生，具多级分枝。

叶：叶呈鳞片状，长0.5～1毫米。

花：雄花：1～2朵生于短侧枝顶部，黄色，基部具杯状苞片，花蕾时近球形，长约1毫米，开花时直径2～2.5毫米，萼片3枚，稀4枚，卵形或椭圆形，长1～1.5毫米；花药圆形，直径约0.5毫米；花梗长0.5毫米；雌花：单朵生于短侧枝的腋部或顶部，卵球形，浅绿色，长约1毫米，花萼管长约0.8毫米；花柱红色。

果和种子：果椭圆状，长3～3.5毫米，直径2～2.5毫米，上半部为宿萼包围，下半部平滑，黄绿色；果梗长1.5～2毫米。

花果期：花期4～7月，果成熟期翌年9～10月。

药用价值：全草入药。有止泻、止吐之功效。

分布：丽江、维西、香格里拉、德钦；海拔2600～3500m。

中文名

253

沙针

Osyris wightiana

檀香科 Santalaceae
沙针属 *Osyris*

描述

植株：灌木或小乔木，高2～5米。

茎：枝细长，嫩时呈三棱形。

叶：叶薄革质，灰绿色，椭圆状披针形或椭圆状倒卵形，长2.5～6厘米，宽0.6～2厘米，顶端尖，有短尖头，基部渐狭，下延而成短柄。

花：花小；雄花：2～4朵集成小聚伞花序；花梗长4～8毫米；花被直径约4毫米，裂片3；花盘肉质，湾缺；雄蕊3枚，花丝很短，不育子房呈微小的突起，位于花盘中央；雌花：单生，偶4或3朵聚生；苞片2枚；花梗顶部膨大；花盘、雄蕊如同雄花，但雄蕊不育；两性花：外形似雌花，但具发育的雄蕊；胚珠通常3枚，柱头3裂。

果和种子：核果近球形，顶端有圆形花盘残痕，成熟时橙黄色至红色，干后浅黑色，直径8～10毫米。

花果期：花期4～6月，果期10月。

药用价值：根入药。味涩、微苦，性凉。有清热、消炎解毒、安胎、止血、止痛、接骨、调经、解表之功效。用于疟疾、感冒高热、咽喉炎、腮腺炎、跌打损伤及虫、蛇咬伤、咳嗽、胃痛、月经不调、皮肤疥癞、疮毒。

分布：云南各地均产；海拔1550～2500m。

252

252

253

中文名

254

梨果寄生

Scurrula philippensis

桑寄生科 Loranthaceae

梨果寄生属 *Scurrula*

描述

植株：灌木，高0.7～1米；嫩枝、叶、花序和花均密被灰色、灰黄色或黄褐色的星状毛和叠生星状毛。

茎：小枝灰色，无毛，具疏生皮孔。

叶：叶对生，薄革质或纸质，卵形或长圆形，长5～10厘米，宽3～6厘米，顶端急尖，基部阔楔形或圆钝，上面无毛，下面被绒毛；侧脉4～5对，略明显；叶柄长7～10毫米，被毛。

花：总状花序，花红色，密集。

果和种子：果梨形，长约8毫米，直径3.5毫米，近基部渐狭，被疏星状毛。

花果期：花期6～9月，果期11～12月。

药用价值：枝条入药。有补肝肾、祛风湿之功效。

分布：贡山、维西、香格里拉、鹤庆、洱源、腾冲等；海拔1000～2900m。

中文名

255

柽柳

Tamarix chinensis

柽柳科 Tamaricaceae

柽柳属 *Tamarix*

描述

植株：乔木或灌木，高3～6（～8）米。

茎：老枝直立，暗褐红色，光亮，幼枝稠密细弱，常开展而下垂，红紫色或暗紫红色，有光泽；嫩枝繁密纤细，悬垂。

叶：叶鲜绿色，从去年生木质化生长枝上生出的绿色营养枝上的叶长圆状披针形或长卵形，长1.5～1.8毫米，稍开展，先端尖，基部背面有龙骨状隆起，常呈薄膜质；上部绿色营养枝上的叶钻形或卵状披针形，半贴生，先端渐尖而内弯，基部变窄，长1～3毫米，背面有龙骨状突起。

花：春季开花：总状花序侧生在去年生木质化的小枝上，花大而少，较稀疏而纤弱点垂，小枝亦下倾；花瓣5，粉红色，通常卵状椭圆形或椭圆状倒卵形，稀倒卵形，果时宿存。夏、秋季开花；总状花序长3 5厘米，较春生者细，生于当年生幼枝顶端，组成顶生大圆锥花序；花5出，较春季者略小，密生；花瓣粉红色，直而略外斜，远比花萼长。

果和种子：蒴果圆锥形。

花果期：每年开花两三次。花期4～9月。

药用价值：嫩枝、叶、花入药。嫩枝为解热利尿药。用于急性或慢性关节风湿、解酒毒。外用于洗皮肤和治癣。又可做兽药，用于牛的斑麻症。树皮含鞣质，可提制栲胶。本种的枝条细而柔韧，可编筐篓和农具。也是优良的固沙及庭园观赏植物。

分布：丽江；海拔1910～2500m。

258 258

259 259

中文名

描述

260

尼泊尔蓼

Polygonum nepalense

蓼科 Polygonaceae

萹蓄属 *Polygonum*

植株：一年生草本。

茎：茎外倾或斜上，自基部多分枝，无毛或在节部疏生腺毛，高20～40厘米。

叶：茎下部叶卵形或三角状卵形，长3～5厘米，宽2～4厘米，顶端急尖，基部宽楔形，沿叶柄下延成翅，两面无毛或疏被刺毛，疏生黄色透明腺点，茎上部较小；叶柄长1～3厘米，或近无柄，抱茎；托叶鞘筒状，长5～10毫米，膜质，淡褐色，顶端斜截形，无缘毛，基部具刺毛。

花：花序头状，顶生或腋生，基部常具1叶状总苞片，花序梗细长，上部具腺毛；苞片卵状椭圆形，通常无毛，边缘膜质，每苞内具1花；花梗比苞片短；花被通常4裂，淡紫红色或白色，花被片长圆形，长2～3毫米，顶端圆钝；雄蕊5～6，与花被近等长，花药暗紫色；花柱2,下部合生，柱头头状。

果和种子：瘦果宽卵形，双凸镜状，长2～2.5毫米，黑色，密生洼点。

花果期：花期5～8月，果期7～10月。

药用价值：全草入药。味酸、苦，性寒。有清热解毒、涩肠止痢之功效。用于喉痛、目赤、红白痢疾、牙龈肿痛、关节疼痛。

分布：云南西北；海拔600～4100m。

中文名

描述

261

草血竭

Polygonum paleaceum

蓼科 Polygonaceae

萹蓄属 *Polygonum*

植株：多年生草本。

茎：根状茎肥厚，弯曲，直径2～3厘米，黑褐色。茎直立，高40～60厘米，不分枝，无毛，具细条棱，单生或2～3。

叶：基生叶革质，狭长圆形或披针形，长6～18厘米，宽2～3厘米，顶急尖或微渐尖，基部楔形，稀近圆形，边缘全缘，脉端增厚，微外卷，上面绿色，下面灰绿色，两面无毛；叶柄长5～15厘米；茎生叶披针形，较小，具短柄，最上部的叶为线形；托叶鞘筒状膜质，下部绿色，上部褐色，开裂。

花：总状花序呈穗状，长4～6厘米，直径0.8～1.2厘米，紧密；苞片卵状披针形，膜质，顶端长渐尖；花梗细弱，长4～5毫米，开展，比苞片长；花被5深裂；淡红色或白色，花被片椭圆形，长2～2.5毫米；雄蕊8;花柱3，柱头头状。

果和种子：瘦果卵形，具3锐棱，有光泽，长约2.5毫米，包于宿存花被内。

花果期：花期7～8月，果期9～10月。

药用价值：根茎入药。味苦、涩，性微温。有破瘀、调经、止血、消食之功效。用于跌打损伤、血瘀经闭、食积胃痛。外用于外伤出血。

分布：德钦、维西、香格里拉、贡山、丽江、永胜、剑川、鹤庆、宾川；海拔150～4200m。

260

260

261

中文名

描述

262

习见蓼

Polygonum plebeium

蓼科 Polygonaceae

萹蓄属 *Polygonum*

植株：一年生草本。

茎：茎平卧，自基部分枝，长10～40厘米，具纵棱，沿棱具小突起，通常小枝的节间比叶片短。

叶：叶狭椭圆形或倒披针形，长0.5～1.5厘米，宽2～4毫米，顶端钝或急尖，基部狭楔形，两面无毛，侧脉不明显；叶柄极短或近无柄；托叶鞘膜质。

果和种子：瘦果宽卵形，具3锐棱或双凸镜状，长1.5～2毫米，黑褐色，平滑，有光泽，包于宿存花被内。

花果期：花期5～8月，果期6～9月。

药用价值：全草入药。味苦，性寒。有消炎、清热、利尿、止痢之功效。用于痢疾、肾炎水肿、膀胱炎、尿道炎、黄疸、蛔蛲虫、小儿多汗等。外用于疮疖。

分布：丽江、鹤庆、永胜、泸水；海拔2400～3200m。

中文名

描述

263

翅柄蓼

Polygonum sinomontanum

蓼科 Polygonaceae

萹蓄属 *Polygonum*

植株：多年生草本。

茎：根状茎粗壮，横走，黑褐色，长可达12厘米，直径1～3厘米。茎直立，通常数条，无毛，不分枝，有时下部分枝，高30～50厘米。

叶：基部叶近革质，宽披针形，或披针形，长6～16厘米，宽1～3厘米，顶端渐尖，基部楔形或截形，沿叶柄下延成狭翅，上面无毛，下面有时沿叶脉具柔毛，两面叶脉明显，边缘叶脉增厚，外卷；叶柄长4～14厘米，具狭翅；茎生叶5～7，披针形，较小，具短柄，最上部的叶近无柄；托叶鞘筒状，膜质，全部为褐色，长3～6厘米，顶端偏斜，开裂至基部；无缘毛。

花：总状花序呈穗状，顶生，长2～6厘米，直径1～1.5厘米；苞片卵状披针形，膜质，顶端渐尖，长3～4毫米，每苞内具2～3花；花梗细弱，长4～5毫米；花被5深裂，红色，花被片长圆形，长3～5毫米；雄蕊8，比花被长；花柱3，柱头头状。

果和种子：瘦果宽椭圆形，具3棱，褐色，长3～4毫米，有光泽，包于宿存花被内。

花果期：花期7～8月，果期9～10月。

药用价值：全草入药。味微甘、涩，性凉。有退热、收敛、止咳、解毒之功效。用于肺炎、感冒、肺脓肿、胃肠炎、菌痢。

分布：迪庆及丽江、福贡、鹤庆、洱源、泸水、宾川。

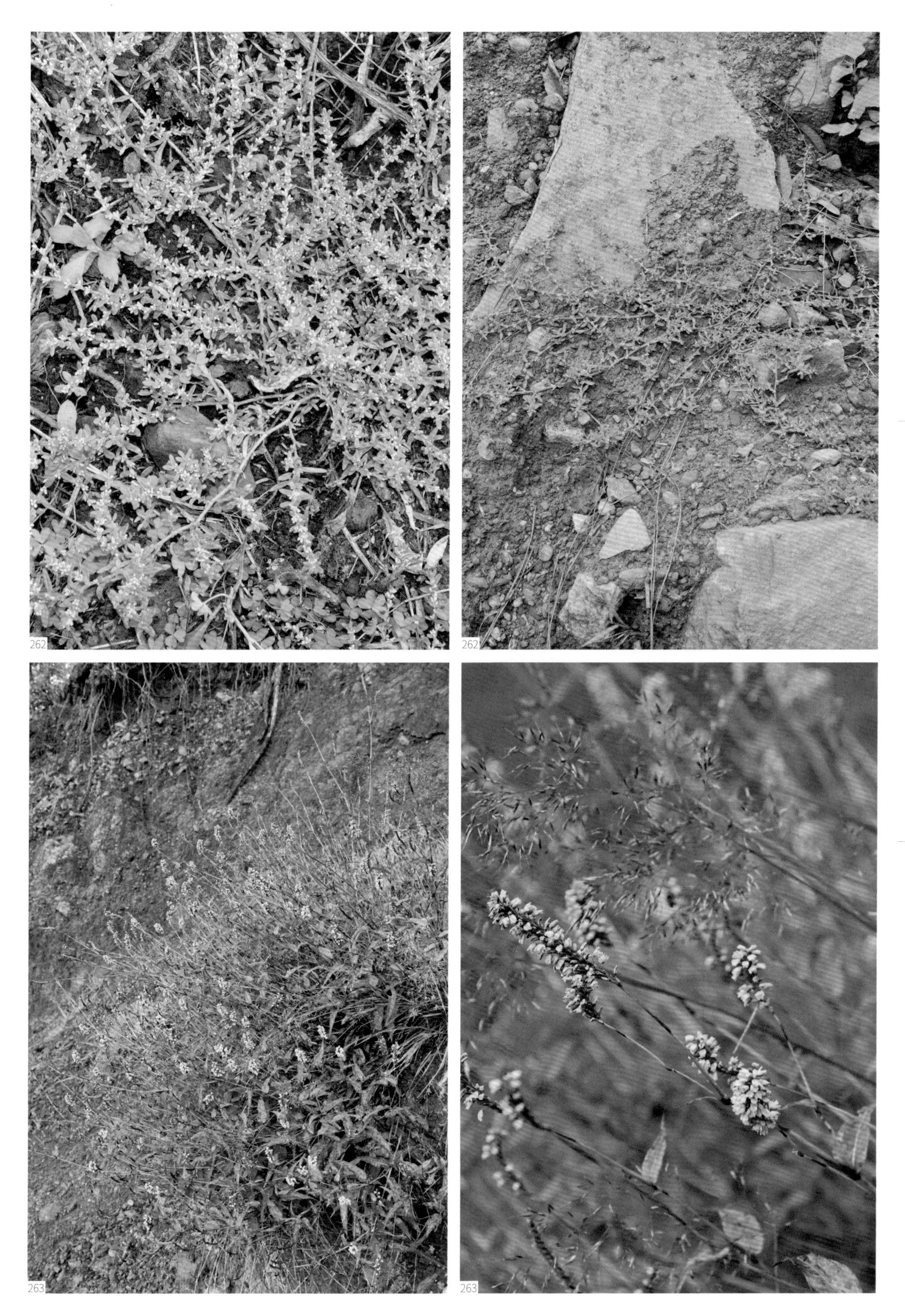
262
262
263
263

中文名

264

珠芽蓼

Polygonum viviparum

蓼科 Polygonaceae

萹蓄属 *Polygonum*

描述

植株：多年生草本。

茎：根状茎粗壮，弯曲，黑褐色，直径1～2厘米。茎直立，高15～60厘米，不分枝，通常2～4条自根状茎发出。

叶：基生叶长圆形或卵状披针形，长3～10厘米，宽0.5～3厘米，顶端尖或渐尖，基部圆形、近心形或楔形，两面无毛，边缘脉端增厚。外卷，具长叶柄；茎生叶较小披针形，近无柄；托叶鞘筒状，膜质，下部绿色，上部褐色，偏斜，开裂，无缘毛。

花：总状花序呈穗状，顶生，紧密，下部生珠芽；苞片卵形，膜质，每苞内具1～2花；花梗细弱；花被5深裂，白色或淡红色。花被片椭圆形，长2～3毫米；雄蕊8，花丝不等长；花柱3，下部合生，柱头头状。

果和种子：瘦果卵形，具3棱，深褐色，有光泽，长约2毫米，包于宿存花被内。

花果期：花期5～7月，果期7～9月。

药用价值：根茎入药。味苦、涩，性凉。有清热解毒、散瘀止血之功效。用于扁桃体炎、崩漏、便血。外用于跌打损伤、痈疖肿毒、外伤出血等。瘦果含淀粉，可做副食品或酿酒用。根茎富含淀粉，可酿酒。

分布：怒江、迪庆及丽江、宁蒗、腾冲；海拔650～4500m。

中文名

265

丽江大黄

Rheum likiangense

蓼科 Polygonaceae

大黄属 *Rheum*

描述

植株：中型草本，高40～70（90）厘米。

茎：茎基部直径7～12毫米，密被白色硬毛，近节处尤密，果时常渐稀疏或近无毛。

叶：茎生叶2～4片，近革质，叶片宽阔，宽卵形、卵圆形或几近圆形，较少为卵形

花：圆锥花序，分枝1～2次，被白色粗毛，花数朵簇生，苞片窄长条形，长3～5毫米，干后近膜质；花被片白绿色。

果和种子：果实卵形或卵圆形，长8.5～9毫米，宽7～7.5毫米，翅宽约2毫米，纵脉在翅的中部，顶端略圆形，基部浅心形。种子卵形，宽约3毫米。

花果期：花期7月前后，果期8～9月。

药用价值：根、根茎入药。味苦涩，性寒。有活血止血、消炎止痛之功效。用于跌打损伤、痢疾。外用于外伤止血、刀伤。

分布：香格里拉、丽江；海拔2800～3000m。

264

264

265

中文名

266

塔黄

Rheum nobile

蓼科 Polygonaceae
大黄属 *Rheum*

描述

植株：高大草本，高1～2米。

根：根状茎及根长而粗壮，直径达8厘米。

茎：茎单生不分枝，粗壮挺直，直径2～3厘米，光滑无毛，具细纵棱。

叶：基生叶数片，呈莲座状，具多数茎生叶及大型叶状圆形。

花：花序分枝腋生，常5～8枝成丛，总状，长5～9厘米，稀再具小分枝，光滑无毛；花5～9朵簇生，花梗细，长2～3毫米，关节位于中部或稍近下部，无毛；花被片6或较少，基部联合，上部直而不外展，椭圆形或长椭圆形，内轮3片稍大，长2毫米，宽1毫米或稍宽，外轮3片略小，黄绿色；雄蕊（8）9,花药扁，矩圆状椭圆形，花丝扁，基部稍宽，长3～3.5毫米，露出花被外；花盘薄；子房卵形，花柱短，初时平展，以后翘起，柱头头状，有凸起。

果和种子：果实宽卵形或卵形，长6～7毫米，宽5～6毫米，顶端钝或稍尖，基部近圆形到微截形，翅窄，一般宽不及1米，稍厚，纵脉靠近翅的边缘，深褐色。种子心状卵形，黑褐色。

花果期：花期6～7月，果期9月。

药用价值：根及、茎入药。味苦、涩，性寒。用于水肿、湿热发黄、痢疾、食积痞满、时疫、疮痈、伤口不愈。

分布：贡山、福贡；海拔4100～4800m。

中文名

267

戟叶酸模

Rumex hastatus

蓼科 Polygonaceae
酸模属 *Rumex*

描述

植株：灌木，高50～90厘米。

茎：老枝木质，暗紫褐色、具沟槽；一年生枝草质，绿色，具浅沟槽，无毛。

叶：叶互生或簇生，戟形，近革质，长1.5～3厘米，宽1.5～2毫米，中裂线形有或狭三角形，顶端尖，两侧裂片向上弯曲；叶柄与叶片等长或比叶片长。

花：花序圆锥状，顶生，分枝稀疏；花梗细弱，中下部具关节；花杂性，花被片6，成2轮，雄花的雄蕊6;雌花的外花被片椭圆形，果时反折，内花被片果时增大，圆形或肾状圆形，膜质，半透明，淡红色，顶端圆钝或微凹，基部深心形，边缘近全缘，基部具极小的小瘤。

果和种子：瘦果卵形，具3棱，长约2毫米，褐色，有光泽。

花果期：花期4～5月，果期5～6月。

药用价值：全草、根、根茎入药。全草味酸、涩、微辛，性温。有发汗解表、润肺止咳之功效。用于感冒、咳嗽、水肿、痰喘。根、根茎有止血、止泻、解毒之功效。用于血崩、腹泻、乌头中毒、跌打损伤。

分布：德钦、香格里拉、维西、丽江、剑川、永胜、宾川；海拔2700m以下地区。

266

267

中文名

268

尼泊尔酸模

Rumex nepalensis

蓼科 Polygonaceae

酸模属 *Rumex*

描述

植株：多年生草本。

根：根粗壮。

茎：茎直立，高50～100厘米，具沟槽，无毛，上部分枝。

叶：基生叶长圆状卵形，长10～15厘米，宽4～8厘米，顶端急尖，基部心形，边缘全缘，两面无毛或下面沿叶脉具小突起；茎生叶卵状披针形；叶柄长3～10厘米；托叶鞘膜质，易破裂。

花：花序圆锥状；花两性；花梗中下部具关节；花被片6，成2轮，外轮花被片椭圆形，长约1.5毫米，内花被片果时增大，宽卵形，长5～6厘米，顶端急尖，基部截形，边缘每侧具7～8刺状齿，齿长2～3毫米，顶端成钩状，一部或全部具小瘤。

果和种子：瘦果卵形，具3锐棱，顶端急尖，长约3毫米，褐色，有光泽。

花果期：花期4～5月，果期6～7月。

药用价值：根、根茎入药。味苦、酸，性寒。有清热解毒、凉血止血、通便、杀虫之功效。用于肺结核出血、急性肝炎、痢疾、便秘、功能性子宫出血、痔疮出血。外用于腮腺炎、神经性皮炎、疥癣、烧伤、外伤出血。

分布：德钦、香格里拉、维西、贡山、宁蒗、丽江、剑川、洱源；海拔800～4050m。

中文名

269

狗筋蔓

Cucubalus baccifer

石竹科 Caryophyllaceae

狗筋蔓属 *Cucubalus*

描述

植株：多年生草本，全株被逆向短绵毛。

根：根簇生，长纺锤形，白色，断面黄色，稍肉质；根颈粗壮，多头。

茎：茎铺散，俯仰，长50～150厘米，多分枝。

叶：叶片卵形、卵状披针形或长椭圆形，长1.5～5（～13）厘米，宽0.8～2（～4）厘米，基部渐狭成柄状，顶端急尖，边缘具短缘毛，两面沿脉被毛。

花：圆锥花序疏松；花梗细，具1对叶状苞片；花萼宽钟形，长9～11毫米，草质，后期膨大呈半圆球形，沿纵脉多少被短毛，萼齿卵状三角形，与萼筒近等长，边缘膜质，果期反折；雌雄蕊柄长约1.5毫米，无毛；花瓣白色，轮廓倒披针形，长约15毫米，宽约2.5毫米，爪狭长，瓣片叉状浅2裂；副花冠片不明显微呈乳头状；雄蕊不外露，花丝无毛；花柱细长，不外露。

果和种子：蒴果圆球形，呈浆果状，直径6～8毫米，成熟时薄壳质，黑色，具光泽，不规则开裂；种子圆肾形，肥厚，长约1.5毫米，黑色，平滑，有光泽。

花果期：花期6～8月，果期7～9（～10）月。

药用价值：根、全草入药。味甘、淡，性温。有接骨生肌、散瘀止痛、祛风除湿、利尿消肿之功效。用于骨折、跌打损伤、风湿性关节炎、小儿疳积、肾炎水肿、泌尿系统感染、脑结核。外用于疮疡、疖肿、淋巴结核。种子含油。

分布：云南西北各地；海拔1000～3600m。

368

368

269

中文名

描述

270

金铁锁

Psammosilene tunicoides

石竹科 Caryophyllaceae

金铁锁属 *Psammosilene*

濒危级别：濒危（EN）

植株：多年生草本。

根：根长倒圆锥形，棕黄色，肉质。

茎：茎铺散，平卧，长达35厘米，2叉状分枝，常带紫绿色，被柔毛。

叶：叶片卵形，长1.5～2.5厘米，宽1～1.5厘米，基部宽楔形或圆形，顶端急尖，上面被疏柔毛，下面沿中脉被柔毛。

花：三歧聚伞花序密被腺毛；花直径3～5毫米；花梗短或近无；花萼筒状钟形，长4～6毫米，密被腺毛，纵脉凸起，绿色，直达齿端，萼齿三角状卵形，顶端钝或急尖，边缘膜质；花瓣紫红色，狭匙形，长7～8毫米，全缘；雄蕊明显外露，长7～9毫米，花丝无毛，花药黄色；子房狭倒卵形，长约7毫米；花柱长约3毫米。

果和种子：蒴果棒状，长约7毫米；种子狭倒卵形，长约3毫米，褐色。

花果期：花期6～9月，果期7～10月。

药用价值：根入药。味辛，性温。有毒。有祛风活血、散瘀止痛、止血、解毒之功效。用于胃痛、跌打损伤、风湿筋骨疼痛、毒蛇咬伤、外伤出血。

分布：丽江、香格里拉、德钦、永胜、宾川、洱源；海拔1500～3500m。

中文名

描述

271

漆姑草

Sagina japonica

石竹科 Caryophyllaceae

漆姑草属 *Sagina*

植株：一年生小草本，高5～20厘米，上部被稀疏腺柔毛。

茎：茎丛生，稍铺散。

叶：叶片线形，长5～20毫米，宽0.8～1.5毫米，顶端急尖，无毛。

花：花小形，单生枝端；花梗细，长1～2厘米，被稀疏短柔毛；萼片5，卵状椭圆形，长约2毫米，顶端尖或钝，外面疏生短腺柔毛，边缘膜质；花瓣5，狭卵形，稍短于萼片，白色，顶端圆钝，全缘；雄蕊5，短于花瓣；子房卵圆形，花柱5，线形。

果和种子：蒴果卵圆形，微长于宿存萼，5瓣裂；种子细，圆肾形，微扁，褐色，表面具尖瘤状凸起。

花果期：花期3～5月，果期5～6月。

药用价值：全草入药。味苦、甘，性凉。有清热解毒、利水、消肿散结、止痒之功效。用于漆疮、痈疽、淋巴结核、慢性鼻炎、龋齿、小儿乳积、跌打内伤、秃疮、瘰疬等。

分布：云南西北；海拔1300～3800m。

270

271

中文名

272

繁缕

Stellaria media

石竹科 Caryophyllaceae
繁缕属 *Stellaria*

描述

植株：一年生或二年生草本，高10～30厘米。

茎：茎俯仰或上升，基部多少分枝，常带淡紫红色，被1（～2）列毛。

叶：叶片宽卵形或卵形，长1.5～2.5厘米，宽1～1.5厘米，顶端渐尖或急尖，基部渐狭或近心形，全缘；基生叶具长柄，上部叶常无柄或具短柄。

花：疏聚伞花序顶生；花瓣白色，长椭圆形，比萼片短。

果和种子：蒴果卵形，稍长于宿存萼，顶端6裂，具多数种子；种子卵圆形至近圆形，稍扁，红褐色，直径1～1.2毫米，表面具半球形瘤状凸起，脊较显著。

花果期：花期6～7月，果期7～8月。

药用价值：全草入药。味甘、酸，性凉。有清热解毒、化痰止痛、催产之功效。用于肠炎、痢疾、肝炎、阑尾炎、产后瘀血、腹痛、子宫收缩痛、牙痛、头发早白、乳汁不下、乳腺炎、跌打损伤、疮痈肿毒。

分布：云南西北各地；海拔540～3700m。

中文名

273

土牛膝

Achyranthes aspera

苋科 Amaranthaceae
牛膝属 *Achyranthes*

描述

植株：多年生草本，高20～120厘米。

根：根细长，直径3～5毫米，土黄色。

茎：茎四棱形，有柔毛，节部稍膨大，分枝对生。

叶：叶片纸质，宽卵状倒卵形或椭圆状矩圆形，长1.5～7厘米，宽0.4～4厘米，顶端圆钝，具突尖，基部楔形或圆形，全缘或波状缘，两面密生柔毛，或近无毛；叶柄长5～15毫米，密生柔毛或近无毛。

花：穗状花序顶生，直立；花长3～4毫米，疏生。

果和种子：胞果卵形，长2.5～3毫米。种子卵形，不扁压，长约2毫米，棕色。

花果期：花期6～8月，果期10月。

药用价值：全草、根入药。全草中药名倒扣草。味苦、辛，性寒。有清热解表、利尿通淋之功效。用于感冒发热、痢疾、疟疾、扁桃体炎、腮腺炎、淋病、水肿、尿路结石、慢性肾炎等。根（土牛膝）味苦、酸，性平。有活血散瘀、祛湿利尿之功效。用于淋病、尿血、妇女经闭、癥瘕、风湿关节痛、脚气、水肿、痢疾、疟疾、白喉、痈肿、跌打损伤等。

分布：洱源、丽江、贡山、维西、兰坪、福贡、泸水、腾冲；海拔800～2300m。

272

273

273

中文名 | 描述

274

商陆
Phytolacca acinosa

商陆科 Phytolaccaceae
商陆属 *Phytolacca*

植株：多年生草本，高0.5～1.5米，全株无毛。

根：根肥大，肉质，倒圆锥形，外皮淡黄色或灰褐色，内面黄白色。

茎：茎直立，圆柱形，有纵沟，肉质，绿色或红紫色，多分枝。

叶：叶片薄纸质，椭圆形、长椭圆形或披针状椭圆形，长10～30厘米，宽4.5～15厘米，顶端急尖或渐尖，基部楔形，渐狭，两面散生细小白色斑点（针晶体），背面中脉凸起；叶柄长1.5～3厘米，粗壮，上面有槽，下面半圆形，基部稍扁宽。

花：总状花序顶生或与叶对生，圆柱状，密生多花；花两性。

果和种子：果序直立；浆果扁球形，直径约7毫米，熟时黑色；种子肾形，黑色，长约3毫米，具3棱。

花果期：花期5～8月，果期6～10月。

药用价值：根入药。为“商陆”。有毒。有利尿之功效。用于慢性肾脏炎、肋膜炎、心囊水肿、腹水、脚气、梅毒等。但有堕胎之弊，孕妇不宜用。根或叶捣烂敷痈肿疮毒。根亦可作兽药，外用于无名肿毒，也可作农药。叶可煮食。果含鞣质，可提制栲胶。

分布：云南西北分布；海拔1500～3400m。

中文名 | 描述

275

紫茉莉
Mirabilis jalapa

紫茉莉科 Nyctaginaceae
紫茉莉属 *Mirabilis*

植株：一年生草本，高可达1米。

根：根肥粗，倒圆锥形，黑色或黑褐色。

茎：茎直立，圆柱形，多分枝，无毛或疏生细柔毛，节稍膨大。

叶：叶片卵形或卵状三角形，长3～15厘米，宽2～9厘米，顶端渐尖，基部截形或心形，全缘，两面均无毛，脉隆起；叶柄长1～4厘米，上部叶几无柄。

花：花常数朵簇生枝端；花梗长1～2毫米；总苞钟形，长约1厘米，5裂，裂片三角状卵形，顶端渐尖，无毛，具脉纹，果时宿存；花被紫红色、黄色、白色或杂色，高脚碟状，筒部长2～6厘米，檐部直径2.5～3厘米，5浅裂；花午后开放，有香气，次日午前凋萎；雄蕊5，花丝细长，常伸出花外，花药球形；花柱单生，线形，伸出花外，柱头头状。

果和种子：瘦果球形，直径5～8毫米，革质，黑色，表面具皱纹；种子胚乳白粉质。

花果期：花期6～10月，果期8～11月。

药用价值：根、叶入药。有小毒。根有清热、利湿、活血调经、解毒消肿之功效。叶用于痈疖、疥癣、创伤等。本种为庭园观赏花卉。

分布：各地栽培。

274

275

中文名	描述

276

冠盖绣球

Hydrangea anomala

绣球科 Hydrangeaceae

绣球属 *Hydrangea*

植株： 攀援藤本，长2～4米或更长；小枝粗壮，淡灰褐色，无毛，树皮薄而疏松，老后呈片状剥落。

叶： 叶纸质，椭圆形、长卵形或卵圆形，长6～17厘米，宽3～10厘米，先端渐尖，基部楔形、近圆形或有时浅心形，边缘有密而小的锯齿，上面绿色，下面浅绿色，干后呈黄褐色，两面无毛或有时于中脉、侧脉上被少许淡褐色短柔毛，下面脉腋间常具髯毛；侧脉6～8对，上面微凹或平坦，下面凸起，小脉密集，网状，下面凸起；叶柄长2～8厘米，无毛或被疏长柔毛。

花： 伞房状聚伞花序较大，结果时直径达30厘米，顶端弯拱，初时花序轴及分枝密被短柔毛，后其下部的毛逐渐脱落；花瓣连合成一冠盖状花冠，顶端圆或有时略尖，花后整个冠盖立即脱落。

果和种子： 蒴果坛状，不连花柱长3～4.5毫米，宽4～5.5毫米，顶端截平；种子淡褐色，椭圆形或长圆形，长0.7～1毫米，扁平，周边具薄翅。种子扁平，宽倒卵形。

花果期： 花期5～6月，果期9～10月。

药用价值： 全草、根、叶、茎入药。全草有清热解毒之功效。根、叶用于疟疾、糖尿病。茎内皮层有收敛之功效。

分布： 丽江、维西、贡山；海拔1700～2800m。

中文名	描述

277

耳叶凤仙花

Impatiens delavayi

凤仙花科 Balsaminaceae

凤仙花属 *Impatiens*

植株： 一年生草本，高30～40厘米。

茎： 茎细弱，直立，分枝或不分枝，全株无毛。

叶： 叶互生，下部和中部叶具柄，宽卵形或卵状圆形，长3～5厘米，宽1～2厘米，薄膜质，顶端钝；基部急狭成长2～3厘米的细柄，上部叶无柄或近无柄，长圆形，基部心形，稍抱茎，边缘有粗圆齿，齿间有小刚毛，侧脉4～6对，无毛。

花： 总花梗纤细，长2～3厘米，生于茎枝上部叶腋，具1～5花；花梗细短，花下部仅有1卵形的苞片；苞片宿存。花较大，长约2～3厘米，淡紫红色或污黄色；侧生萼片2，斜卵形或卵圆形，顶端尖、不等侧；旗瓣圆形，兜状，背面中肋圆钝；翼旗基部楔形，基部裂片小近方形，上部裂片大，斧形，急尖，背面具大小耳；唇瓣囊状，基部急狭成内弯的短距，距端2浅裂花药钝。

果和种子： 蒴果线形，长3～4厘米。种子椭圆状长圆形，褐色，具瘤状突起。

花果期： 花期7～9月。

药用价值： 全草、种子入药。全草有消炎、散瘀、止痛之功效。用于跌打损伤。种子有破血、软坚之功效。用于经闭、积块、噎膈、外疡坚肺、骨鲠。

分布： 德钦、维西、香格里拉、贡山、兰坪、丽江、宁蒗、鹤庆、洱源；海拔2400～3400（～4200）m。

276

277

277

中文名 | 描述

278

刺叶点地梅

Androsace spinulifera

报春花科 Primulaceae

点地梅属 *Androsace*

植株：多年生草本，具木质粗根。

茎：根状茎极短或不明显。

叶：莲座状叶丛单生或2～3枚自根茎簇生；叶两型，外层叶小，密集，卵形或卵状披针形；内层叶倒披针形，稀披针形，先端锐尖或圆钝而具骤尖头，两面密被小糙伏毛。

花：花葶单一，自叶丛中抽出，高15～25厘米，被稍开展的硬毛；伞形花序多花；苞片披针形或线形；花冠深红色，直径8～10毫米，裂片倒卵形，先端微凹。

果和种子：蒴果近球形，稍长于花萼。

花果期：花期5～6月；果期7月。

药用价值：全草入药。有清热散瘀、解毒消肿、止痛之功效。

分布：云南西北；海拔2500～3400（～4100）m。

中文名 | 描述

279

小寸金黄

Lysimachia deltoidea var. *cinerascens*

报春花科 Primulaceae

珍珠菜属 *Lysimachia*

茎：茎柔弱，平卧延伸，长20～60厘米，无毛、被疏毛以无密被铁锈色多细胞柔毛，幼嫩部分密被褐色无柄腺体，下部节间较短，常发出不定根，中部节间长1.5～5（10）厘米。

叶：叶对生，卵圆形、近圆形以至肾圆形，长（1.5）2～6（8）厘米，宽1～4（6）厘米，先端锐尖或圆钝以至圆形，基部截形至浅心形，鲜时稍厚，透光可见密布的透明腺条，干时腺条变黑色，两面无毛或密被糙伏毛；叶柄比叶片短或与之近等长，无毛以至密被毛。

花：花单生叶腋；花冠黄色。

果和种子：蒴果球形，直径4～5毫米，无毛，有稀疏黑色腺条。

花果期：花期5～7月，果期7～10月。

药用价值：全草入药。有清热解毒、利尿排石、活血散瘀之功效。用于黄疸、水肿、胆结石、肾结石、膀胱结石、反胃噎膈、水肿膨胀、黄白火丹、阴疟伤寒、损伤、咳嗽。

分布：丽江、泸水、福贡、维西；海拔1300～2500m。

278

279

中文名

280

灰岩皱叶报春
Primula forrestii

报春花科 Primulaceae
报春花属 *Primula*

描述

植株：多年生草本。

茎：根茎粗壮，木质，长4～13厘米，密被残留的枯叶柄，直径达1.5厘米。

叶：叶簇生于根茎端，叶片卵状椭圆形至椭圆状矩圆形，长3～8厘米，宽2～5厘米，果期有时长可达12厘米，宽至6厘米，先端圆形或钝，基部阔楔形至微呈心形，边缘具浅圆齿或三角形钝牙齿，两面均被褐色柔毛，老叶质地较厚，叶表面因网脉下陷而使网孔成泡状隆起，下面被黄粉，叶脉隆起；叶柄长2～10厘米，被褐色柔毛，近基部增宽，略呈鞘状。

花：花葶通常高7～25厘米，直立，被褐色腺毛；伞形花序7～18（25）花；花冠深金黄色。

果和种子：蒴果卵球形，短于花葶。

花果期：花期4～5月。

药用价值：根状茎入药。有祛风除湿、舒筋活络之功效。

分布：鹤庆、丽江、宁蒗、香格里拉；海拔2600～3200m。

中文名

281

报春花
Primula malacoides

报春花科 Primulaceae
报春花属 *Primula*

描述

植株：二年生草本，通常被粉，少数植株无粉。

叶：叶多数簇生，叶片卵形至椭圆形或矩圆形，长3～10厘米，宽2 8厘米，先端圆形，基部心形或截形，边缘具圆齿状浅裂，裂片6～8对，具不整齐的小牙齿，干时膜质，上面疏被柔毛或近于无毛，下面沿中肋和侧脉被毛或近于无毛，无粉或有时被白粉，中肋及4～6对侧脉在下面明显；叶柄长2～15厘米，鲜时带肉质，具狭翅，被多细胞柔毛。

花：伞形花序（1）2～6轮，每轮4～20花；花冠粉红色，淡蓝紫色或近白色。

果和种子：蒴果球形，直径约3毫米。

花果期：花期2～5月，果期3～6月。

药用价值：全草入药。有清热解毒、消肿止痛之功效。用于高热咳嗽、小儿肺炎、咽喉炎、口腔炎、扁桃体炎、牙痛、急性结膜炎、肾炎、风湿性关节炎、产后出血、血崩白带、外伤出血、跌打瘀血、疮肿。本种广为栽培，供观赏，园艺品种很多。

分布：大理、丽江、宁蒗、维西；海拔1600～2500m。

280 280

281 281

中文名

描述

282

鄂报春

Primula obconica

报春花科 Primulaceae
报春花属 *Primula*

植株：多年生草本。

根：根状茎粗短或有时伸长，向下发出棕褐色长根。

叶：叶卵圆形、椭圆形或矩圆形，长3～14（17）厘米，宽2.5～11厘米，先端圆形，基部心形或有时圆形，边缘近全缘具小牙齿或呈浅波状而具圆齿状裂片，干时纸质或近膜质，上面近于无毛或被毛，毛极短，呈小刚毛状或为多细胞柔毛，下面沿叶脉被多细胞柔毛，其余部分无毛或疏被柔毛，中肋及4～6对侧脉在下面显著；叶柄长3～14厘米，被白色或褐色的多细胞柔毛，基部增宽，多少呈鞘状。

花：伞形花序2～13花，在栽培条件下可出现第二轮花序；花冠玫瑰红色，稀白色，冠筒长于花萼0.5～1倍，喉部具环状附属物。

果和种子：蒴果球形，直径约3.5毫米。

花果期：花期3～6月。

药用价值：全草入药。有清热解毒、清肿止痛、安神之功效。用于心悸、肺痨咳嗽、风湿。根泡酒内服。用于腹痛，又解酒毒。该种国内外栽培愈百年历史，花大、花色艳丽，花序有花20朵以上。供观赏。

分布：宾川、鹤庆、丽江、香格里拉、维西、贡山；海拔1700～2500m。

中文名

描述

283

丽花报春

Primula pulchella

报春花科 Primulaceae
报春花属 *Primula*

植株：多年生草本。

根：根状茎粗短，向下发出成丛之粗根。

叶：叶丛基部有褐色枯叶柄；叶片披针形、倒披针形或线状披针形，连柄长3～15厘米，宽5～20毫米，先端钝或有时稍锐尖，基部渐狭窄，边缘常极窄外卷，具小钝牙齿或有时近全缘。上面秃净，下面密被鲜黄色或乳黄色粉，中肋稍宽，侧脉8～15对，稍纤细；叶柄通常甚短，有时长达叶片的1/2，具狭翅。

花：花葶高8～30厘米，顶端被粉；花冠堇蓝色至深紫蓝色，冠筒口周围黄绿色。

果和种子：蒴果长圆体状，稍长于花萼至长于花萼1倍。

花果期：花期6～7月。

药用价值：全草入药。有清热解毒、消肿止痛之功效。

分布：鹤庆、丽江、香格里拉、德钦；海拔2500～3600（～3900）m。

282

282

283

中文名

284

钟花报春

Primula sikkimensis

报春花科 Primulaceae

报春花属 *Primula*

描述

植株：多年生草本。

根：具粗短的根状茎和多数纤维状须根。

叶：叶丛高7～30厘米；叶片椭圆形至矩圆形或倒披针形，先端圆形或有时稍锐尖，基部通常渐狭窄，很少钝形以至近圆形，边缘具锐尖或稍钝的锯齿或牙齿，上面深绿色，鲜时有光泽，下面淡绿色，被稀疏小腺体，中肋宽扁，侧脉10～18对，在下面显著，网脉极纤细；叶柄甚短至稍长于叶片。

花：花葶稍粗壮；伞形花序通常1轮，2至多花，有时亦出现第2轮花序；花冠黄色，稀为乳白色，干后常变为绿色。

果和种子：蒴果长圆体状，约与宿存花萼等长。

花果期：花期6月，果期9～10月。

药用价值：花入药。有清热燥湿、泻肝胆火、止血之功效。用于小儿高热抽风、痢疾、急性胃肠炎。民间用于心悸。

分布：鹤庆、永胜、宁蒗、丽江、维西、香格里拉、贡山、德钦；海拔3000～3700（～4200）m。

中文名

285

紫花雪山报春

Primula sinopurpurea

报春花科 Primulaceae

报春花属 *Primula*

描述

植株：多年生草本。

根：根状茎短，具多数长根。

叶：叶丛基部由鳞片、叶柄包叠成假茎状，高4～9厘米，直径可达3.5厘米；鳞片披针形。叶形变异较大，矩圆状卵形、矩圆状披针形、披针形以至倒披针形。

花：花葶粗壮；伞形花序1～4轮，每轮3至多花；苞片披针形至钻形；花冠紫蓝色或淡蓝色，稀白色。

果和种子：蒴果筒状，长于花萼近1倍。

花果期：花期5～7月，果期7～8月。

药用价值：全草入药。有止血、消炎之功效。用于产后流血不止、红崩、小儿疳积、虚劳。

分布：洱源、鹤庆、丽江、香格里拉、维西、德钦；海拔3000～4500m。

284

284

285

中文名

286

苣叶报春

Primula sonchifolia

报春花科 Primulaceae

报春花属 *Primula*

濒危级别：近危（NT）

描述

植株：多年生草本。根状茎粗短，具带肉质的长根。

叶：叶丛基部有覆瓦状包叠的鳞片，呈鳞茎状；鳞片卵形至卵状矩圆形，鲜时带肉质，背面褐色，腹面常被黄粉；叶矩圆形至倒卵状矩圆形。

花：花葶初期甚短，盛花期通常与叶丛近等长，至果期长可达30厘米，近顶端被黄粉；伞形花序3至多花。

果和种子：蒴果近球形，直径约4.5毫米。

花果期：花期3～5月，果期6～7月。

药用价值：全草入药。有除湿热、止汗之功效。用于白浊及白带。

分布：鹤庆、丽江、永胜、维西、香格里拉、德钦；海拔2700～3800m。

中文名

287

高穗花报春

Primula vialii

报春花科 Primulaceae

报春花属 *Primula*

描述

植株：多年生草本。

根：根状茎短，具多数粗长侧根。

叶：叶狭椭圆形至矩圆形或倒披针形，连柄长10～30厘米，宽2～4（7）厘米，先端圆钝，基部渐狭窄，边缘具不整齐的小牙齿，两面均被柔毛，有时下面仅沿叶脉被毛，其余部分近于无毛，中肋宽扁，侧脉12～18对，在下面显著；叶柄通常短于叶片1～2倍，至果期有时与叶片近等长。

花：花葶高（15）20～45（60）厘米，无毛，近顶端微被粉；穗状花序多花；花冠蓝紫色。

果和种子：蒴果球形，稍短于宿存花萼。

花果期：花期7月。

药用价值：花入药。用于肺脓肿、疮疖。

分布：宾川、洱源、鹤庆、丽江、宁蒗、香格里拉；海拔2800～3200m。

286

287

287

中文名

描述

288

滇山茶

Camellia reticulata

山茶科 Theaceae

山茶属 *Camellia*

濒危级别：易危（VU）

植株：灌木，高2米，嫩枝初时有柔毛，后变秃净，顶芽被白色丝毛。

叶：叶革质，长圆形或披针形，长7～10厘米，宽3～4厘米，先端急短尖，尖头钝，基部楔形或钝；上面干后略有光泽，下面黄绿色，初时有长茸毛，后变秃净；侧脉7～8对，在上面不明显，在下面能见，网脉不明显；边缘有细锯齿，叶柄长5～6毫米，被毛。

花：花红色，近顶生，直径5～6厘米，无柄；苞片及萼片8～9片，最长的达1.7厘米，被白色长丝毛；花瓣6～7片，倒卵形，长3～3.5厘米，基部连生5～6毫米，外侧被白丝毛；雄蕊长2厘米，花丝管长1厘米，无毛；子房3室，被茸毛，花柱长1.5～2厘米，顶端3裂，蒴果球形，3爿裂开，果爿木质，厚约8毫米。

花果期：花期从12月开始到翌年4月结束。

药用价值：花入药。有凉血、止血、调经之功效。用于鼻血、衄血、血崩、月经不调。为世界著名观赏花卉。种子含油量高，可食用。

分布：腾冲、剑川、华平、鹤庆、丽江；海拔1500～2500（～2800）m。

中文名

描述

289

白檀

Symplocos paniculata

山矾科 Symplocaceae

山矾属 *Symplocos*

植株：落叶灌木或小乔木。

茎：嫩枝有灰白色柔毛，老枝无毛。

叶：叶膜质或薄纸质，阔倒卵形、椭圆状倒卵形或卵形，长3～11厘米，宽2～4厘米，先端急尖或渐尖，基部阔楔形或近圆形，边缘有细尖锯齿，叶面无毛或有柔毛，叶背通常有柔毛或仅脉上有柔毛；中脉在叶面凹下，侧脉在叶面平坦或微凸起，每边4～8条；叶柄长3～5毫米。

花：圆锥花序长5～8厘米，通常有柔毛；苞片早落，通常条形，有褐色腺点；花萼长2～3毫米，萼筒褐色，无毛或有疏柔毛，裂片半圆形或卵形，稍长于萼筒，淡黄色，有纵脉纹，边缘有毛；花冠白色，长4～5毫米，5深裂几达基部；雄蕊40～60枚，子房2室，花盘具5凸起的腺点。

果和种子：核果熟时蓝色，卵状球形，稍偏斜，长5～8毫米，顶端宿萼裂片直立。

花果期：花期5～10月。

药用价值：全草入药。有消炎、软坚、调气之功效。用于乳腺炎、淋巴腺炎、疝气、肠痈、胃癌、高热不语、烧伤等。种子油可供制漆、肥皂等，又供食用。木材细密可作细工及建筑用材。榨油后的油粕可作肥料。本植物生长容易，姿态美观，是很好的山区绿化树种。

分布：各地分布；海拔500～2600m。

288
288
289
289

中文名

290

球果假沙晶兰

Monotropastrum humile

杜鹃花科 Ericaceae

假沙晶兰属 *Monotropastrum*

濒危级别：近危（NT）

描述

植株：多年生草本，腐生；茎直立，单一，不分枝，高10～30厘米，全株无叶绿素，白色，肉质，干后变黑褐色。

叶：叶鳞片状，直立，互生，长圆形或狭长圆形或宽披针形。

花：花单一，顶生，先下垂，后直立，花冠筒状钟形；雄蕊10～12，花丝有粗毛，花药黄色。

果和种子：蒴果椭圆状球形，直立，向上，长1.3～1.4厘米。

花果期：花期8～9月；果期9～11月。

药用价值：全草入药。有补虚之功效。用于虚咳。

分布：丽江、香格里拉、德钦；海拔1650～3200m。

中文名

291

美丽马醉木

Pieris formosa

杜鹃花科 Ericaceae

马醉木属 *Pieris*

描述

植株：常绿灌木或小乔木，高2～4米。

茎：小枝圆柱形，无毛，枝上有叶痕；冬芽较小，卵圆形，鳞片外面无毛。

叶：叶革质，披针形至长圆形，稀倒披针形，长4～10厘米，宽1.5～3厘米，先端渐尖或锐尖，边缘具细锯齿，基部楔形至钝圆形，表面深绿色，背面淡绿色，中脉显著，幼时在表面微被柔毛，老时脱落，侧脉在表面下陷，在背面不明显；叶柄长1～1.5厘米，腹面有沟纹，背面圆形。

花：总状花序簇生于枝顶的叶腋，或有时为顶生圆锥花序，长4～10厘米，稀达20厘米以上；花梗被柔毛；萼片宽披针形，长约3毫米；花冠白色，坛状，外面有柔毛，上部浅5裂，裂片先端钝圆；雄蕊10，花丝线形，长约4毫米，有白色柔毛，花药黄色；子房扁球形，无毛，花柱长约5毫米，柱头小，头状。

果和种子：蒴果卵圆形，直径约4毫米；种子黄褐色，纺锤形，外种皮的细胞伸长。

花果期：花期5～6月，果期7～9月。

药用价值：全草入药。有消炎止痛、舒筋活络之功效。

分布：云南西北有分布；海拔1500～2800m。

290

291

291

中文名

描述

292

樱草杜鹃

Rhododendron primulaeflorum

杜鹃花科 Ericaceae

杜鹃花属 *Rhododendron*

植株： 常绿小灌木，高0.36～1（～2.5）米。

茎： 茎灰棕色，表皮常薄片状脱落，幼枝短而细，灰褐色，密被鳞片和短刚毛；叶芽鳞早落。

叶： 叶革质，芳香，长圆形、长圆状椭圆形、至卵状长圆形，长（0.8～）2～2.5（～3.5）厘米，宽（5～）8～10（～15）毫米，先端钝，有小突尖，基部渐狭，上面暗绿色，光滑，有光泽，具网脉，下面密被重叠成2～3层、淡黄褐色、黄褐色或灰褐色屑状鳞片；叶柄长2～5毫米，密被鳞片。

花： 花序顶生，头状，5～8花；花冠狭筒状漏斗形，白色具黄色的管部，罕全部为粉红或蔷薇色。

果和种子： 蒴果卵状椭圆形，长约4～5毫米，密被鳞片。

花果期： 花期5～6月，果期7～9月。

药用价值： 花、叶入药。有止咳平喘、补脾益气、排脓之功效。用于肺寒、胃寒、咳嗽、肺痈、水土不服、乳蛾、虚弱萎黄、喉痛。

分布： 丽江、香格里拉、德钦、贡山；海拔3700～4100m。

中文名

描述

293

乌鸦果

Vaccinium fragile

杜鹃花科 Ericaceae

越橘属 *Vaccinium*

濒危级别：近危（NT）

植株： 常绿矮小灌木，高20～50厘米，有时高1米以上。

根： 地下有木质粗根，有时粗大成疙瘩状。

茎： 茎多分枝，有时丛生，枝条疏被或密被具腺长刚毛和短柔毛。

叶： 叶密生，叶片革质，长圆形或椭圆形，长1.2～3.5厘米，宽0.7～2.5厘米，顶端锐尖，渐尖或钝圆，基部钝圆或楔形渐狭，边缘有细锯齿，齿尖锐尖或针芒状，两面被刚毛和短柔毛，或仅有少数刚毛，或仅有短柔毛，或两面近于无毛，除中脉在两面略突起外，侧脉均不明显；叶柄短，长1～1.5毫米。

花： 总状花序生枝条下部叶腋和生枝顶叶腋而呈假顶生，有多数花，偏向花序一侧着生；花冠白色至淡红色，有5条红色脉纹。

果和种子： 浆果球形，绿色变红色，成熟时紫黑色，外面被毛或无毛，直径4～5毫米。

花果期： 花期：春夏以至秋季，果期7～10月。

药用价值： 全草入药。有舒筋络、祛风湿、镇痛之功效。根入药。有舒筋通络、活血、止痛、消炎之功效。用于风寒湿痹、筋骨挛痛、手足顽麻、半身不遂。果可食。

分布： 云南西北；海拔1100～3400m。

292

293

中文名

294

杜仲
Eucommia ulmoides

杜仲科 Eucommiaceae
杜仲属 *Eucommia*
濒危级别：易危（VU）

描述

植株：落叶乔木，高达20米，胸径约50厘米；树皮灰褐色，粗糙，内含橡胶，折断拉开有多数细丝。

茎：嫩枝有黄褐色毛，不久变秃净，老枝有明显的皮孔。

叶：叶椭圆形、卵形或矩圆形，薄革质，长6～15厘米，宽3.5～6.5厘米；基部圆形或阔楔形，先端渐尖；上面暗绿色，初时有褐色柔毛，不久变秃净，老叶略有皱纹，下面淡绿，初时有褐毛，以后仅在脉上有毛；侧脉6～9对，与网脉在上面下陷，在下面稍突起；边缘有锯齿；叶柄长1～2厘米，上面有槽，被散生长毛。

花：花生于当年枝基部，雄花无花被；花梗长约3毫米，无毛；苞片倒卵状匙形，长6～8毫米，顶端圆形，边缘有睫毛，早落；雄蕊长约1厘米，无毛，花丝长约1毫米，药隔突出，花粉囊细长，无退化雌蕊。

果和种子：翅果扁平，长椭圆形，长3～3.5厘米，宽1～1.3厘米，先端2裂，基部楔形，周围具薄翅；坚果位于中央，稍突起，子房柄长2～3毫米，与果梗相接处有关节。种子扁平，线形，长1.4～1.5厘米，宽3毫米，两端圆形。

花果期：早春开花，秋后果实成熟。

药用价值：树皮入药。有补肝肾、强筋骨、安胎、降血压之功效。用于高血压、头晕目眩、腰膝酸痛、筋骨痿软、肾虚尿频、妊娠胎漏、胎动不安。古方用作强壮补药，并用于腰膝痛、风湿、习惯性流产及孕妇腰痛等。树皮分泌的硬橡胶供工业原料及绝缘材料，抗酸、碱及化学试剂腐蚀的性能高，可制造耐酸、碱容器及管道的衬里。种子含油，供建筑及制家具。

分布：福贡有栽培；海拔1900m以下。

中文名

295

粗茎秦艽
Gentiana crassicaulis

龙胆科 Gentianaceae
龙胆属 *Gentiana*
濒危等级：近危（NT）

描述

植株描述：多年生草本，高30～40厘米。

根描述：须根多条，扭结或粘结成一个粗的根。

茎描述：枝少数丛生，粗壮，斜升，黄绿色或带紫红色，近圆形。

叶：莲座丛叶卵状椭圆形或狭椭圆形。

花：花多数，无花梗，在茎顶簇生呈头状，稀腋生作轮状。

果和种子：蒴果内藏，无柄，椭圆形，长18～20毫米；种子红褐色，有光泽，矩圆形。

花果期：花果期6～10月。

药用价值：根可入药，有祛风除湿、和血舒筋、清热、利尿的功效。

分布：德钦、维西、丽江野生分布及广泛栽培。

294

294

295

中文名 | 描述

296

头花龙胆
Gentiana cephalantha

龙胆科 Gentianaceae
龙胆属 *Gentiana*

植株：多年生草本，高10～30厘米。

根：须根略肉质。

茎：主茎粗壮，发达，长达10厘米，平卧呈匍匐状，分枝多，较粗而长，斜升；花枝多数，丛生，斜升，紫色或黄绿色，中空，近圆形，光滑或在上部密被紫红色乳突。

叶：叶狭椭圆形、椭圆状披针形至最上部叶为倒披针形，先端渐尖或钝，基部渐狭，边缘微外卷，有乳突或光滑，叶脉1～3条，在两面均明显，并在下面突起；莲座丛叶长3.5～10厘米，宽0.8～2.2厘米，叶柄膜质，长0.7～3厘米；茎生叶多对，长3～7厘米，宽1.2～2.2厘米，叶柄长0.5～1.2厘米，愈向茎上部叶愈大，柄愈短。

花：花多数，簇生枝端呈头状，偶有腋生，被包被于最上部的苞叶状的叶丛中；花冠蓝色或蓝紫色，冠檐具多数深蓝色斑点，漏斗形或筒状钟形。

果和种子：蒴果内藏或微外露，椭圆形，长1.2～1.5厘米，两端钝，柄长至1.7厘米；种子黄褐色，有光泽，矩圆形或近圆形，长0.4～0.6毫米，表面具蜂窝状网隙。

花果期：花果期8～11月。

药用价值：根、全草入药。味苦，性寒。有清湿热、健胃之功效。用于目赤、咽痛、胆囊炎、膀胱炎、阴部湿痒、消化不良。

分布：洱源、丽江、香格里拉、德钦、贡山；海拔1800～3300m。

中文名 | 描述

297

微籽龙胆
Gentiana delavayi

龙胆科 Gentianaceae
龙胆属 *Gentiana*

植株：一年生草本，高5～10（20）厘米。

茎：茎直立，紫红色，密被紫红色乳突，不分枝或分枝。

叶：叶常密集，先端钝，基部渐狭，边缘密生短睫毛。上面密生极细乳突，下面除叶脉外光滑，叶脉3～5条，密生乳突，仅在下面突起，叶柄膜质，宽而扁平，背面及边缘均具乳突；基部叶在花期宿存或枯萎至凋落，狭椭圆形或披针形，长10～15毫米，宽4～6毫米，叶柄短，长3～5毫米；中上部叶狭椭圆形或椭圆状披针形，长20～50毫米，宽5～7毫米，叶柄长5～10毫米。

花：花多数，簇生茎或小枝顶端呈头状，无花梗；花冠蓝紫色，具黑紫色宽条纹，无短细条纹，漏斗形。

果和种子：蒴果内藏，椭圆状披针形或椭圆形，长1.5～1.8厘米。

花果期：花果期9～12月。

药用价值：根、全草入药。有清热解毒、除湿利胆之功效。用于肝炎、肝火头痛、胆囊炎、泌尿道炎症。

分布：洱源、鹤庆、剑川、丽江；海拔2100～3350m。

296

297

297

中文名

298

柔毛龙胆

Gentiana pubigera

龙胆科 Gentianaceae

龙胆属 *Gentiana*

描述

植株：一年生草本，高2.5～3.5厘米。

茎：茎黄绿色，光滑，在基部多分枝，稀不分枝，枝铺散，斜升，稀直立。

叶：叶先端圆形，边缘无膜质也无软骨质，密生长睫毛，上面光滑，下面具柔毛，以后毛脱落，秃净，叶脉1～3条，在下面突起，密生柔毛，以后毛脱落，秃净，叶柄边缘密生长睫毛，连合成长0.5～0.7毫米的筒；基生叶大，在花期枯萎，宿存，卵圆形，长9～12毫米，宽4.5～8毫米；茎生叶小，密集，长于节间，倒卵状匙形，长4～6毫米，宽1.7～3.5毫米。

花：花多数，单生于小枝顶端；花梗黄绿色；花冠淡蓝色，外面具黄绿色宽条纹，漏斗形。

果和种子：蒴果外露或内藏，矩圆状匙形，长8～9毫米，先端圆形，有宽翅，两侧边缘具狭翅，基部渐狭，柄长至13毫米；种子褐色，矩圆形，长1.2～1.5毫米，表面具细网纹。

花果期：花果期5月。

药用价值：全草入药。有清热降火之功效。用于目赤肿痛、牙痛、咽喉发炎、瘀痛、疔疮炎症。

分布：洱源、丽江、宁蒗、香格里拉；海拔2600～3600m。

中文名

299

红花龙胆

Gentiana rhodantha

龙胆科 Gentianaceae

龙胆属 *Gentiana*

描述

植株：多年生草本，高20～50厘米，具短缩根茎。

根：根细条形，黄色。

茎：茎直立，单生或数个丛生，常带紫色，具细条棱，微粗糙，上部多分枝。

叶：基生叶呈莲座状，椭圆形、倒卵形或卵形；茎生叶宽卵形或卵状三角形，长1～3厘米，宽0.5～2厘米，先端渐尖或急尖，基部圆形或心形，边缘浅波状，叶脉3～5条，下面明显，有时疏被毛，无柄或下部的叶具极短而扁平的柄，长1～2毫米，外面密被短毛或无毛，基部连合成短筒抱茎。

花：花单生茎顶，无花梗；花冠淡红色，上部有紫色纵纹，筒状。

果和种子：蒴果内藏或仅先端外露，淡褐色，长椭圆形，两端渐狭，长2～2.5厘米，宽约4毫米，果皮薄，柄长约2厘米；种子淡褐色，近圆形，直径约1毫米，具翅。

花果期：花果期10月至翌年2月。

药用价值：全草、根入药。味苦，性寒。有清热利湿、凉血解毒之功效。用于热咳痨咳、痰中带血、黄疸、痢疾、胃痛、便血、产褥热、小儿惊风、疳积、疮疡疔毒、烫伤。

分布：云南西北；海拔1300～2600m。

298

298

299

中文名

300

云南龙胆

Gentiana yunnanensis

龙胆科 Gentianaceae

龙胆属 *Gentiana*

濒危级别：易危（VU）

描述

植株：一年生草本，高5～30厘米。

叶：叶较多，疏离，叶片匙形或倒卵形，长10～35毫米，宽4～13毫米，先端钝圆，基部渐狭，边缘微粗糙或平滑，叶脉1～3条，细而明显，叶柄细，与叶片等长或稍长。

花：花极多数，以1～3朵着生小枝顶端或叶腋；无花梗；花萼筒倒锥状筒形；花冠黄绿色或淡蓝色，具蓝灰色斑点，筒形。

果和种子：蒴果内藏或先端外露，稀长达35毫米；种子褐色，近圆球形，直径0.5～0.7毫米，表面具浅蜂窝状网隙。

花果期：花果期8～10月。

药用价值：花入药。有清热解毒、止咳润喉之功效。用于时疫热症、肺炎、喉炎热闭。

分布：宾川、洱源、丽江、香格里拉；海拔2500～3500m。

中文名

301

扁蕾

Gentianopsis barbata

龙胆科 Gentianaceae

扁蕾属 *Gentianopsis*

描述

植株：一年生或二年生草本，高8～40厘米。

茎：茎单生，直立，近圆柱形，下部单一，上部有分枝，条棱明显，有时带紫色。

叶：基生叶多对，常早落，匙形或线状倒披针形，长0.7～4厘米，宽0.4～1厘米，先端圆形，边缘具乳突，基部渐狭成柄，中脉在下面明显，叶柄长至0.6厘米；茎生叶3～10对，无柄，狭披针形至线形，长1.5～8厘米，宽0.3～0.9厘米，先端渐尖，边缘具乳突，基部钝，分离，中脉在下面明显。

花：花单生茎或分枝顶端；花冠筒状漏斗形，筒部黄白色，檐部蓝色或淡蓝色。

果和种子：蒴果具短柄，与花冠等长；种子褐色，矩圆形，长约1毫米，表面有密的指状突起。

花果期：花果期7～9月。

药用价值：全草入药。味苦，性寒。有清热解毒、消肿之功效。用于肝炎、黄疸型肝炎、胆囊炎、头痛发热。

分布：丽江、香格里拉；海拔2400～3700m。

中文名

302

大花扁蕾

Gentianopsis grandis

龙胆科 Gentianaceae

扁蕾属 *Gentianopsis*

描述

植株：一年生或二年生草本，高25～50厘米。

茎：茎单生，粗壮，直径达5毫米，多分枝，具明显的条棱。

叶：茎基部叶密集，具短柄，叶片匙形或椭圆形，长0.5～1.5厘米，宽0.5～0.8厘米，先端钝，基部渐狭，仅中脉在下面明显；茎生叶3～6对，无柄，狭披针形至线状披针形，长4～8厘米，宽0.3～0.6厘米，先端急尖或渐尖，边缘平滑常外卷，基部离生，中脉在下面明显。

花：花单生茎或分枝顶端；花特大。

果和种子：蒴果具柄，与花冠近等长；种子矩圆形，长约1毫米，褐色。

花果期：花果期7～10月。

药用价值：全草入药。有清热利胆、退虚热之功效。用于黄疸型肝炎、胆囊炎、虚火牙痛。

分布：兰坪、丽江、维西、香格里拉；海拔2800～3700m。

300
300
301
301
302

中文名

303

湿生扁蕾

Gentianopsis paludosa

龙胆科 Gentianaceae

扁蕾属 *Gentianopsis*

描述

植株：一年生草本，高3.5～40厘米。

茎：茎单生，直立或斜升，近圆形，在基部分枝或不分枝。

叶：基生叶3～5对，匙形，长0.4～3厘米，宽2～9毫米，先端圆形，边缘具乳突，微粗糙，基部狭缩成柄，叶脉1～3条，不甚明显，叶柄扁平，长达6毫米；茎生叶1～4对，无柄，矩圆形或椭圆状披针形，长0.5～5.5厘米，宽2～14毫米，先端钝，边缘具乳突，微粗糙，基部钝，离生。

花：花单生茎及分枝顶端；花冠蓝色，或下部黄白色，上部蓝色，宽筒形。

果和种子：蒴果具长柄，椭圆形，与花冠等长或超出；种子黑褐色，矩圆形至近圆形，直径0.8～1毫米。

花果期：花果期7～10月。

药用价值：全草入药。有清热解毒、泻肝火之功效。

分布：洱源、香格里拉、德钦；海拔2500～3300m。

中文名

304

椭圆叶花锚

Halenia elliptica

龙胆科 Gentianaceae

花锚属 *Halenia*

描述

植株：一年生草本，高15～60厘米。

根：根具分枝，黄褐色。

茎：茎直立，无毛、四棱形，上部具分枝。

叶：基生叶椭圆形，有时略呈圆形，长2～3厘米，宽5～15毫米，先端圆形或急尖呈钝头，基部渐狭呈宽楔形，全缘，具宽扁的柄，柄长1～1.5厘米，叶脉3条；茎生叶卵形、椭圆形、长椭圆形或卵状披针形，长1.5～7厘米，宽0.5～2（3.5）厘米，先端圆钝或急尖，基部圆形或宽楔形，全缘，叶脉5条，无柄或茎下部叶具极短而宽扁的柄，抱茎。

花：聚伞花序腋生和顶生；花梗长短不相等，长0.5～3.5厘米；花4数，直径1～1.5厘米；花萼裂片椭圆形或卵形，长（3）4～6毫米，宽2～3毫米，先端通常渐尖，常具小尖头，具3脉；花冠蓝色或紫色，花冠筒长约2毫米，裂片卵圆形或椭圆形，长约6毫米，宽4～5毫米，先端具小尖头，距长5～6毫米，向外水平开展；雄蕊内藏，花丝长3～5毫米，花药卵圆形，长约1毫米；子房卵形，长约5毫米，花柱极短，长约1毫米，柱头2裂。

果和种子：蒴果宽卵形，长约10毫米，直径3～4毫米，上部渐狭，淡褐色；种子褐色，椭圆形或近圆形，长约2毫米，宽约1毫米。

花果期：花果期7～9月。

药用价值：全草、根入药。全草有清热利湿、平肝利胆之功效。用于急性黄疸型肝炎、胆囊炎、微胃炎、牙痛等。根有清热利胆、疏风、清暑、镇痛之功效。用于黄疸、风湿头痛、中暑腹痛、胃炎、风热头晕。

分布：丽江、鹤庆、香格里拉、维西、福贡；海拔1800～3300m。

303

303

304

中文名

305

圆叶肋柱花

Lomatogonium oreocharis

龙胆科 Gentianaceae

肋柱花属 *Lomatogonium*

描述

植株：多年草本，高7～17厘米。

茎：根茎多分枝，发出不育枝和花枝；花枝直立或斜升，四棱形，有时带紫色。

叶：不育枝的叶呈莲座状，与花枝中下部叶同形，具明显的柄，叶片近圆形或宽倒卵形，长6～13毫米，宽5～9毫米，先端圆形，边缘微粗糙，基部钝，突然狭缩成柄，上面叶脉不显，下面有3脉，叶柄扁平，长5～10毫米，宽1.5～2毫米；花枝上部叶无明显的柄或仅具宽而短的柄，叶片楔形或匙形，长10～19毫米，宽4～12毫米，先端圆形，基部楔形，上面具1脉，下面具1～3脉。

花：花5数，常2～6朵，稀单生，生于花枝顶端和叶腋；花冠蓝色或蓝紫色，具深蓝色纵脉纹。

果和种子：蒴果无柄，披针形，与花冠等长，长至1.9厘米：种子黄色，圆球形，直径0.7～0.9毫米。

花果期：花果期8～10月。

药用价值：全草入药。有清热解毒、益骨之功效。用于药物中毒、骨热。

分布：丽江、香格里拉、维西、德钦；海拔3000～4300m。

中文名

306

大钟花

Megacodon stylophorus

龙胆科 Gentianaceae

大钟花属 *Megacodon*

描述

植株：多年生草本，高30～60（100）厘米，全株光滑。

茎：茎直立，粗壮，基部直径1～1.5厘米，黄绿色，中空，近圆形，具细棱形，不分枝。

叶：基部2～4对叶小，膜质，黄白色，卵形，长2～4.5厘米，宽1～2厘米；中、上部叶大，草质，绿色，先端钝，基部钝或圆形，半抱茎，叶脉7～9条，弧形，细而明显，并在下面突起；中部叶卵状椭圆形至椭圆形，长7～22厘米，宽3～7厘米，上部叶卵状披针形，长5～10厘米，宽1.2～3厘米。

花：花2～8朵，顶生及叶腋生，组成假总状聚伞花序；花冠黄绿色，有绿色和褐色网脉，钟形。

果和种子：蒴果椭圆状披针形，长5～6厘米；种子黄褐色，矩圆形，长2.2～2.5毫米，表面具纵的脊状突起。

花果期：花果期6～9月。

药用价值：根、花入药。有清肺热、胆热、解毒、止血、消肿之功效。用于肝胆热症、黄疸、大小便秘、炭疽病、痈疮、外伤。为美丽的观赏植物。

分布：丽江、贡山、福贡及迪庆；海拔3100～4400m。

305
305
306
306

中文名 | 描述

307

大籽獐牙菜

Swertia macrosperma

龙胆科 Gentianaceae

獐牙菜属 *Swertia*

植株：一年生草本，高30～100厘米。

根：根黄褐色，粗壮。

茎：茎直立，四棱形，常带紫色，从中部以上分枝，下部直径1.5～5毫米。

叶：基生叶及茎下部叶在花期常枯萎，具长柄，叶片匙形，连柄长2～6.5厘米，宽达1.5厘米，先端钝，全缘或边缘有不整齐的小齿，基部渐狭；茎中部叶无柄，叶片矩圆形或披针形，稀倒卵形，长0.4～4.5厘米，宽0.3～1.5厘米，愈向茎上部叶愈小，先端急尖，基部钝，具3～5脉。

花：圆锥状复聚伞花序多花，开展；花梗细弱，长4～15毫米；花5数，稀4数，小，直径4～8毫米；花萼绿色，长为花冠的1/2，裂片卵状椭圆形，长2.5～4毫米，先端钝，背面具1脉；花冠白色或淡蓝色，裂片椭圆形，长4～8毫米，先端钝，基部具2个腺窝，腺窝囊状，矩圆形，边缘仅具数根柔毛状流苏；花丝线形，长4～5毫米，花药椭圆形，长约1.5毫米；子房无柄，卵状披针形，花柱短而明显，柱头头状。

果和种子：蒴果卵形，长5～6毫米；种子3～4个，较大，矩圆形，长1.5～2毫米，褐色，表面光滑。

花果期：花果期7～11月。

药用价值：全草入药。有清热消炎、清肝利胆、除湿之功效。

分布：丽江、泸水、福贡、腾冲；海拔2000～3150m。

中文名 | 描述

308

紫红獐牙菜

Swertia punicea

龙胆科 Gentianaceae

獐牙菜属 *Swertia*

植株：一年生草本，高15～80厘米。

根：主根明显，淡黄色。

茎：茎直立，四棱形，棱上具窄翅，基部直径2～7毫米，中部以上分枝，枝斜伸，开展。

叶：基生叶在花期多凋谢；茎生叶近无柄，披针形、线状披针形或狭椭圆形，长达6厘米，宽至1.8厘米，茎上部及枝上叶较小，先端急尖或渐尖，基部狭缩，叶质厚，叶脉1～3条，于下面明显突起。

花：圆锥状复聚伞花序开展，多花；花冠暗紫红色，裂片披针形。

果和种子：蒴果无柄，卵状矩圆形，长1.2～1.5厘米，先端渐狭；种子矩圆形，黄褐色，直径0.5～0.6毫米，表面具小疣状突起。

花果期：花果期8～11月。

药用价值：全草入药。味苦，性寒。有清肝利胆、除湿清热之功效。用于急性黄疸型肝炎、胆囊炎。

分布：香格里拉、德钦、维西、贡山、宁蒗、洱源；海拔2100～2400m。

307
307
308
308

中文名 | 描述

309

金雀马尾参
Ceropegia mairei

夹竹桃科 Apocynaceae
吊灯花属 *Ceropegia*

植株：多年生草本。

根：根部丛生，肉质。

茎：茎上部缠绕，下部直立，高达35厘米。

叶：叶直立展开，椭圆形或椭圆状披针形，长0.9～4厘米，在中间最宽处4～12毫米，顶端急尖或短渐尖，叶面及叶柄具微柔毛，叶背除中脉外无毛，边缘略为反卷。

花：聚伞花序近无梗，少花；花萼裂片狭披针形，长5毫米；花冠长约3厘米，近圆形，花冠筒近圆筒状，花冠喉部略为膨大，裂片舌状长圆形，内面具微毛，长1.2厘米；副花冠杯状，外轮裂片三角形，内轮狭线形，顶端略为膨大，钝形。

花果期：花期5月。

药用价值：根入药。用于瘰疮。

分布：丽江；海拔1000～2300m。

中文名 | 描述

310

大理白前
Cynanchum forrestii

夹竹桃科 Apocynaceae
鹅绒藤属 *Cynanchum*

植株：多年生直立草本。

茎：单茎，稀在近基部分枝，被有单列柔毛，上部密被柔毛。

叶：叶对生，薄纸质，宽卵形，长4～8厘米，宽1.5～4厘米，基部近心形或钝形，顶端急尖，近无毛或在脉上有微毛；侧脉5对。

花：伞形状聚伞花序腋生或近顶生，着花10余朵；花长和直径约3毫米；花萼裂片披针形，先端急尖；花冠黄色、辐状，裂片卵状长圆形，有缘毛，其基部有柔毛；副花冠肉质，裂片三角形，与合蕊柱等长；花粉块每室1个，下垂；柱头略为隆起。

果和种子：蓇葖多数单生，稀双生，披针形，上尖下狭，无毛，长6厘米，直径8毫米；种子扁平；种毛长2厘米。

花果期：花期4～7月，果期6～11月。

药用价值：根入药。味苦、微甘，性寒。有清热凉血、止痛、消炎、安胎、补气、清热散邪、利尿、生肌止痛之功效。用于肺热咳嗽、咽喉肿痛、小便赤涩、尿路感染。可代白薇用。

分布：云南西北各地；海拔1500～3000m。

309

309

310

310

中文名

描述

311

青羊参

Cynanchum otophyllum

夹竹桃科 Apocynaceae

鹅绒藤属 *Cynanchum*

植株：多年生草质藤本。

根：根圆柱状，灰黑色，直径约8毫米。

茎：茎被两列毛。

叶：叶对生，膜质，卵状披针形，长7～10厘米，基部宽4～8厘米，顶端长渐尖，基部深耳状心形，叶耳圆形，下垂，两面均被柔毛。

花：伞形聚伞花序腋生，着花20余朵；花萼外面被微毛，基部内面有腺体5个；花冠白色，裂片长圆形，内被微毛；副花冠杯状，比合蕊冠略长，裂片中间有1小齿，或有褶皱或缺；花粉块每室1个，下垂；柱头顶端略为2裂。

果和种子：蓇葖双生或仅1枚发育，短披针形，长约8厘米，直径1厘米，向端部渐尖，基部较狭，外果皮有直条纹；种子卵形，长6毫米，宽3毫米；种毛白色绢质，长3厘米。

花果期：花期6～10月，果期8～11月。

药用价值：根入药。味甘、辛，性温。有小毒。有补肾、镇疹、祛风湿之功效。用于肾虚腰痛、头晕耳鸣、癫痫、风湿骨痛、麻疹、慢性迁延性肝炎、风湿骨痛、狂犬咬伤、毒蛇咬伤等。昆明地区用根于补肾，炖肉吃，用于头晕、耳鸣、心慌腰痛等。

分布：福贡、兰坪、丽江、鹤庆、腾冲；海拔1500～2800m。

中文名

描述

312

倒提壶

Cynoglossum amabile

紫草科 Boraginaceae

琉璃草属 *Cynoglossum*

植株：多年生草本，高15～60厘米。

茎：茎单一或数条丛生，密生贴伏短柔毛。

叶：基生叶具长柄，长圆状披针形或披针形，长5～20厘米（包括叶柄），宽1.5～4厘米，稀5厘米，两面密生短柔毛；茎生叶长圆形或披针形，无柄，长2～7厘米，侧脉极明显。

花：花序锐角分枝，分枝紧密，向上直伸，集为圆锥状，无苞片；花梗长2～3毫米，果期稍增长；花萼长2.5～3.5毫米，外面密生柔毛，裂片卵形或长圆形，先端尖；花冠通常蓝色，稀白色，长5～6毫米，檐部直径8～10毫米，裂片圆形，长约2.5毫米，有明显的网脉，喉部具5个梯形附属物，附属物长约1毫米；花丝长约0.5毫米，着生花冠筒中部，花药长圆形，长约1毫米；花柱线状圆柱形，与花萼近等长或较短。

果和种子：小坚果卵形，长3～4毫米，背面微凹，密生锚状刺，边缘锚状刺基部连合，成狭或宽的翅状边，腹面中部以上有三角形着生面。

花果期：花果期5～9月。

药用价值：根、全草入药。味甘、苦，性凉。有清热利湿、散瘀止血、止咳之功效。用于黄疸、肝炎、痢疾、尿痛、白带、肺结核、咳嗽。外用于外伤出血、骨折、关节脱臼。

分布：大理、丽江、迪庆；海拔1100～3600m。

311

311

312

中文名

描述

313

密花滇紫草

Onosma confertum

紫草科 Boraginaceae

滇紫草属 *Onosma*

植株：多年生草本，高30～70厘米。

根：具粗大的主根。

茎：茎单一或数条丛生，直立，不分枝，全株密生具基盘的硬毛及短伏毛。

叶：基生叶丛生，倒披针形或线状披针形，长8～12厘米，宽5～10毫米，先端尖；茎中部及上部叶披针形，长5～10厘米，宽5～15毫米，上面绿色，具白斑点，下面灰白色，密生伏毛。

花：花序单一或分枝，顶生及腋生，集为开展或紧密的圆锥状花序；花梗细弱，长6～10毫米，果期伸长，达15毫米；花萼裂片线状披针形，长10～13毫米；花冠红色或紫色。

果和种子：小坚果灰褐色，具光泽，长约3毫米，有疣状突起。

花果期：花果期7～10月。

药用价值：根入药。有凉血、解毒、消炎、清热之功效。用于麻疹不透、湿疹、溃疡、痈肿、急慢性肝炎。

分布：香格里拉、丽江、永宁、永胜、洱源；海拔2400～3300m。

中文名

描述

314

滇紫草

Onosma paniculatum

紫草科 Boraginaceae

滇紫草属 *Onosma*

濒危级别：易危（VU）

植株：二年生草本，稀多年生，高40～80厘米，干后变黑。

叶：基生叶丛生，线状披针形或倒披针形；茎中部及上部叶逐渐变小，披针形或卵状三角形。

花：花序生茎顶及腋生小枝顶端，花后伸长呈总状，集为紧密或开展的圆锥状花序；花冠蓝紫色，后变暗红色，筒状钟形。

果和种子：小坚果暗褐色，长2～3毫米，无光泽，具疣状突起。

花果期：花果期6～9月。

药用价值：根入药。味甘、咸，性寒。有清热、凉血、止血、解毒、透疹之功效。用于温热斑疹、湿热黄疸、紫癜、吐血、衄血、淋浊、痘毒。

分布：丽江、香格里拉、洱源、鹤庆、永宁、永胜；海拔2000～3300m。

313

314

314

中文名 | 描述

315

马蹄金

Dichondra repens

旋花科 Convolvulaceae

马蹄金属 *Dichondra*

植株：多年生匍匐小草本。

茎：茎细长，被灰色短柔毛，节上生根。

叶：叶肾形至圆形，直径4～25毫米，先端宽圆形或微缺，基部阔心形，叶面微被毛，背面被贴生短柔毛，全缘；具长的叶柄，叶柄长（1.5）3～5（6）厘米。

花：花单生叶腋，花柄短于叶柄，丝状；萼片倒卵状长圆形至匙形，钝，长2～3毫米，背面及边缘被毛；花冠钟状，较短至稍长于萼，黄色，深5裂，裂片长圆状披针形，无毛；雄蕊5，着生于花冠2裂片间弯缺处，花丝短，等长；子房被疏柔毛，2室，具4枚胚珠，花柱2，柱头头状。

果和种子：蒴果近球形，小，短于花萼，直径约1.5毫米，膜质。种子1～2，黄色至褐色，无毛。

花果期：花期4月，果期7～8月。

药用价值：全草入药。味苦、辛，性凉。有清热利湿、解毒消肿、祛风止痛、活血之功效。用于肝炎、胆囊炎、口腔炎、疮疖、乳痈、痢疾、肾炎水肿、泌尿系感染、跌打损伤、砂石淋痛、白浊、水肿、疔疮肿毒、扁桃体炎、肺出血等。

分布：云南西北均产；海拔1300～1900m。

中文名 | 描述

316

三分三

Anisodus acutangulus

茄科 Solanaceae

山莨菪属 *Anisodus*

濒危级别：极危（CR）

植株：多年生草本，高1～1.5米，全株无毛。

根：主根粗大，有少数肥大的侧根，根皮黄褐色，断面浅黄色。

叶：叶片纸质或近膜质，卵形或椭圆形，长8～15厘米，宽3～6厘米，生于下部者更大更长，顶端渐尖，基部楔形，微下延，全缘或呈微波状；叶柄长5～10（～15）毫米。

花：花梗长1～3厘米；花萼漏斗状钟形；花冠漏斗状钟形，淡黄绿色。

果和种子：蒴果近球状，果萼长为果的1倍左右，长3.5～4.5厘米，紧包果，脉隆起；果梗长5～7厘米，下弯。

花果期：花期6～7月，果期10～11月。

药用价值：根入药。有剧毒。有祛风除湿、麻醉镇痛之功效。用于骨折、跌打损伤、风湿痛、胃痛。

分布：丽江、永胜等县；海拔2750～3000m。

315

315

316

316

中文名

描述

317

铃铛子

Anisodus luridus

茄科 Solanaceae

山莨菪属 *Anisodus*

植株：多年生草本，高50～120厘米，全株密被绒毛和星状毛。

根：根粗壮，黄褐色。

叶：叶片纸质或近坚纸质，卵形至椭圆形，长7～15（～22）厘米，宽4～8.5（～11）厘米，顶端急尖或渐尖，基部楔形或微下延，全缘或微波．状，极稀具齿，叶面通常无毛，背面密被星状毛及微柔毛；叶柄长8～20毫米或略长，上面具槽。

花：花俯垂；花萼钟状，坚纸质，长约3厘米，脉显著隆起成扇折状，弯曲，外面密被柔毛，裂片长短不等；花冠钟状，浅黄绿色或有时裂片带淡紫色。

果和种子：果球状或近卵状，果萼为果长的1倍，长达5厘米，裂片不明显；果梗长2～2.5厘米，下弯。

花果期：花期5～7月，果期10～11月。

药用价值：根、茎、叶、种子入药。味苦、辛，性温。有大毒。有祛风除湿、解痉止痛之功效。用于胃痛、胆绞痛、急慢性肠胃炎。云南医药名为“三分三”，作麻醉剂，用于跌打损伤及胃痛，即云南白药中所用“保险子”。医药工业上用根提取莨菪碱类生物碱，作镇静剂、麻醉剂，有作抗痉挛和止痛。

分布：德钦、丽江；海拔3200～3600m。

中文名

描述

318

茄参

Mandragora caulescens

茄科 Solanaceae

茄参属 *Mandragora*

植株：多年生草本，高20～60厘米，全体生短柔毛。

根：根粗壮，肉质。

茎：茎长10～17厘米，上部常分枝，分枝有时较细长。

叶：叶在茎上端不分枝时则簇集，分枝时则在茎上者较小而在枝条上者宽大，倒卵状矩圆形至矩圆状披针形，连叶柄长5～25厘米，宽2～5厘米，顶端钝，基部渐狭而下延到叶柄成狭翼状，中脉显著，侧脉细弱，每边5～7条。

花：花单独腋生，通常多花同叶集生于茎端似簇生；花梗粗壮，长6～10厘米。花萼辐状钟形，直径2～2.5厘米，5中裂，裂片卵状三角形，顶端钝，花后稍增大，宿存；花冠辐状钟形，暗紫色，5中裂，裂片卵状三角形乡花丝长约7毫米，花药长3毫米；子房球状，花柱长约4毫米。

果和种子：浆果球状，多汁液，直径2～2.5厘米。种子扁肾形，长约2毫米，黄色。

花果期：花果期5～8月。

药用价值：根入药。有毒。有温中散寒、解郁止痛之功效。用于胃痛、跌打损伤。

分布：云南西北均产；海拔2200～4200m。

317

317

318

318

中文名

描述

319

龙葵

Solanum nigrum

茄科 Solanaceae

茄属 *Solanum*

植株：一年生直立草本，高0.25～1米。

茎：茎无棱或棱不明显，绿色或紫色，近无毛或被微柔毛。

叶：叶卵形，长2.5～10厘米，宽1.5～5.5厘米，先端短尖，基部楔形至阔楔形而下延至叶柄，全缘或每边具不规则的波状粗齿，光滑或两面均被稀疏短柔毛，叶脉每边5～6条，叶柄长约1～2厘米。

花：蝎尾状花序腋外生，由3～6～（10）花组成，总花梗长约1～2.5厘米，花梗长约5毫米，近无毛或具短柔毛；萼小，浅杯状，直径约1.5～2毫米，齿卵圆形，先端圆，基部两齿间连接处成角度；花冠白色，筒部隐于萼内，长不及1毫米，冠檐长约2.5毫米，5深裂，裂片卵圆形，长约2毫米；花丝短，花药黄色，长约1.2毫米，约为花丝长度的4倍，顶孔向内；子房卵形，直径约0.5毫米，花柱长约1.5毫米，中部以下被白色绒毛，柱头小，头状。

果和种子：浆果球形，直径约8毫米，熟时黑色。种子多数，近卵形，直径约1.5～2毫米，两侧压扁。

花果期：花期5～6月。

药用价值：全草入药。味苦，性寒。有小毒。有清热解毒、利水消肿之功效。用于泌尿系统感染、乳腺炎、白带、风火牙痛、感冒发热等。外用于痈疔疖疮、蛇咬伤。

分布：云南各地有分布；海拔450～3400m。

中文名

描述

320

假烟叶树

Solanum verbascifolium

茄科 Solanaceae

茄属 *Solanum*

植株：小乔木，高1.5～10米。

茎：小枝密被白色具柄头状簇绒毛。

叶：叶大而厚，卵状长圆形，长10～29厘米，宽4～12厘米，先端短渐尖，基部阔楔形或钝，上面绿色，被具短柄的3～6不等长分枝的簇绒毛，下面灰绿色，毛被较上面厚，被具柄的10～20不等长分枝的簇绒毛，全缘或略作波状，侧脉每边7～9条，叶柄粗壮，长约1.5 ～5.5厘米，密被与叶下面相似的毛被。

花：聚伞花序多花，形成近顶生圆锥状平顶花序。花白色。

果和种子：浆果球状，具宿存萼，直径约1.2厘米，黄褐色，初被星状簇绒毛，后渐脱落。种子扁平，直径约1～2毫米。

花果期：几全年开花结果。

药用价值：全草入药。根用于跌打损伤、胃痛、腹痛、骨折、慢性粒细胞性白血病。根皮有消炎解毒、祛风除湿之功效。外用于结膜炎、白内障、毒疮、疥癣、截瘫。叶外用于痈疖肿毒、皮肤溃疡、外伤出血。

分布：云南西北均有分布；海拔2100m以下。

319
319
320
320

中文名

321

女贞

Ligustrum lucidum

木樨科 Oleaceae

女贞属 *Ligustrum*

描述

植株：灌木或乔木，高可达25米；树皮灰褐色。

茎：枝黄褐色、灰色或紫红色，圆柱形，疏生圆形或长圆形皮孔。

叶：叶片常绿，革质，卵形、长卵形或椭圆形至宽椭圆形，长6～17厘米，宽3～8厘米，先端锐尖至渐尖或钝，基部圆形或近圆形，有时宽楔形或渐狭，叶缘平坦，上面光亮，两面无毛，中脉在上面凹入，下面凸起，侧脉4～9对，两面稍凸起或有时不明显；叶柄长1～3厘米，上面具沟，无毛。

花：圆锥花序顶生；花序轴及分枝轴无毛，紫色或黄棕色。

果和种子：果肾形或近肾形，长7～10毫米，径4～6毫米，深蓝黑色，成熟时呈红黑色，被白粉；果梗长0～5毫米。

花果期：花期5～7月，果期7月至翌年5月。

药用价值：根、叶、果实入药。叶有祛风明目、消肿止痛之功效。用于头目昏痛、风热赤眼、疮肿溃烂、烫伤、口腔炎、外伤出血、吐血、消炎、消肿、咳嗽。果实味苦、甘，性平。有补肝肾、强腰膝之功效。用于阴虚内热、头晕、目花、耳鸣、腰膝酸软、须发早白。树皮粉末调茶抽涂烫火伤或用于痈肿。根或茎基部泡酒，用于风湿。果含淀粉，可供酿酒。种子可榨油。花加工后的产品有清香，可调和香精的原料。作嫁接丁香、桂花的砧木。栽培于庭园或作行道树。木材作细工材料。亦可放养白蜡虫。

分布：大部分地区栽培或分布；海拔达3000m。

中文名

322

管花木樨

Osmanthus delavayi

木樨科 Oleaceae

木樨属 *Osmanthus*

描述

植株：常绿灌木，高约2米，稀高达5米。

茎：小枝灰褐色，幼枝红棕色，均密被柔毛。

叶：叶片厚革质，长圆形，宽椭圆形或宽卵形，长1～2.5（～4）厘米，宽1～1.5（～2）厘米，先端锐尖至钝，具小尖头，基部宽楔形，叶缘具6～10对锐尖锯齿，齿长约1毫米，腺点在两面呈小针孔状凹点或小针尖状突起，中脉在两面凸起，沿上面中脉被柔毛，近叶柄处尤密，侧脉4～5对，在两面均不凸起；叶柄长2～3毫米，被柔毛，或至少幼时被柔毛。

花：花序簇生于叶腋或小枝顶端，每腋内具4～8朵花；花梗长2～5毫米，无毛，稀略被柔毛；苞片宽卵形，先端锐尖，稍被柔毛，边缘具睫毛，通常早落；花芳香；花萼长2～4毫米，裂片与萼管几等长，具睫毛；花冠白色，花冠管长6～10毫米，径1～2毫米，裂片长4～6毫米；雄蕊着生于花冠管中部，花丝长约1毫米，花药长约2毫米，药隔延伸成一明显小尖头；雌蕊长3～4毫米，花柱长约2.5毫米，柱头明显2裂。

果和种子：果椭圆状卵形，长1～1.2厘米，呈蓝黑色。

花果期：花期4～5月，果期9～10月。

药用价值：叶、皮入药。有清热、消炎、止血、生肌之功效。用于慢性支气管炎。外用于骨折、外伤出血、扭伤疼痛。

分布：丽江、宁蒗；海拔2400～3100m。

321

321

322

中文名

描述

323

云南丁香

Syringa yunnanensis

木樨科 Oleaceae

丁香属 *Syringa*

植株：灌木，通常高2～5米。

茎：枝直立，灰褐色，无毛，具皮孔，小枝红褐色，圆柱形或略呈四棱形，无毛，稀有被微柔毛，具白色皮孔。

叶：叶片椭圆形、椭圆状披针形或倒卵形至倒披针形，长2～8（～13）厘米，宽1～3.5（～5.5）厘米，先端锐尖或短渐尖，基部楔形或宽楔形，稀近圆形，叶缘具短睫毛或无毛，上面深绿色，下面粉绿色，无毛，稀仅沿叶脉略被微柔毛，有时具褐色斑点；叶柄长0.5～2厘米，无毛。

花：圆锥花序直立，由顶芽抽出，塔形；花冠白色、淡紫红色或淡粉红色，呈漏斗状。

果和种子：果长圆柱形，长1.2～1.7厘米，先端锐尖而具小尖头或钝，稍被皮孔。

花果期：花期5～6月，果期9月。

药用价值：枝、树干入药。有清心热、助消化之功效。用于头痛、失眠。

分布：丽江、香格里拉、德钦、贡山、维西；海拔2400～3700m。

中文名

描述

324

丽江马铃苣苔

Oreocharis forrestii

苦苣苔科 Gesneriaceae

马铃苣苔属 *Oreocharis*

植株：多年生草本。

茎：根状茎长2～4厘米，直径8～18毫米。

叶：叶全部基生，具短柄；叶片卵状长圆形或狭卵形，长3～11厘米，宽1.5～4.5厘米，顶端钝，基部楔形或宽楔形，边缘具重锯齿，两面均被锈色长柔毛和白色短柔毛，侧脉每边7～11条；叶柄长达3厘米，密被锈色长柔毛。

花：聚伞花序2次分枝。花冠细筒状，长约1.5厘米，外面疏被短柔毛，内面无毛，黄色。

果和种子：蒴果长圆状披针形，长1.7～2.5厘米，直径4～5毫米，外面无毛，黄褐色。

花果期：花期7～8月，果期10月。

药用价值：全草入药。有清热解毒之功效。用于咽喉炎。

分布：丽江；海拔2700～3600m。

323

323

324

中文名 | 描述

325

鞭打绣球

Hemiphragma heterophyllum

车前科 Plantaginaceae

鞭打绣球属 *Hemiphragma*

植株：多年生铺散匍匐草本，全体被短柔毛。

茎：茎纤细，多分枝，节上生根，茎皮薄，老后易于破损剥落。

叶：叶2型；主茎上的叶对生，叶柄短，长2～5毫米或有时近于无柄或柄长至10毫米，叶片圆形，心形至肾形，长8～20毫米，顶端钝或渐尖，基部截形，微心形或宽楔形，边缘共有锯齿5～9对，叶脉不明显；分枝上的叶簇生，稠密，针形，长3～5毫米，有时枝顶端的叶稍扩大为条状披针形。

花：花单生叶腋，花萼裂片5近于相等，三角状狭披针形；花冠白色至玫瑰色，辐射对称，花冠裂片5。

果和种子：果实卵球形，红色，种子浅棕黄色。

花果期：花期4～6月，果期6～8月。

药用价值：全草入药。

分布：各地有分布（河谷地区除外）；海拔1800～3500（～4100）m。

中文名 | 描述

326

杉叶藻

Hippuris vulgaris

车前科 Plantaginaceae

杉叶藻属 *Hippuris*

植株：多年生水生草本，全株光滑无毛。

茎：茎直立，多节，常带紫红色，高8～150厘米，上部不分枝，下部合轴分枝，有匍匐白色或棕色肉质根茎，节上生多数纤细棕色须根，生于泥中。

叶：叶条形，轮生，两型，无柄，（4～）8～10（～12）片轮生。叶条形或狭长圆形。

花：花细小，两性，稀单性，无梗，单生叶腋；萼与子房大部分合生成卵状椭圆形，萼全缘，常带紫色；无花盘；雄蕊1，生于子房上略偏一侧。

果和种子：果为小坚果状，卵状椭圆形，长约1.2～1.5毫米，直径约1毫米，表面平滑无毛，外果皮薄，内果皮厚而硬，不开裂，内有1种子，外种皮具胚乳。

花果期：花期4～9月，果期5～10月。

药用价值：全草入药。味苦、微甘，性凉。有镇咳、舒肝、凉血止血、养阴生津之功效。用于肺结核咳嗽、两肋疼痛、高热烦渴、肠胃发炎、痨热骨蒸。

分布：丽江、香格里拉、德钦；海拔2700～3300m。

325

325

326

中文名

327

疏花车前

Plantago asiatica subsp. *erosa*

车前科 Plantaginaceae

车前属 *Plantago*

描述

叶：叶脉3～5条。

花：穗状花序通常稀疏、间断；花萼长2～2.5毫米，龙骨突通常延至萼片顶端；花冠裂片较小，长（0.7～）1～1.1毫米；蒴果圆锥状卵形，长3～4毫米；种子6～15，长1.2～1.7（～2）毫米。

花果期：花期5～7月，果期8～9月。

药用价值：种子、全草入药。用于泌尿系统感染、结石、肾炎水肿、小便不利、肠炎、细菌性痢疾、急性黄疸型肝炎、支气管炎、急性眼结膜炎。

分布：宾川、丽江、维西、德钦、香格里拉、贡山、福贡、腾冲；海拔600～3000m。

中文名

328

大车前

Plantago major

车前科 Plantaginaceae

车前属 *Plantago*

描述

植株：二年生或多年生草本。

根：须根多数。

茎：根茎粗短。

叶：叶基生呈莲座状，平卧、斜展或直立；叶片草质、薄纸质或纸质，宽卵形至宽椭圆形。

花：花序1至数个；花序梗直立或弓曲上升；穗状花序细圆柱状，基部常间断；苞片宽卵状三角形，长1.2～2毫米，宽与长约相等或略超过，无毛或先端疏生短毛，龙骨突宽厚。花冠白色，无毛。

果和种子：蒴果近球形、卵球形或宽椭圆球形，长2～3毫米，于中部或稍低处周裂。种子（8～）12～24（～34），卵形、椭圆形或菱形，长0.8～1.2毫米，具角，腹面隆起或近平坦，黄褐色；子叶背腹向排列。

花果期：花期6～8月，果期7～9月。

药用价值：全草、种子入药。有清热利尿之功效。

分布：云南西北；海拔1000～2900m。

327

328

328

中文名

描述

329

北水苦荬

Veronica anagallisaquatica

车前科 Plantaginaceae
婆婆纳属 *Veronica*

植株：多年生（稀为一年生）草本，通常全体无毛，极少在花序轴、花梗、花萼和蒴果上有几根腺毛。

根：根茎斜走。

茎：茎直立或基部倾斜，不分枝或分枝，高10～100厘米。

叶：叶无柄，上部的半抱茎，多为椭圆形或长卵形，少为卵状矩圆形，更少为披针形，长2～10厘米，宽1～3.5厘米，全缘或有疏而小的锯齿。

花：花序比叶长，多花；花梗与苞片近等长，上升，与花序轴成锐角，果期弯曲向上，使蒴果靠近花序轴，花序通常不宽于1厘米；花萼裂片卵状披针形，急尖，长约3毫米，果期直立或叉开，不紧贴蒴果；花冠浅蓝色，浅紫色或白色，直径4～5毫米，裂片宽卵形；雄蕊短于花冠。

果和种子：蒴果近圆形，长宽近相等，几乎与萼等长，顶端圆钝而微凹，花柱长约2毫米（西藏产的植物的花柱常短至1.5毫米）。

花果期：花期4～9月。

药用价值：全草、根、果入药。嫩苗可蔬食。

分布：洱源、丽江、香格里拉、德钦、福贡；海拔1200～3100m。

中文名

描述

330

疏花婆婆纳

Veronica laxa

车前科 Plantaginaceae
婆婆纳属 *Veronica*

植株：植株高（15）50～80厘米，全体被白色多细胞柔毛。

茎：茎直立或上升，不分枝。

叶：叶无柄或具极短的叶柄，叶片卵形或卵状三角形，长2～5厘米，宽1～3厘米，边缘具深刻的粗锯齿，多为重锯齿。

花：总状花序单支或成对，侧生于茎中上部叶腋，长而花疏离，果期长达20厘米；花冠辐状，紫色或蓝色。

果和种子：蒴果倒心形，长4～5毫米，宽5～6毫米，基部楔状浑圆，有多细胞睫毛，花柱长3～4毫米。种子南瓜子形，长略过1毫米。

花果期：花期6月。

药用价值：全草入药。用于疮疡肿毒等病。

分布：腾冲、兰坪、福贡、维西；海拔950～3400m。

329
329
330
330

中文名 描述

331

小婆婆纳

Veronica serpyllifolia

车前科 Plantaginaceae

婆婆纳属 *Veronica*

茎：茎多支丛生，下部匍匐生根，中上部直立，高10～30厘米，被多细胞柔毛，上部常被多细胞腺毛。

叶：叶无柄，有时下部的有极短的叶柄，卵圆形至卵状矩圆形，长8～25毫米，宽7～15毫米，边缘具浅齿缺，极少全缘，3～5出脉或为羽状叶脉。

花：总状花序多花，单生或复出，果期长达20厘米，花序各部分密或疏地被多细胞腺毛；花冠蓝色、紫色或紫红色，长4毫米。

果和种子：蒴果肾形或肾状倒心形，长2.5～3毫米，宽4～5毫米，基部圆或几乎平截，边缘有一圈多细胞腺毛，花柱长约2.5毫米。

花果期：花期4～6月。

药用价值：全草入药。有活血散瘀、止血、解毒之功效。用于月经不调、跌打损伤、口疮、烫伤、创伤出血、蛇咬伤。

分布：丽江、宁蒗、维西、鹤庆、香格里拉、贡山、德钦；海拔1500～3500m。

中文名 描述

332

紫花醉鱼草

Buddleja fallowiana

玄参科 Scrophulariaceae

醉鱼草属 *Buddleja*

植株：灌木，高1～5米。

茎：枝条圆柱形；枝条、叶片下面、叶柄、花序、苞片、花萼和花冠的外面均密被白色或黄白色星状绒毛及腺毛。

叶：叶对生，叶片纸质，窄卵形、披针形或卵状披针形，长5～14厘米，宽2～5厘米，顶端渐尖或急尖，基部圆、宽楔形或楔形，有时下延至叶柄基部，叶缘具细齿，齿端有尖凸尖，上面深绿色，幼时被疏星状毛，后变无毛；侧脉每边8～10条，上面扁平，干后稍凹陷，下面略凸起；叶柄长5～10毫米。

花：花芳香，多朵组成顶生的穗状聚伞花序；花冠紫色，喉部橙色。

果和种子：蒴果长卵形，长6～9毫米，直径3～4毫米，被疏星状毛，基部有宿存花萼；种子长圆形，长0.5毫米，褐色，周围有翅，翅宽约0.5毫米。

花果期：花期5～10月，果期7～12月。

药用价值：花入药。有清热解毒、除湿利肝之功效。用于黄疸型肝炎。

分布：丽江、香格里拉；海拔2700～3800m。

331

331

332

中文名 | 描述

333

重齿玄参

Scrophularia diplodonta

玄参科 Scrophulariaceae

玄参属 *Scrophularia*

植株：多年生草本，高达70厘米。

根：根粗壮。

茎：茎中空，有细纵纹，有时上部四棱形，基部有苞片状鳞叶。

叶：叶柄长达2厘米，有狭翅；叶片薄纸质，披针形至卵形，长5～10厘米，基部作宽狭不等的楔形至亚心脏形，边缘有单或重锯齿。

花：花序顶生，但有时为侧枝的花序所超越，未伸展前呈伞房状，伸展后呈圆锥状；花冠白绿色。

果和种子：蒴果长卵圆形，连同尖喙常长约1厘米。

花果期：花期5～6月，果期7～8月。

药用价值：根入药。有解热消炎之功效。用于烦渴热病、咽喉肿痛。

分布：丽江、贡山、鹤庆；海拔3000～3600m。

中文名 | 描述

334

穗花玄参

Scrophularia spicata

玄参科 Scrophulariaceae

玄参属 *Scrophularia*

植株：多年生草本，高50～150厘米。

根：地下茎垂直向下，生有须根，端有膨大结节。

茎：茎多少四棱形，有白色髓心，棱上有狭翅，上部有短腺毛，下部有疏长毛。

叶：叶柄长达5厘米，扁薄有狭翅，基部宽；叶片矩圆状卵形至卵状披针形，长达10厘米，宽达4厘米，基部两侧多少不等，宽楔形至多少心状戟形，边有圆齿或较尖的锯齿。

花：花序顶生，狭长穗状，长达50厘米，聚伞花序复出，含花多而密，对生或近对生而形成有间隔的轮状，多至20对，总花梗和花梗极短，有密腺毛；花萼长4～5毫米，裂片卵状披针形，锐尖至稍钝；花冠绿色或黄绿色，长8～10毫米，上唇长于下唇约1.5～2毫米，裂片卵形，边缘相重叠，下唇中裂片较小；雄蕊稍短于下唇，退化雄蕊倒卵形至近圆形；花柱稍长于子房，长约3.5毫米。

果和种子：蒴果长卵至卵形，连同短喙长达8毫米。

花果期：花期7～8月，果期8～9月。

药用价值：根入药。有解热、透疹、滋阴降火、生津、解毒之功效。用于麻疹、天花、水痘、热病烦渴。

分布：丽江、德钦、洱源、鹤庆；海拔1270～3300m。

333 333 334 334

中文名

335

毛蕊花

Verbascum thapsus

玄参科 Scrophulariaceae

毛蕊花属 *Verbascum*

描述

植株：二年生草本，高达1.5米，全株被密而厚的浅灰黄色星状毛。

叶：基生叶和下部的茎生叶倒披针状矩圆形，基部渐狭成短柄状，长达15厘米，宽达6厘米，边缘具浅圆齿，上部茎生叶逐渐缩小而渐变为矩圆形至卵状矩圆形，基部下延成狭翅。

花：穗状花序圆柱状，长达30厘米，直径达2厘米，结果时还可伸长和变粗，花密集，数朵簇生在一起（至少下部如此），花梗很短；花萼长约7毫米，裂片披针形；花冠黄色，直径1～2厘米；雄蕊5，后方3枚的花丝有毛，前方二枚的花丝无毛，花药基部多少下延而成个字形。

果和种子：蒴果卵形，约与宿存的花萼等长。

花果期：花期6～8月，果期7～10月。

药用价值：全草、根皮、鲜叶入药。全草有小毒。有清热解毒、止血之功效。用于肺炎、阑尾炎。外用于创伤出血、关节扭伤、疮毒。根皮用于膀胱炎。鲜叶用于外伤。

分布：贡山、泸水、香格里拉、维西、丽江、鹤庆、剑川；海拔1650～3280m。

中文名

336

两头毛

Incarvillea arguta

紫葳科 Bignoniaceae

角蒿属 *Incarvillea*

描述

植株：多年生具茎草本，分枝，高达1.5米。

叶：叶互生，为1回羽状复叶，不聚生于茎基部，长约15厘米；小叶5～11枚，卵状披针形长3～5厘米，宽15～20毫米，顶端长渐尖，基部阔楔形，两侧不等大，边缘具锯齿，上面深绿色，疏被微硬毛，下面淡绿色，无毛。

花：顶生总状花序，有花6～20朵；苞片钻形，长3毫米，小苞片2，长不足1.5毫米；花梗长0.8～2.5厘米。花冠淡红色、紫红色或粉红色，钟状长漏斗形，长约4厘米，直径约2厘米；花冠筒基部紧缩成细筒，裂片半圆形，长约1厘米，宽约1.4厘米。

果和种子：果线状圆柱形，革质，长约20厘米。种子细小，多数，长椭圆形，两端尖，被丝状种毛。

花果期：花、期3～7月，果期9～12月。

药用价值：根、全草入药。味苦，性凉。有消炎、止痛、祛风除湿、活血散瘀之功效。用于跌打损伤、腹泻、消化不良、慢性胃炎。

分布：云南西北；海拔1400～2700（～3400）m。

335

336

336

中文名 | 描述

337

密生波罗花
Incarvillea compacta

紫葳科 Bignoniaceae
角蒿属 *Incarvillea*

植株：多年生草本，花期高达20厘米，果期高30厘米。

根：根肉质，圆锥状，长15～23厘米。

叶：叶为1回羽状复叶、聚生于茎基部，长约8～15厘米；侧生小叶2～6对，卵形，长2～3.5厘米，宽1～2厘米，顶端渐尖，基部圆形，顶端小叶近卵圆形，比侧生小叶较大，全缘。

花：总状花序密集，聚生于茎顶端，1至多花从叶腋中抽出；苞片长1.8～3厘米；小苞片2；花梗长1～4厘米，线形。花冠红色或紫红色，长3.5～4厘米，直径约2厘米，花冠筒外面紫色，具黑色斑点，内面具少数紫色条纹，裂片圆形，长1.7～2.8厘米，宽2～3.9厘米，顶端微凹，具腺体。

果和种子：蒴果长披针形，两端尖，木质，具明显的4棱，长约11厘米左右，宽及厚约1厘米。

花果期：花期5～7月，果期8～12月。

药用价值：花、种子、根入药。根用于胃病、高血压。花、种子、根用于胃病、黄疸、消化不良、耳流脓、月经不调、高血压、肺出血。

分布：丽江、香格里拉、德钦、维西、永宁等县；海拔3400～4570m。

中文名 | 描述

338

红波罗花
Incarvillea delavayi

紫葳科 Bignoniaceae
角蒿属 *Incarvillea*
濒危级别：易危（VU）

植株：多年生草本，无茎，高达30厘米，全株无毛。

叶：叶基生，1回羽状分裂，长8～25厘米；侧生小叶4～11对，小叶长椭圆状披针形；顶生小叶长1.5～3.5厘米，宽1～2.5厘米，与顶部的一对侧生小叶汇合。

花：总状花序有2～6花，着生于花葶顶端。花冠钟状，红色，长约6.5厘米，直径3.5厘米，花冠筒长约5厘米，裂片5，半圆形。

果和种子：蒴果木质，4棱形，灰褐色，长5～7.5厘米。种子阔卵形，上面无毛，下面被毛。

花果期：花期7月。

药用价值：根入药。味甘、淡，性温。有滋补强壮、补血养血之功效。用于产后少乳、体虚、头晕、贫血。云南富民县兽医用全草于牛马锅底癀。

分布：大理、洱源、宾川；海拔2400～3500m。

337

337

338

339

中文名

鸡肉参

Incarvillea mairei

紫葳科 Bignoniaceae

角蒿属 *Incarvillea*

描述

植株：多年生草本，无茎，高30～40厘米。

叶：叶基生，为1回羽状复叶；侧生小叶2～3对，卵形，顶生小叶较侧生小叶大2～3倍，阔卵圆形，顶端钝，基部微心形，长达11厘米，宽达9厘米，边缘具钝齿，侧生小叶近无柄。

花：总状花序有2～4朵花，着生花序近顶端；花葶长达22厘米；花梗长1～3厘米；小苞片2，线形，长约1厘米。花冠紫红色或粉红色，长7～10厘米，直径5～7厘米，花冠筒长5～6厘米，下部带黄色，花冠裂片圆形。

果和种子：蒴果圆锥状，长6～8厘米，粗约1厘米，具不明显的棱纹。种子多数，阔倒卵形，长4毫米，宽6毫米，膜质、不增厚，淡褐色，边缘具薄膜质的翅，腹面具微小的鳞片。

花果期：花期5～7月，果期9～11月。

药用价值：根入药。生用于凉血生津、干用调血。熟用于补血、调经、骨折肿痛、产后少乳、体虚、久病虚弱、头晕、贫血。

分布：丽江、香格里拉、永胜、鹤庆、洱源；海拔2400m～3650m。

340

中文名

角蒿

Incarvillea sinensis

紫葳科 Bignoniaceae

角蒿属 *Incarvillea*

描述

植株：一年生至多年生草本，具分枝的茎，高达80厘米；根近木质而分枝。

叶：叶互生，不聚生于茎的基部，2～3回羽状细裂，形态多变异，长4～6厘米，小叶不规则细裂，末回裂片线状披针形，具细齿或全缘。

花：顶生总状花序，疏散，长达20厘米；花梗长1～5毫米；小苞片绿色，线形，长3～5毫米。花冠淡玫瑰色或粉红色，有时带紫色，钟状漏斗形，基部收缩成细筒，长约4厘米，直径粗2.5厘米，花冠裂片圆形。雄蕊4，2强，着生于花冠筒近基部，花药成对靠合。花柱淡黄色。

花果期：花期5～9月，果期10～11月。

药用价值：全草入药。味辛、苦，性平。有小毒。用于口疮、齿龈溃烂、耳疮、湿疹、疥癣、阴道滴虫病。

分布：维西、德钦等县；海拔1900～3850m。

339

340

340

中文名 | 描述

341

挖耳草
Utricularia bifida

狸藻科 Lentibulariaceae
狸藻属 *Utricularia*

植株：陆生小草本。

根：假根少数，丝状，基部增厚，具多数长0.5～1毫米的乳头状分枝。

茎：匍匐枝少数，丝状，具分枝。

叶：叶器生于匍匐枝上，于开花前凋萎或于花期宿存，狭线形或线状倒披针形，顶端急尖或钝形，长7～30毫米，宽1～4毫米，膜质，无毛，具1脉。捕虫囊生于叶器及匍匐枝上，球形，侧扁，长0.6～1毫米，具柄；口基生，上唇具2条钻形附属物，下唇钝形，无附属物。

花：花序直立，长2～40厘米，中部以上具1～16朵疏离的花；花序梗圆柱状。花冠黄色。

果和种子：蒴果宽椭圆球形，背腹扁，果皮膜质，长2.5～3毫米，室背开裂。种子多数，卵球形或长球形，长0.4～0.6毫米；种皮无毛，具网状突起，网格纵向延长，多少扭曲。

花果期：花期6～12月，果期7月至次年1月。

药用价值：全草入药。用于中耳炎。

分布：云南西北；海拔600～2100m。

中文名 | 描述

342

痢止蒿
Ajuga forrestii

唇形科 Lamiaceae
筋骨草属 *Ajuga*

植株：多年生草本，直立或具匍匐茎，根茎膨大。

茎：茎高6～20厘米，有时达30厘米以上，基部木质化，具分枝，密被灰白色短柔毛或长柔毛。

叶：叶柄长8毫米或几无，具槽及狭翅，毛被同茎；叶片纸质，披针形至卵形或披针状长圆形，长4～8厘米，宽1.8～3.5厘米，稀长达12厘米，宽达4.5厘米，先端钝或圆形，基部楔形，下延，边缘具波状锯齿或圆齿，具缘毛，两面密被灰白色短柔毛或长柔毛。

花：穗状聚伞花序顶生，通常长6厘米左右，由轮伞花序排列组成。花冠淡紫色、紫蓝色或蓝色，筒状。

果和种子：小坚果倒卵状三棱形，背部具网状皱纹，腹部平整，果脐占腹面的2/3或以上。

花果期：花期4～8月，果期5～10月。

药用价值：全草、根入药。味苦，性寒。有清热解毒、止痢、驱虫之功效。用于痢疾、肾炎、咽喉肿痛、肺热咳嗽、蛔虫症、跌打损伤、脉管炎及乳腺炎。大理、丽江一带将全草煎服，用于痢疾及蛔虫等。外用于乳腺炎。

分布：云南西北；海拔1700～3200m。

341

342

中文名 | 描述

343

臭牡丹
Clerodendrum bungei

唇形科 Lamiaceae
大青属 *Clerodendrum*

植株：灌木，高1～2米，植株有臭味；花序轴、叶柄密被褐色、黄褐色或紫色脱落性的柔毛；小枝近圆形，皮孔显著。

叶：叶片纸质，宽卵形或卵形，长8～20厘米，宽5～15厘米，顶端尖或渐尖，基部宽楔形、截形或心形，边缘具粗或细锯齿，侧脉4～6对，表面散生短柔毛，背面疏生短柔毛和散生腺点或无毛，基部脉腋有数个盘状腺体；叶柄长4～17厘米。

花：伞房状聚伞花序顶生，密集；苞片叶状，披针形或卵状披针形。

果和种子：核果近球形，径0.6～1.2厘米，成熟时蓝黑色。

花果期：花果期5～11月。

药用价值：茎叶、根、花入药。茎叶味辛、苦，性温。有行血散瘀、消肿解毒、收敛止血及降压之功效。用于痈疽疔疮、肺痈、乳腺炎、跌打损伤、风湿性关节炎、子宫脱垂、脱肛及降压。根用于崩漏、白带、头晕虚咳、胃炎、高血压、毒蛇咬伤。花用于头晕、疔疮、疝气。叶亦可外用蒸洗。

分布：维西、香格里拉、丽江、腾冲；海拔1300～2600m。

中文名 | 描述

344

寸金草
Clinopodium megalanthum

唇形科 Lamiaceae
风轮菜属 *Clinopodium*

植株：多年生草本。

茎：茎多数，自根茎生出，高可达60厘米，基部匍匐生根，简单或分枝，四棱形，具浅槽，常染紫红色，极密被白色平展刚毛，下部较疏，节间伸长，比叶片长很多。

叶：叶三角状卵圆形，长1.2～2厘米，宽1～1.7厘米，先端钝或锐尖，基部圆形或近浅心形，边缘为圆齿状锯齿，上面榄绿色，被白色纤毛，近边缘较密，下面较淡，主沿各级脉上被白色纤毛，余部有不明显小凹腺点，侧脉4～5对，与中脉在上面微凹陷或近平坦，下面带紫红色，明显隆起；叶柄极短，长1～3毫米，常带紫红色，密被白色平展刚毛。

花：轮伞花序多花密集，半球形，花时连花冠径达3.5厘米。花冠粉红色，较大，长1.5～2厘米，外面被微柔毛，内面在下唇下方具二列柔毛，冠筒十分伸出。

果和种子：小坚果倒卵形，长约1毫米，宽约0.9毫米，褐色，无毛。

花果期：花期7～9月，果期8～11月。

药用价值：全草、籽入药。味辛、微苦，性凉。有清热、平肝之功效。用于消肿活血、牙痛、小儿疳积、避孕、风湿跌打。籽可壮阳。

分布：云南西北；海拔1300～3500m。

343
343
344
344

中文名

345

匍匐风轮菜

Clinopodium repens

唇形科 Lamiaceae

风轮菜属 *Clinopodium*

描述

植株：多年生柔弱草本。

根：茎匍匐生根，上部上升，弯曲，高约35厘米，四棱形，被疏柔毛，棱上及上部尤密。

叶：叶卵圆形，长1～3.5厘米，宽1～2.5厘米，先端锐尖或钝，基部阔楔形至近圆形，边缘在基部以上具向内弯的细锯齿，上面榄绿色，下面略淡，两面疏被短硬毛，侧脉5～7对，与中肋在上面近平坦或微凹陷下面隆起；叶柄长0.5～1.4厘米，向上渐短，近扁平，密被短硬毛。

花：轮伞花序小，近球状，花时径1.2～1.5厘米，果时径1.5～1.8厘米，彼此远隔；苞叶与叶极相似，具短柄，均超过轮伞花序，苞片针状，绿色，长3～5毫米，被白色缘毛及腺微柔毛。花冠粉红色，长约7毫米，略超出花萼，外面被微柔毛，冠檐二唇形，上唇直伸，先端微缺，下唇3裂。

果和种子：小坚果近球形，直径约0.8毫米，褐色。

花果期：花期6～9月，果期10～12月。

药用价值：全草入药。味苦，性凉。有清热解毒、健胃平肝之功效。用于喉炎、结膜炎、感冒发热、肝炎、小儿疳积、疮节。

分布：云南西北有分布。

中文名

346

皱叶毛建草

Dracocephalum bullatum

唇形科 Lamiaceae

青兰属 *Dracocephalum*

描述

根：根茎短而粗，具粗的须状根。

茎：茎1～2个，渐升或近直立，长9～18厘米，钝四棱形，密被倒向的小毛，红紫色，几不分枝，在花序之下有3～4节。

叶：基出叶及茎下部叶具长柄，柄长达4厘米，叶片坚纸质，卵形或椭圆状卵形，先端圆或钝，基部心形，长2.5～5厘米，宽1.8～2.5（～4）厘米，上面无毛，网脉下陷，下面带紫色，网脉突出，脉上疏被短柔毛或无毛，边缘具圆锯齿；茎上部及花序处之叶具极短柄，卵形或卵圆形。

花：轮伞花序密集，占长度6～8厘米；苞片与萼近等长，倒卵形或扇状倒卵形，脉上疏被短柔毛，边缘密被长睫毛，每侧具3～6齿，齿钝或锐尖，或具细刺。花冠蓝紫色，长2.8～3.5厘米，最宽处达1～1.2厘米，外被柔毛，冠檐二唇形，上唇长约为下唇之1/2，宽1.2厘米，2浅裂，下唇有细的深色斑纹，中裂片伸出，宽0.8厘米。

花果期：花期7～8月。

药用价值：全草入药。用于保胎。

分布：丽江、香格里拉等地；海拔3000～4000m。

345

345

346

中文名 描述

347

松叶青兰

Dracocephalum forrestii

唇形科 Lamiaceae

青兰属 *Dracocephalum*

根：根茎粗而短，密生须状根，顶部生出多茎。

茎：茎直立，高13～28厘米，不分枝，或在上部具少数分枝，叶腋间生有短枝，钝四棱形，被倒向的短毛，节多，节间长1～1.4厘米。

叶：叶几无柄，基部具短鞘，鞘长不超过1毫米，叶片轮廓倒卵圆形，长1.6～2.2厘米，宽1.4～2厘米，羽状全裂，裂片2～3对，生于基部，稀只有1对生于中部，彼此相距1～2毫米（因此似掌状全裂），下面的与中脉成锐角斜展，上面的有时中间的一对与中脉成锐角近直展，线形，长8～21毫米，宽1～1.2毫米，上面无毛，下面被短毛，变无毛。

花：轮伞花序生于茎分枝上部5～10节，长约4～6厘米，通常具2花，密集；苞片似叶，但较小，只具1对裂片，长约为萼之2/3或1/2。长萼长1.6～1.8厘米，外密被短柔毛及短睫毛，2裂至3/7或2/5处，上唇3裂至本身4/5处，3齿近等大，中齿稍长，披针形，先端钻状锐渐尖，下唇2裂稍超过本身基部，齿似上唇之齿，但稍短。花冠蓝紫色，长2.5～2.8厘米，外被短柔毛。花丝疏被毛。

花果期：花期8～9月。

药用价值：全草、幼苗入药。味甘、苦、辛，性凉。用途同美叶青兰。

分布：丽江、香格里拉；海拔2300～3500m。

中文名 描述

348

毛萼香薷

Elsholtzia eriocalyx

唇形科 Lamiaceae

香薷属 *Elsholtzia*

植株：半灌木，高1.5～2米。

茎：小枝近圆柱形，干时褐紫色，具条纹，被灰卷曲疏柔毛。

叶：叶椭圆形或长圆形，长4～12厘米，宽1.5～4.5厘米，先端急尖，基部宽楔形至近圆形，边缘疏生圆齿状锯齿，上面榄绿色，被微柔毛或近无毛，下面灰绿色，被微柔毛及腺点，侧脉4～5对，与中脉在上面下陷下面明显隆起，细脉在下面清晰可见；叶柄长1～3毫米，上面略具沟，被小疏柔毛，下面圆形，被微柔毛。

花：穗状花序于茎、枝上顶生。花冠黄白色，长约7毫米，外面被短柔毛及腺点，内面在冠筒中部以下有毛环，冠筒基部宽1毫米，向上渐宽，至喉部宽达2毫米，冠檐二唇形，上唇直立，先端微缺，下唇开展，3裂，中裂片圆形，全缘，侧裂片较小，半圆形。

花果期：花期9～10月。

药用价值：全草入药。味辛、涩，性温。有健胃、止痒之功效。用于食欲不振、皮肤瘙痒。

分布：云南西北；海拔2700～3400m。

347
347
348
348

中文名 | 描述

349

鸡骨柴
Elsholtzia fruticosa

唇形科 Lamiaceae
香薷属 *Elsholtzia*

植株：直立灌木，高0.8～2米，多分枝。

茎：茎、枝钝四棱形，具浅槽，黄褐色或紫褐色，老时皮层剥落，变无毛，幼时被白色蜷曲疏柔毛。

叶：叶披针形或椭圆状披针形，通常长6～13厘米，宽2～3.5厘米，先端渐尖，基部狭楔形，边缘在基部以上具粗锯齿，近基部全缘，上面榄绿色，被糙伏毛，下面淡绿色，被弯曲的短柔毛，两面密布黄色腺点，侧脉约6～8对，与中脉在上面凹陷下面明显隆起，平行细脉在下面清晰可见；叶柄极短或近于无。

花：穗状花序圆柱状。花冠白色至淡黄色，长约5毫米，外面被蜷曲柔毛，间夹有金黄色腺点，内面近基部具不明显斜向毛环，冠筒长约4毫米，基部宽约1毫米，至喉部宽达2毫米，冠檐二唇形，上唇直立，长约0.5毫米，先端微缺，边缘具长柔毛，下唇开展，3裂，中裂片圆形，长约1毫米，侧裂片半圆形。

果和种子：小坚果长圆形，长1.5毫米，径0.5毫米，腹面具棱，顶端钝，褐色，无毛。

花果期：花期7～9月，果期10～11月。

药用价值：根、叶、茎入药。味涩，性温。有温经通络、祛风除湿之功效。根味苦涩，性温。用于风湿性关节炎。叶用于脚丫糜烂、白壳癞及疥疮。茎叶均含芳香油。

分布：云南均有分布；海拔1450～3200m。

中文名 | 描述

350

淡黄香薷
Elsholtzia luteola

唇形科 Lamiaceae
香薷属 *Elsholtzia*

植株：一年生草本，高8～40厘米。

根：须根密集。

茎：茎直立，简单或多分枝，淡黄色，近圆柱形，被疏柔毛。

叶：叶披针形，长1～3.5厘米，宽0.3～1厘米，先端急尖，基部楔形，边缘具疏锯齿，草质，上面绿色，近无毛，下面淡绿色，被疏柔毛，密布凹陷腺点，侧脉约5对，与中脉在上面下陷下面隆起；叶柄极短或近于无柄。

花：穗状花序长2～5厘米。花冠淡黄色，长5～6.5毫米，外被疏柔毛，内面无毛，冠筒基部宽0.5毫米，向上渐宽，至喉部宽达2毫米，冠檐二唇形，上唇直立，先端微缺，在凹缺处被长缘毛，下唇稍开展，3裂，中裂片近圆形，侧裂片半圆形，边缘均啮蚀状。

果和种子：小坚果长圆形，长约1毫米，黑褐色。

花果期：花期9～10月，果期10～11月。

药用价值：全草入药。味辛香，性微温，无毒。有清暑热、利小便、除胸满、理烦渴、利尿之功效。用于感冒、中暑、热病口渴、心烦胁痛、口臭、舌出血。全草可提取芳香油。

分布：丽江、香格里拉；海拔2200～3600m。

349
349
350
350

中文名

351

野拔子

Elsholtzia rugulosa

唇形科 Lamiaceae

香薷属 *Elsholtzia*

描述

植株：草本至半灌木。

茎：茎高0.3～1.5米，多分枝，枝钝四棱形，密被白色微柔毛。

叶：叶卵形，椭圆形至近菱状卵形，长2～7.5厘米，宽1～3.5厘米，先端急尖或微钝，基部圆形至阔楔形，边缘具钝锯齿，近基部全缘，坚纸质，上面榄绿色，被粗硬毛，微皱，下面灰白色，密被灰白色绒毛，侧脉4～6对，与中脉在上面凹陷，下面明显隆起，细脉在下面清晰可见；叶柄纤细，长0.5～2.5厘米，腹凹背凸，密被白色微柔毛。

花：穗状花序着生于主茎及侧枝的顶部。花冠白色，有时为紫或淡黄色，长约4毫米，外面被柔毛，内面近喉部具斜向毛环，冠筒长约3毫米，基部宽1毫米，至喉部宽达1.5毫米，冠檐二唇形，上唇直立，长不及1毫米，先端微缺，下唇开展，3裂，中裂片圆形，边缘啮蚀状，长宽约1毫米，侧裂片短，半圆形。

果和种子：小坚果长圆形，稍压扁，长约1毫米，淡黄色，光滑无毛。

花果期：花、果期10～12月。

药用价值：全草入药。味苦、辛，性凉。有清热解毒、消食化积、止血止痛之功效。用于伤风感冒、消化不良、腹痛腹胀、肠胃炎、痢疾、鼻衄、咯血、外伤出血、烂疮、蛇咬伤等。全草可提取芳香油。花繁多而花期长，适作各季蜜源植物。

分布：云南各地；海拔1300～2800m。

中文名

352

绵参

Eriophyton wallichii

唇形科 Lamiaceae

绵参属 *Eriophyton*

描述

植株：多年生草本。

根：根肥厚，圆柱形，先端常分叉，有细长的侧根。

茎：茎直立，高10～20厘米，不分枝，钝四棱形，下部通常生于乱石堆中，多少变肉质，带白色，无毛，上部坚硬，直立，被绵毛。

叶：叶变异很大，茎下部叶细小，苞片状，通常无色，无毛，茎上部叶大，两两交互对生，菱形或圆形，长宽约3～4厘米，最顶端的叶渐变小，先端急尖，基部宽楔形，边缘在中部以上具圆齿或圆齿状锯齿，两面均密被绵毛，尤以上面为甚，侧脉约3～4对，均近基部生出，几成掌状，在上面下陷，下面突出，细脉明显；叶柄甚短或近于无柄。

花：轮伞花序通常6花，下承以小苞片；小苞片刺状，密被绵毛；花萼宽钟形。花冠长2.2～2.8厘米，淡紫至粉红色，冠筒略下弯，长约为花冠长之半，冠檐二唇形，上唇宽大，盔状扁合，向下弯曲，覆盖下唇，外面密被绵毛，下唇小，3裂，中裂片略大，先端微缺。

果和种子：小坚果长约3毫米，黄褐色。

花果期：花期7～9月，果期9～10月。

药用价值：全草、根入药。味苦，性寒。有清热解毒之功效。全草用于肺炎、痢疾、水草中毒、食物中毒。可供食用，有滋补、调气血、催乳及提中气之功效。

分布：云南西北；海拔（2700～）3400～4700m。

351

351

352

中文名	描述

353

鼬瓣花
Galeopsis bifida

唇形科 Lamiaceae
鼬瓣花属 *Galeopsis*

植株：草本。

茎：茎直立，通常高20～60厘米，有时可达1米，多少分枝，粗壮，钝四棱形，具槽，在节上加粗但在干时则明显收缢，此处密被多节长刚毛，节间其余部分混生下向具节长刚毛及贴生的短柔毛，在茎上部间或尚混杂腺毛。

叶：茎叶卵圆状披针形或披针形，通常长3～8.5厘米，宽1.5～4厘米，先端锐尖或渐尖，基部渐狭至宽楔形，边缘有规则的圆齿状锯齿，上面贴生具节刚毛，下面疏生微柔毛，间夹有腺点，侧脉6～8对，上面不明显，下面突出；叶柄长1～2.5厘米，腹平背凸，被短柔毛。

花：轮伞花序腋生，多花密集；花冠白、黄或粉紫红色。

果和种子：小坚果倒卵状三棱形，褐色，有秕鳞。

花果期：花期7～9月，果期9月。

药用价值：全草入药。有解毒之功效。用于疮痈、肿毒、梅毒。种子含油质，适用于工业。

分布：云南西北；海拔2300～3400m。

中文名	描述

354

独一味
Lamiophlomis rotata

唇形科 Lamiaceae
独一味属 *Lamiophlomis*

植株：草本，高2.5～10厘米；根茎伸长，粗厚，径达1厘米。

叶：叶片常4枚，辐状两两相对，菱状圆形、菱形、扇形、横肾形以至三角形。

花：轮伞花序密集排列成有短葶的头状或短穗状花序，有时下部具分枝而呈短圆锥状。

花果期：花期6～7月，果期8～9月。

药用价值：根茎或全草入药。味苦，性微寒，有小毒。有活血行瘀、消肿、止血之功效。用于跌打损伤、骨折、腰部扭伤、浮肿后流黄水、关节积液、骨松质发炎。

分布：德钦；海拔2700～4100m。

353

353

354

中文名

355

宝盖草

Lamium amplexicaule

唇形科 Lamiaceae

野芝麻属 *Lamium*

描述

植株：一年生或二年生植物。

茎：茎高10～30厘米，基部多分枝，上升，四棱形，具浅槽，常为深蓝色，几无毛，中空。

叶：茎下部叶具长柄，柄与叶片等长或超过之，上部叶无柄，叶片均圆形或肾形，长1～2厘米，宽0.7～1.5厘米，先端圆，基部截形或截状阔楔形，半抱茎，边缘具极深的圆齿，顶部的齿通常较其余的为大，上面暗橄榄绿色，下面稍淡，两面均疏生小糙伏毛。

花：轮伞花序6～10花，其中常有闭花授精的花；苞片披针状钻形，长约4毫米，宽约0.3毫米，具缘毛。花冠紫红或粉红色，长1.7厘米，外面除上唇被有较密带紫红色的短柔毛外，余部均被微柔毛，内面无毛环，冠筒细长，长约1.3厘米，直径约1毫米，筒口宽约3毫米，冠檐二唇形，上唇直伸，长圆形，长约4毫米，先端微弯，下唇稍长，3裂，中裂片倒心形，先端深凹，基部收缩，侧裂片浅圆裂片状。

果和种子：小坚果倒卵圆形，具三棱，先端近截状，基部收缩，长约2毫米，宽约1毫米，淡灰黄色，表面有白色大疣状突起。

花果期：花期3～5月，果期7～8月。

药用价值：全草入药。味辛、苦，性平。有清热利湿、活血祛风、消毒解肿之功效。用于黄疸型肝炎、淋巴结结核、高血压、筋骨疼痛、面神经麻痹、四肢麻木、半身不遂、跌打损伤、骨折、瘰疬、黄水疮。

分布：云南西北均产；海拔4000m以下。

中文名

356

云南冠唇花

Microtoena delavayi

唇形科 Lamiaceae

冠唇花属 *Microtoena*

描述

植株：多年生草本，直立，高1～2米。

根：根茎粗厚，木质，具须根。

茎：茎四棱形，具极浅的槽，被短柔毛，有时混生平展的具节细刚毛。

叶：叶心形至心状卵圆形，长5～16.5（18）厘米，宽3～13（14）厘米，先端短尾尖，基部截状楔形、截形至心形，边缘为具小突尖的圆齿状粗锯齿，膜质至纸质，上面榄绿色，被细而短的平伏毛，下面较淡，脉上被多或少的短伏毛，有时也被有平展的具节细刚毛，叶柄长2～10厘米，扁平，具条纹，被疏生短微柔毛；苞叶与茎叶同形，顶部的渐小。

花：二歧聚伞花序多花，腋生，或组成顶生的圆锥花序。花冠黄色。

果和种子：小坚果扁圆状三棱形，直径约2毫米，黑褐色。

花果期：花期8月，果期9～10月。

药用价值：全草入药。用于腹痛、风湿痛。

分布：鹤庆、丽江、维西、香格里拉；海拔2200～2600m。

中文名

357

穗花荆芥

Nepeta laevigata

唇形科 Lamiaceae

荆芥属 *Nepeta*

描述

植株：草本。

茎：茎高20～80厘米，钝四棱形，具浅槽，干部基部暗褐色，上部黄绿色，被白色短柔毛。

叶：叶卵圆形或三角状心形，长2.1～6厘米，宽1.5～4.2厘米，先端锐尖，稀钝形，基部心形或近截形，具圆齿状锯齿，坚纸质，上面草黄色，被稀疏的白色短柔毛，下面灰白色，密被白色短柔毛；叶柄长2～12毫米，扁平，具狭翅，被白色长柔毛。

花：穗状花序顶生，密集成圆筒状；最下部的花叶叶状，其余的卵形至披针形，长约9毫米，宽2～5毫米，先端骤尖，草质，苞片线形，其长微超过花叶，被白色柔毛，上部带紫红色。花冠蓝紫色，无毛，其长为萼之1.5倍，冠筒直径约1.5毫米，筒口宽达5毫米，冠檐二唇形，上唇深2裂，裂片圆状卵形，长宽约2毫米，下唇3裂，中裂片扁圆形，长约3毫米，宽约5.5毫米，侧裂片为浅圆裂片状。

果和种子：小坚果卵形，灰绿色，长约1.5毫米，宽约1毫米，十分光亮。

花果期：花期7～8月，果期9～11月。

药用价值：全草入药。有解表、透疹、止血、解毒之功效。

分布：云南西北均产；海拔2300～4000m。

中文名

358

圆齿荆芥

Nepeta wilsonii

唇形科 Lamiaceae

荆芥属 *Nepeta*

描述

植株：多年生草本；根木质，暗褐色，长长下伸，撕裂状，侧生纤维状须根，向上过渡成根茎。

茎：茎高35～70厘米，不分枝，直立，四棱形，疏被倒向的短柔毛。

叶：叶长圆状卵形或椭圆状卵形，长4～7.4厘米，宽1.9～3厘米，先端钝，基部浅心形或近截形，边缘为密圆齿状，先端一圆齿较大，坚纸质，上面橄榄绿色，有时变黑，密被极短柔毛，下面略淡，疏被短柔毛及淡黄色腺点，侧脉6～8，斜上升，与中肋在上面凹陷，下面隆起，网脉在上面凹陷下面稍隆起；茎中部以下的叶几无柄或具极短的柄（长1.5～4毫米），上部的叶无柄。

花：轮伞花序生于茎顶2～6节上。花冠紫色或蓝色，有时白色。

果和种子：小坚果扁长圆形，长2.8毫米，宽1.5毫米，腹面具棱，黑褐色，光滑。

花果期：花期7～9月，果期9～11月。

药用价值：花序入药。用于神经病、癫痫。

分布：德钦、维西、丽江；海拔2580～4060m。

357

357

358

358

中文名

描述

359

深紫糙苏
Phlomis atropurpurea

唇形科 Lamiaceae
橙花糙苏属 *Phlomis*

植株：多年生草本。

根：根粗厚。

茎：茎高20～60厘米，钝四棱形，近无毛，不分枝或分枝。

叶：基生叶及茎生叶卵形，稀狭卵状长圆形，有的茎生叶长圆状披针形。

花：轮伞花序多花，通常1～3个生于主茎或分枝顶部，彼此分离；苞片线状钻形，长3～10毫米，宽至2毫米，被极疏缘毛或近无毛。花冠紫色，上唇带紫黑色。

果和种子：小坚果无毛。

花果期：花期7月。

药用价值：全草入药。味辛、苦。有温热、利水、消肿、解毒之功效。

分布：洱源、丽江、香格里拉；海拔2800～3900m。

中文名

描述

360

黑花糙苏
Phlomis melanantha

唇形科 Lamiaceae
橙花糙苏属 *Phlomis*

植株：多年生草本。

根：根木质，粗厚。

茎：茎高60～90厘米，四棱形，具槽，近无毛。

叶：茎生叶及苞叶卵圆形或阔三角状卵圆形至卵圆状长圆形，长4.5～12厘米，宽2.5～9.5厘米，向上渐变小，先端急尖、渐尖或长渐尖，基部心形，边缘具锯齿状牙齿或牙齿，有时具圆齿，上面橄榄绿色，被糙伏毛，下面较淡，沿边缘被糙伏毛，普遍具隆起的腺点，叶柄长1.2～6厘米。

花：轮伞花序多花，多数，着生于主茎及分枝上部。花冠紫红色，但唇瓣带暗紫色。

果和种子：小坚果无毛。

花果期：花期6～9月，果期7～10月。

药用价值：全草入药。有祛风除湿之功效。用于口眼歪斜、风痰壅盛、痿痹麻木、白癜风、眉发脱落、白带多。

分布：洱源、丽江、香格里拉；海拔3000～3300m。

359

359

360

360

中文名

描述

361

硬毛夏枯草

Prunella hispida

唇形科 Lamiaceae

夏枯草属 *Prunella*

植株：多年生草本。

根：具密生须根的匍匐地下根茎。

茎：茎直立上升，基部常伏地，高15～30厘米，钝四棱形，具条纹，密被扁平的具节硬毛。

叶：叶卵形至卵状披针形，长1.5～3厘米，宽1～1.3厘米，先端急尖，基部圆形，边缘具浅波状至圆齿状锯齿，两面均密被具节硬毛，间或有时多少脱落，侧脉2～3对，不明显，叶柄长0.5～1.5厘米，近于扁平，近叶基处有不明显狭翅，被硬毛；最上一对茎叶直接下承于花序或有一小段距离，近于无柄。

花：轮伞花序通常6花，多数密集组成顶生长2～3厘米宽2厘米的穗状花序。花冠深紫至蓝紫色。

果和种子：小坚果卵珠形，长1.5毫米，宽1毫米，背腹略扁平，顶端浑圆，棕色，无毛。

花果期：花、果期自6月至翌年1月。

药用价值：全草入药。有清热利胆之功效。

分布：云南西北；海拔1500～3800m。

中文名

描述

362

夏枯草

Prunella vulgaris

唇形科 Lamiaceae

夏枯草属 *Prunella*

植株：多年生草木。

根：根茎匍匐，在节上生须根。

茎：茎高20～30厘米，上升，下部伏地，自基部多分枝，钝四棱形，其浅槽，紫红色，被稀疏的糙毛或近于无毛。

叶：茎叶卵状长圆形或卵圆形，大小不等，长1.5～6厘米，宽0.7～2.5厘米，先端钝，基部圆形、截形至宽楔形，下延至叶柄成狭翅，边缘具不明显的波状齿或几近全缘，草质，上面橄榄绿色，具短硬毛或几无毛，下面淡绿色，几无毛，侧脉3～4对，在下面略突出，叶柄长0.7～2.5厘米，自下部向上渐变短；花序下方的一对苞叶似茎叶，近卵圆形，无柄或具不明显的短柄。

花：轮伞花序密集组成顶生长2～4厘米的穗状花序，每一轮伞花序下承以苞片；花冠紫、蓝紫或红紫色。

果和种子：小坚果黄褐色，长圆状卵珠形，长1.8毫米，宽约0.9毫米，微具沟纹。

花果期：花期4～6月，果期7～10月。

药用价值：全草、花序入药。味苦、辛，性寒。全草用于高血压、头晕、面神经麻痹、急性黄疸型肝炎、乳腺炎、结膜炎、淋巴结核、水肿、小儿外感等病症。花序为利尿药。用于淋病、高血压和瘰疬疮。

分布：云南大部分地区有分布；海拔1400～2800（～3000）m。

361

362

中文名

363

狭叶香茶菜

Isodon angustifolia

唇形科 Lamiaceae

香茶菜属 *Isodon*

描述

植株：多年生草本。

根：根粗厚，木质。

茎：茎丛生，高85～116厘米，钝四棱形，具浅槽或无槽，被短柔毛。

叶：茎叶对生，线状长圆形，披针形，倒披针形，有时长圆状倒披针形，长2.2～9.5厘米，宽1～2.4厘米，先端锐尖或钝，基部狭楔形，边缘自基部以上具锯齿或极浅的锯齿，有时近全缘，纸质，上面榄绿色，被极短柔毛及黄色小腺点，中脉上较密，或近无毛，下面较淡，网脉十分隆起，脉上被一贴生短柔毛，中脉上较密，余部密布黄色小腺点；叶柄短，长1～3毫米。

花：花序为由聚伞花序组成的顶生圆锥花序。花冠蓝色。

果和种子：小坚果紫褐色，近圆形，略扁，直径约1.8毫米。

花果期：花期9～10月，果期10～11月。

药用价值：根入药。用于克山病及消化不良。

分布：鹤庆、丽江；海拔1200～2600m。

中文名

364

露珠香茶菜

Isodon irrorata

唇形科 Lamiaceae

香茶菜属 *Isodon*

描述

植株：直立灌木，高0.3～1米。

根：主根粗大，常不规则柱状，直立或平出，其上有细长的侧根，主根及侧根上均有纤细的须根。

茎：茎直立或斜上升，圆柱形，褐灰色，皮层纵向片状剥落，上部多分枝，分枝近圆柱形至钝四棱形，带紫色，被短柔毛。

叶：叶对生，枝下部的叶较小，中部的最大，向上部渐变小而呈苞片状，中部叶片卵形至阔卵形，长1.5～3厘米，宽1.3～2.5厘米，先端钝，基部阔楔形，除叶基1/3外边缘具圆齿，草质，上面深绿色，被白色短硬毛及满布淡黄色腺点，下面淡绿色，仅沿脉上疏被短硬毛，满布淡黄色腺点，侧脉3～4对，在两面尤其是在下面隆起；叶柄短，长1～2毫米。

花：聚伞花序3～5花。花冠蓝色或紫色，外面疏被微柔毛，内面无毛。

果和种子：小坚果卵球形，径约1.5毫米，棕褐色。

花果期：花期6～8月，果期8～10月。

药用价值：根、全草入药。用于感冒发汗、无名肿毒。

分布：鹤庆、丽江（模式标本产地）、德钦；海拔3000～3500m。

367
367
367
368

中文名 | 描述

369

灰岩黄芩
Scutellaria forrestii

唇形科 Lamiaceae
黄芩属 *Scutellaria*

植株：多年生草本。

根：根茎垂直或斜行，粗达8毫米，淡褐色，上部分叉。

茎：茎多数，直立，高（9）15～30厘米，四棱形，具四槽，粗约1毫米，具细条纹，常带紫色，沿棱角上密被倒向的小疏柔毛余部近无毛，分枝。

叶：叶坚纸质，卵圆形或椭圆状卵圆形，长（0.9）1.5～3厘米，宽（0.4）0.9～1.2厘米，先端急尖，基部圆形至浅心形，边缘有波状细圆齿，上面绿色，下面干时常带紫色，上面全部下面主要沿中脉及侧脉上疏被小疏柔毛，侧脉3～4对，与中脉在上面微凹陷下面突出；叶柄长1～1.5毫米，腹面具沟，背面突起，被小疏柔毛。

花：花对生，排列成顶生长（3）6～12厘米的总状花序；花冠紫色或深蓝色。

花果期：花期6月。

药用价值：根入药。

分布：丽江、香格里拉；海拔3000～3300m。

中文名 | 描述

370

丽江黄芩
Scutellaria likiangensis

唇形科 Lamiaceae
黄芩属 *Scutellaria*

植株：多年生草本。

茎：根茎横行或斜行，肥厚，径2～12毫米，内部黄色，常分叉。茎高20～36厘米，直立，多数，褐紫色，四棱形。

叶：叶坚纸质，椭圆状卵圆形或椭圆形。

花：花对生，在茎顶排列成顶生长6.5～12厘米的总状花序。

果和种子：成熟小坚果卵圆形，长1.75毫米，径1.25毫米，黑褐色，具瘤，腹面中央具一果脐。

花果期：花期6～8月；果期8～9月。

药用价值：根入药。味苦，性寒。有清血、凉血、安胎之功效。用于更年期崩漏、胎动不安、热病、肺热咳嗽、肠炎、痢疾、吐血、衄血、便血、热淋等。

分布：云南西北均产；海拔2500～3100m。

369

370

中文名

371

通泉草

Mazus japonicus

通泉草科 Mazaceae

通泉草属 *Mazus*

描述

植株：一年生草本，高3～30厘米，无毛或疏生短柔毛。

根：主根伸长，垂直向下或短缩，须根纤细，多数，散生或簇生。

茎：本种在体态上变化幅度很大，茎1～5支或有时更多，直立，上升或倾卧状上升，着地部分节上常能长出不定根，分枝多而披散，少不分枝。

叶：基生叶少到多数，有时成莲座状或早落，倒卵状匙形至卵状倒披针形，膜质至薄纸质，长2～6厘米，顶端全缘或有不明显的疏齿，基部楔形，下延成带翅的叶柄，边缘具不规则的粗齿或基部有1～2片浅羽裂；茎生叶对生或互生，少数，与基生叶相似或几乎等大。

花：总状花序生于茎、枝顶端，常在近基部即生花，伸长或上部成束状，通常3～20朵，花稀疏；花梗在果期长达10毫米，上部的较短；花萼钟状，花期长约6毫米，果期多少增大，萼片与萼筒近等长，卵形，端急尖，脉不明显；花冠白色、紫色或蓝色，长约10毫米，上唇裂片卵状三角形，下唇中裂片较小，稍突出，倒卵圆形；子房无毛。

果和种子：蒴果球形；种子小而多数，黄色，种皮上有不规则的网纹。

花果期：花果期4～10月。

药用价值：全草入药。有止痛、健胃、解毒之功效。用于偏头痛、消化不良、疔疮、脓疱疮、烫伤。

分布：宾川、丽江；海拔2600m以下。

中文名

372

丁座草

Boschniakia himalaica

列当科 Orobanchaceae

草苁蓉属 *Boschniakia*

描述

植株：植株高15～45厘米，近无毛。

茎：根状茎球形或近球形，直径2～5厘米，常仅有1条直立的茎；茎不分枝，肉质。

叶：叶宽三角形、三角状卵形至卵形，长1～2厘米，宽0.6～1.2厘米。

花：花序总状，长8～20厘米，具密集的多数花。花冠长1.5～2.5厘米，黄褐色或淡紫色，筒部稍膨大；上唇盔状，近全缘或顶端稍微凹。

果和种子：蒴果近圆球形或卵状长圆形。种子不规则球形，亮浅黄色或浅褐色，种皮具蜂窝状纹饰，网眼多边形，漏斗状。

花果期：花期4～6月，果期6～9月。

药用价值：全草入药。有理气止痛、止咳祛痰、消胀健胃之功效。

分布：贡山、福贡、德钦、维西、丽江、香格里拉、宾川；海拔2200～4500m。

371
371
372
372

中文名

373

来江藤
Brandisia hancei

列当科 Orobanchaceae
来江藤属 *Brandisia*

描述

植株：灌木高2～3米，全体密被锈黄色星状绒毛，枝及叶上面逐渐变无毛。

叶：叶片卵状披针形，长3～10厘米，宽达3.5厘米，顶端锐尖头，基部近心脏形，稀圆形，全缘，很少具锯齿；叶柄短，长者达5毫米，有锈色绒毛。

花：花单生于叶腋，花梗长达1厘米，中上部有1对披针形小苞片，均有毛；萼宽钟形，长宽均约1厘米，外面密生锈黄色星状绒毛，内面密生绢毛，具脉10条，5裂至1/3处；萼齿宽短，宽过于长或几相等，宽卵形至三角状卵形，顶端凸突或短锐头，齿间的缺刻底部尖锐；花冠橙红色，长约2厘米，外面有星状绒毛，上唇宽大，2裂，裂片三角形，下唇较上唇低4～5毫米，3裂，裂片舌状；雄蕊约与上唇等长；子房卵圆形，与花柱均被星毛。

果和种子：蒴果卵圆形，略扁平，有短喙，具星状毛。

花果期：花期11月至翌年2月，果期3～4月。

药用价值：全草入药。有清热解毒、祛风除湿之功效。外用于疮疖。地上部分用于骨髓炎、损伤咳嗽、吐血。

分布：宾川、永平、丽江、德钦、贡山；海拔1900～3300m。

中文名

374

钟萼草
Lindenbergia philippensis

列当科 Orobanchaceae
钟萼草属 *Lindenbergia*

描述

植株：多年生粗壮、坚挺、直立、灌木状草本，高可达1米，全体被多细胞腺毛。

茎：茎圆柱形，下部木质化，多分枝。

叶：叶多，叶柄长6～12毫米，叶片卵形至卵状披针形，纸质，长2～8厘米，端急尖或渐尖，基部狭楔形，边缘具尖锯齿。

花：花近于无梗，集成顶生稠密的穗状总状花序；花冠黄色。

果和种子：蒴果长卵形，长约5～6毫米，密被棕色梗毛；种子长约0.5毫米，黄色，表面粗糙。

花果期：花果期11月至次年3月。

药用价值：叶入药。有清热解毒、祛风除湿之功效。用于咽喉肿痛、风热咳嗽、风湿、乳肿、疔疮肿毒、骨髓炎。

分布：泸水；海拔1200～2600m。

373 373

374 374

中文名 | 描述

375

滇列当
Orobanche yunnanensis

列当科 Orobanchaceae
列当属 *Orobanche*

植株：二年生或多年生矮小寄生草本，高15～25厘米，全株密被腺毛。

茎：茎直立，不分枝，基部常膨大。

叶：叶卵状披针形，长1～1.5厘米，宽4～6毫米，生于茎下部的较密，向上渐稀疏，连同苞片、花萼及花冠裂片外面和边缘密被腺毛。

花：花序穗状。花冠常肉红色，极少黄褐色而干后变红褐色或褐色。

果和种子：蒴果椭圆形，长约8毫米，直径3～4毫米。种子长椭圆形，长约0.3毫米，直径0.2毫米，表面具网状纹饰，网眼底部具蜂巢状凹点。

花果期：花期5～6月，果期7～8月。

药用价值：全草入药。有强筋壮骨、补肾之功效。用于肢体瘦弱、小儿麻痹、阳痿遗精。

分布：丽江、香格里拉；海拔2200～3400m。

中文名 | 描述

376

头花马先蒿
Pedicularis cephalantha

列当科 Orobanchaceae
马先蒿属 *Pedicularis*

植株：多年生草本，高12～20厘米，干时多少变黑。

根：根茎短或伸长，节上常有宿存的膜质鳞片，下端多发出2～5条多少纺锤形变粗而肉质的侧根，无主根，须状根散生。

茎：茎单条，或自根颈发出多条，有达6条者，常多少弯曲上升，外围者常基部倾卧，色暗而光滑，有时有毛线，一般仅下部分枝，但亦偶在中下部分枝。

叶：叶多基生，有时成密丛，茎生者常仅1～2枚，基叶有长柄，基叶的叶片椭圆状长圆形至披针状长圆形。

花：花序亚头状，合少数花；花冠深红色。

果和种子：蒴果长卵形，渐尖，上部偏斜。

花果期：花期7月；果期8月。

药用价值：全草入药。用于胃痛。

分布：丽江、香格里拉、德钦、贡山、鹤庆、剑川、洱源；海拔2800～4850m。

375

375

376

中文名 | 描述

377

邓氏马先蒿

Pedicularis dunniana

列当科 Orobanchaceae

马先蒿属 *Pedicularis*

植株： 高大草本，干时多少变黑，全身多褐色之长毛，高可达160厘米。

茎： 茎单出或数条，粗壮中空，大者径可达12毫米，上部有时分枝。

叶： 叶中部者最大，下部者较小而早枯，上部者渐小而变苞片，基部抱茎；叶片长披针形。

花： 花序除下部稍疏外常稠密，多腺毛；花冠较大，黄色。

果实和种子： 蒴果较本系各种都大，卵状长圆形，长17毫米，宽9毫米，两室相等，有小凸尖；种子三角状肾脏形，有清晰的网纹。

花果期： 花期7月，果期8～9月。

药用价值： 有滋阴补肾、补虚健脾、消炎止痛之功效。用于身体虚弱、肾虚、骨蒸潮热、关节疼痛。

分布： 鹤庆、丽江、香格里拉；海拔3400～3800m。

中文名 | 描述

378

全叶马先蒿

Pedicularis integrifolia

列当科 Orobanchaceae

马先蒿属 *Pedicularis*

植株： 低矮多年生草本，高4～7厘米，干时变黑。

根： 根茎变粗，长2～3厘米，径可达1.5厘米，发出纺锤形肉质的根，长达3～4厘米。

茎： 茎单条或多条，自根颈发出，弯曲上升。

叶： 叶狭长圆状披针形，基生者成丛，有长柄达3～5厘米，其叶片长3～5厘米，宽0.5厘米，茎生者2～4对，无柄，叶片狭长圆形，长1.3～1.5厘米，宽0.75～1厘米，均有波状圆齿。

花： 花无梗，花轮聚生茎端，有时下方有疏距者；花冠深紫色，管长20毫米。

果和种子： 蒴果卵圆形而扁平，包于宿萼之内，长约15毫米，宽7毫米。

花果期： 花期6～7月。

药用价值： 全草入药。用于胃溃疡、水肿、体弱、气喘、疮疖。

分布： 云南西北；海拔2700～5100m。

377
377
378
378

中文名

379

绒舌马先蒿

Pedicularis lachnoglossa

列当科 Orobanchaceae

马先蒿属 *Pedicularis*

描述

植株：多年生草本，一般高20～30厘米，最高者达50厘米，干时变黑。

根：根茎略木质化而多少疏松，粗壮，粗如食指，最粗者径达20毫米，少分枝。

茎：茎常2～5、有时达8条，自根茎顶发出，基部围有已枯的去年丛叶叶柄，直立，有条纹，多少密生褐色柔毛。

叶：叶多基生成丛，有长柄，柄长3.5～8厘米，基部多少变宽；叶片披针状线形。

花：花序总状，长者可达20厘米，花常有间歇；花冠紫红色。

果和种子：蒴果黑色，长卵圆形，稍侧扁，端有刺尖，长达14毫米，宽6毫米，大部为宿萼所包；种子黄白色，有极细的网眼纹，长1.6毫米，宽0.7毫米。

花果期：花期6～7月；果期8月。

药用价值：全草、花入药。用于胃痛、胃溃疡出血。

分布：丽江、香格里拉、德钦、剑川、鹤庆；海拔2800～4100m。

中文名

380

大王马先蒿

Pedicularis rex

列当科 Orobanchaceae

马先蒿属 *Pedicularis*

描述

植株：多年生草本，高10～90厘米，干时不变黑色。

根：主根粗壮，向下，在接近地表的根颈上生有丛密细根。

茎：茎直立，有棱角和条纹，有毛或几无毛，分枝或不分枝，但在顶芽受损的情况下则上部大量分枝。

叶：叶3～5枚而常以4枚较生，有叶柄，其柄在最下部者常不膨大而各自分离，其较上者多强烈膨大，而与同轮中者互相结合成斗状体，其4高达5～15毫米；叶片羽状全裂或深裂，变异也极大，长3.5～12厘米，宽1～4厘米，裂片线状长圆形至长圆形，宽4～8毫米，缘有锯齿。

花：花序总状，其花轮尤其在下部者远距，苞片基部均膨大而结合为4，脉纹明显，前半部叶状而羽状分裂；花无梗；萼长10～12毫米，膜质无毛，齿退化成2枚，宽而圆钝；花冠黄色。

果和种子：蒴果卵圆形，先端有短喙，长10～15毫米；种子长约3毫米，具浅蜂窝状孔纹。

花果期：花期6～8月；果期8～9月。

药用价值：全草入药。有收敛止泻、祛风活络、散寒止咳之功效。用于痢疾、关节冷痛、风湿痛、虚劳咳嗽、腹泻。

分布：丽江、维西、香格里拉、德钦、福贡、洱源、宾川；海拔2500～4300m。

379
379
380
380

中文名

描述

381

华丽马先蒿

Pedicularis superba

列当科 Orobanchaceae

马先蒿属 *Pedicularis*

植株：多年生草本，高30～90厘米。

根：根粗壮而长，近地表处有成丛填根。

茎：茎直立，中空，被有疏毛或无毛，不分枝，节明显，节间长4～10厘米。

叶：叶3～4枚较生，叶柄有毛或至后光滑，下部者基部通常不膨大，分离，上部者常膨大结合；叶片长椭圆形，在最下面的1～2较中最大，长9～13厘米，向上渐小，羽状全裂，裂片披针形或线状披针形，边缘具有缺刻状齿或小裂片。

花：穗状花序长可达20厘米，有时花少数，生于植株顶端；苞片被毛，基部膨大结合成斗状体，高5～10毫米，先端叶状，羽状深裂至全裂。花冠紫红色或红色，长37～50毫米，花管长15～30毫米，近端处稍稍扩大而微向前弯曲；盔部直立，无毛，喙长2～4毫米，下唇宽过于长。

果和种子：蒴果卵圆形而稍扁，两室不等，长20～25毫米，宽10～12毫米。

花果期：花期8月。

药用价值：全草入药。用于强壮剂。

分布：丽江、香格里拉、德钦、洱源、鹤庆；海拔2800～3900m。

中文名

描述

382

纤裂马先蒿

Pedicularis tenuisecta

列当科 Orobanchaceae

马先蒿属 *Pedicularis*

植株：多年生草本，高30～60厘米，直立，干时变黑。

根：侧根成丛，细长，有分枝，圆柱形而向端渐细，长可达11厘米以上，其直径可达5毫米。

茎：茎单一或2～3条自基部同发，坚挺，中空而为圆筒形，下部老时木质化，上部稍有棱角，有时极多分枝，尤以主茎不发达或受伤的情况下如此，密被短柔毛，枝以45°角又分。

叶：叶互生，极端茂密，以45°角展开，无柄，叶片卵状椭圆形至披针状长圆形。

花：花序总状 生于茎枝之端，伸长而多花，长者可达20厘米；花冠紫红色，大小极不划一。

果和种子：蒴果斜披针状卵形，下基线几伸直，仅顶端稍下弯，上线弓曲，一半以上包于宿萼内，长达11毫米，宽达4.5毫米，有时有小刺尖；种子多少卵圆形，长1.5毫米，两端尖，有细螺纹。

花果期：花期8～11月；果9～11月。

药用价值：根、全草入药。有益气补血、止咳祛痰之功效。用于虚弱、虚热、神经衰弱、虚寒咳嗽、支气管哮喘、筋骨疼痛。

分布：丽江、香格里拉、德钦、维西、贡山、兰坪、剑川、鹤庆、宾川；海拔1500～3660m。

381

382

382

中文名

383

松蒿

Phtheirospermum japonicum

列当科 Orobanchaceae

松蒿属 *Phtheirospermum*

描述

植株：一年生草本，高可达100厘米，但有时高仅5厘米即开花，植体被多细胞腺毛。

茎：茎直立或弯曲而后上升，通常多分枝。

叶：叶具长5～12毫米边缘有狭翅之柄，叶片长三角状卵形，长15～55毫米，宽8～30毫米，近基部的羽状全裂，向上则为羽状深裂；小裂片长卵形或卵圆形，多少歪斜，边缘具重锯齿或深裂，长4～10毫米，宽2～5毫米。

花：花具长2～7毫米之梗，萼长4～10毫米，萼齿5枚，叶状，披针形，长2～6毫米，宽1～3毫米，羽状浅裂至深裂，裂齿先端锐尖；花冠紫红色至淡紫红色，长8～25毫米，外面被柔毛；上唇裂片三角状卵形，下唇裂片先端圆钝；花丝基部疏被长柔毛。

果和种子：蒴果卵珠形，长6～10毫米。种子卵圆形，扁平，长约1.2毫米。

花果期：花果期6～10月。

药用价值：全草入药。有清热、利湿之功效。用于感冒、黄疸、水肿、龋齿。

分布：丽江、鹤庆、洱源、香格里拉、德钦、贡山、福贡；海拔3000m以下。

中文名

384

杜氏翅茎草

Pterygiella duclouxii

列当科 Orobanchaceae

翅茎草属 *Pterygiella*

描述

植株：一年生草本，干时变为黑色，直立或弯曲上升，高约20～35厘米，有时可达55厘米。

根：主根不发达，短精，下方发出粗细不等的侧根10～20条，纤细弯曲。

茎：茎多单条或2～7条丛生，实心，基部木质化。

叶：叶全部为茎出，交互对生，基部者早枯。

花：总状花序生于茎枝顶端；花冠黄色。

果实和种子：蒴果黑褐色，短卵圆形。

花果期：花期7～9月；果期9～10月。

药用价值：全草入药。有清热平肝、消肿止痛之功效。用于急慢性肝炎、胃肠炎、咽喉肿痛、牙痛。

分布：洱源、丽江、兰坪、鹤庆、剑川、香格里拉；海拔630～2600m。

383
383
384
384

中文名 | 描述

385

云南沙参
Adenophora khasiana

桔梗科 Campanulaceae
沙参属 *Adenophora*

茎：茎常单支，少两支发自一条茎基上，高可达1米，不分枝，常被白色多细胞细硬毛，少近无毛的。

叶：茎生叶卵圆形，卵形，长卵形或倒卵形，顶端常急尖，基部楔状渐。

花：花序有短的分枝而成狭圆锥状花序或无分枝，仅数朵花组成假总状花序；花冠狭漏斗状钟形；淡紫色或蓝色。

花果期：花期8～10月。

药用价值：根、茎入药。味甘、微苦，性凉。有养阴清肺、化痰、益气之功效。用于肺热燥咳、阴虚劳嗽、干咳痰粘、气阴不足、烦热口干。

分布：鹤庆、丽江、兰坪、维西、德钦；海拔1000～2800m。

中文名 | 描述

386

桔梗
Platycodon grandiflorus

桔梗科 Campanulaceae
桔梗属 *Platycodon*

植株描述：多年生草本，高30～90厘米。

根描述：根肉质，圆柱形，或有分枝。

茎描述：茎高20～120厘米，通常无毛。

叶：叶片卵形，卵状椭圆形至披针形。

花：花冠大，蓝色或紫色。

果和种子：蒴果球状，或球状倒圆锥形，或倒卵状。

花果期：花期7～9月。

药用价值：宣肺，利咽，祛痰，排脓。用于咳嗽痰多，胸闷不畅，咽痛，音哑，肺痈吐脓，疮疡脓成不溃。

分布：滇西北广泛栽培。

中文名 | 描述

387

西南风铃草
Campanula colorata

桔梗科 Campanulaceae
风铃草属 *Campanula*

植株：多年生草本，有时仅比茎稍粗。

根：根胡萝卜状.

茎：茎单生，少2支，更少为数支丛生于一条茎基上，上升或直立，高可达60厘米，被开展的硬毛.

叶：茎下部的叶有带翅的柄，上部的无柄，椭圆形，菱状椭圆形或矩圆形，顶端急尖或钝，边缘有疏锯齿或近全缘，长1～4厘米，宽0.5～1.5厘米，上面被贴伏刚毛，下面仅叶脉有刚毛或密被硬毛。

花：花下垂，顶生于主茎及分枝上，有时组成聚伞花序；花萼筒部倒圆锥状，被粗刚毛，裂片三角形至三角状钻形，长3～7毫米，宽1～5毫米，全缘或有细齿，背面仅脉上有刚毛或全面被刚毛；花冠紫色或蓝紫色或蓝色，管状钟形，长8～15毫米，分裂达1/3～1/2；花柱长不及花冠长的2/3，内藏于花冠筒内。

果和种子：蒴果倒圆锥状。种子矩圆状，稍扁。

花果期：花期5～9月。

药用价值：根入药。有养血、除风、利湿之功效。用于风湿瘫痪、虚劳咯血。

分布：丽江、鹤庆、香格里拉、德钦、贡山、泸水、福贡；海拔1000～4000m。

385

386

385

386

387

387

中文名

388

管钟党参

Codonopsis bulleyana

桔梗科 Campanulaceae

党参属 *Codonopsis*

描述

植株：茎基具少数瘤状茎痕。

根：根常肥大呈长圆锥状或纺锤状，长约15厘米，直径约5毫米，表面灰黄色，近上部有少数环纹，而下部则疏生横长皮孔。

茎：主茎直立或上升，能育，长25～55厘米，直径2～3毫米，下部被毛较密，至上渐疏而几近无毛，黄绿色或灰绿色；侧枝集生于主茎下部，具叶，不育，长1～10厘米，直径约1毫米，灰绿色，密被柔毛。

叶：叶在主茎上的互生，在侧枝上的近于对生，叶柄短，长2.5毫米，直径0.5～1毫米，灰绿色，密被柔毛；叶片心脏形、阔卵形或卵形，顶端钝或急尖，边缘微波状或具极不明显的疏锯齿，或近全缘，叶基心形或较圆钝，长×宽可达1.8×1.4厘米，灰绿色，疏被短细柔毛，叶脉一般不甚显著。

花：花单一，着生于主茎顶端，使茎呈花葶状，花微下垂；花梗长4～8厘米，黄绿色或灰绿色，稀疏被毛或无毛；花冠管状钟形，筒部直径1～1.2厘米，檐部直径2～2.8厘米，浅碧蓝色，筒部有紫晕。

果和种子：蒴果下部半球状，上部圆锥状而有尖喙，长约2.4厘米，直径约1.5厘米，略带红紫色，无毛，宿存的花萼裂片反卷。种子多数，椭圆状，无翼，细小，长约1.5毫米，棕黄色，光滑无毛。

花果期：花果期7～10月。

药用价值：根入药。有滋补、润肺之功效。

分布：丽江、香格里拉、维西、德钦、鹤庆；海拔3300～4200m。

中文名

389

球花党参

Codonopsis subglobosa

桔梗科 Campanulaceae

党参属 *Codonopsis*

濒危级别：近危（NT）

描述

植株：有淡黄色乳汁及较强烈的党参属植物固有的特殊臭味。

茎：茎基具多数细小茎痕，根常肥大，呈纺锤状，圆锥状或圆柱状而较少分枝，表面灰黄色，近上部有细密环纹，而下部则疏生横长皮孔，直径小于3厘米以下的为肉质，再增粗则渐趋于木质。茎缠绕，长约2米，直径3～4毫米，有多数分枝，黄绿或绿色，疏生白色刺毛。

叶：叶在主茎及侧枝上的互生，在小枝上的近于对生，叶柄短，长约0.5～2厘米，有白色疏刺毛，叶片阔卵形，卵形至狭卵形，长0.5～3厘米，宽0.5～2.5厘米，先端钝或急尖，基部浅心形，微凹或圆钝，边缘微波状或具浅钝圆锯齿，上面绿色，有短伏毛，下面灰绿色，叶脉明显突出，并沿网脉上疏生短糙毛。

花：花单生于小枝顶端或与叶柄对生；花冠上位，球状阔钟形，长约2厘米，直径2～2.5厘米，淡黄绿色而先端带深红紫色。

果和种子：蒴果下部半球状，上部圆锥状或有尖喙。种子多数，椭圆状或卵状，无翼，细小，光滑，黄棕色。

花果期：花果期7～10月。

药用价值：根入药。有补中益气之功效。用于脾肺虚弱。炖肉吃可起滋补作用。

分布：丽江、剑川；海拔2500～3500m。

388

388

389

中文名

390

管花党参

Codonopsis tubulosa

桔梗科 Campanulaceae

党参属 *Codonopsis*

描述

根：根不分枝或中部以下略有分枝，长10～20厘米，直径0.5～2厘米，表面灰黄色，上部有稀疏环纹，下部则疏生横长皮孔。

茎：茎不缠绕，蔓生，长约50～75厘米，直径3～4毫米，主茎明显，有分枝，侧枝及小枝具叶，不育或顶端着花，淡绿色或黄绿色，近无毛或疏生短柔毛。

叶：叶对生或在茎顶部趋于互生；叶柄极短，长约1～5毫米，被柔毛；叶片卵形、卵状披针形或狭卵形，长宽可达8×3厘米，顶端急尖或钝，叶基楔形或较圆钝，边缘具浅波状锯齿或近于全缘，上面绿色，疏生短柔毛，下面灰绿色，通常被或密或疏的短柔毛。

花：花顶生，花梗短，长1～6厘米，被柔毛；花萼贴生至子房中部，筒部半球状，密被长柔毛，裂片阔卵形，顶端钝，边缘有波状疏齿，内侧无毛，外侧疏生柔毛及缘毛，长约1.2厘米，宽约8毫米；花冠管状，长2～3.5厘米，直径0～5～1.5厘米，黄绿色，全部近于光滑无毛，浅裂，裂片三角形，顶端尖；花丝被毛，基部微扩大，长约1厘米，花药龙骨状，长3～5毫米。

果和种子：蒴果下部半球状，上部圆锥状。种子卵状，无翼，细小，棕黄色，光滑无毛。

花果期：花果期7～10月。

药用价值：根入药。味甘，性平。有补中益气之功效。用于脾肺虚弱。

分布：兰坪、鹤庆、贡山、丽江、香格里拉；海拔1900～3000m。

中文名

391

束花蓝钟花

Cyananthus fasciculatus

桔梗科 Campanulaceae

蓝钟花属 *Cyananthus*

描述

植株：一年生草本，高30～100厘米。

茎：茎细而近木质，多分枝，侧枝开展，无毛或疏生微柔毛。

叶：叶互生，稀疏，唯花下数枚聚集呈轮生状；叶片心形或三角状卵形，薄纸质，长宽近相等，4～15毫米，无毛或仅有稀疏的短微毛，全缘或微波状，顶端圆钝，基部浅心形或楔形；叶柄纤细，长5～10毫米，无毛或生疏柔毛。

花：花3～5朵集生于枝顶，花梗长2～4毫米，纤细，无毛；花萼筒状，下宽上窄，底部浑圆，长5～7毫米，宽3～5毫米，疏生开展的褐黄色长柔毛，裂片近条形，生睫毛；花冠淡蓝色，筒状钟形，长14～17毫米，外面无毛，内面近喉部生柔毛，裂片倒卵状矩圆形，长约5毫米，宽2～3毫米；子房约与萼筒等长，花柱伸出花冠筒。

果和种子：果实成熟后超出花萼。种子椭圆状，两端尖，长约0.5毫米，宽约0.2毫米。

花果期：花期9～10月。

药用价值：全草入药。有清热解毒、除湿止痛之功效。用于天疱疮、风湿麻木。

分布：宾川、丽江、香格里拉；海拔（2800～）3000～3750m。

390

390

391

中文名 | 描述

392

美丽蓝钟花

Cyananthus formosus

桔梗科 Campanulaceae
蓝钟花属 *Cyananthus*

植株：多年生草本。

茎：茎基粗壮，常分叉，顶部鳞片宿存，鳞片条状披针形，长约5毫米。茎细，多条并生，长10～20厘米，淡紫色，平卧至上升，不分枝或有短分枝，下部有鳞片状叶。

叶：叶互生，茎上部的较大，花下4或5枚聚集而呈轮生状；叶片菱状扇形，长4～9毫米，宽2～6毫米，被毛，上面稀疏，背面密集，叶缘反卷，先端平截，通常有3～5枚钝齿，中间的齿与其它齿近等长，基部宽楔形，或几乎平截形，骤然变狭成柄；柄长3～7毫米。

花：花大，单生于主茎和分枝的顶端，花梗长约3毫米；花萼筒状钟形，筒长8～12毫米，外面密生淡褐色柔毛，裂片狭三角形，长约5毫米，宽2～3毫米，内外均生柔毛；花冠深蓝色或紫蓝色，长约3厘米，筒外无毛，内面喉部密生长柔毛，裂片倒卵状矩圆形，为筒部长的1/2～1/3，先端背部常生一簇柔毛；子房约与花萼筒等长，花柱达花冠喉部，柱头5裂。

花果期：花期8～9月。

药用价值：肉质根入药。有利水消肿之功效。用于水肿、风湿麻木、痒疹。

分布：丽江、香格里拉；海拔2800～3700（～4200）m。

中文名 | 描述

393

山梗菜

Lobelia sessilifolia

桔梗科 Campanulaceae
半边莲属 *Lobelia*

植株：多年生草本，高60～120厘米。

根：根状茎直立，生多数须根。

茎：茎圆柱状，通常不分枝，无毛。

叶：叶螺旋状排列，在茎的中上部较密集，无柄，厚纸质；叶片宽披针形至条状披针形，长2.5～5.5（7）厘米，宽3～16毫米，边缘有细锯齿，先端渐尖，基部近圆形至阔楔形，两面无毛。

花：总状花序顶生；花冠蓝紫色。

果和种子：蒴果倒卵状，长8～10毫米，宽5～7毫米。种子近半圆状，一边厚，一边薄，棕红色，长约1.5毫米，表面光滑。

花果期：花果期7～9月。

药用价值：根、全草入药。味甘，性平。有祛痰止咳、清热解毒之功效。用于支气管炎、痈肿疔毒、蛇咬伤等。根用于利尿、催吐、泻下。全草又可作农药，杀虫、杀蛆。花美丽，可栽培供观赏。

分布：维西、香格里拉、丽江、洱源；海拔1400～3200m。

392

393

393

中文名

描述

394

蓝花参

Wahlenbergia marginata

桔梗科 Campanulaceae

蓝花参属 *Wahlenbergia*

植株：多年生草本，有白色乳汁。

根：根细长，外面白色，细胡萝卜状，直径可达4毫米，长约10厘米。

茎：茎自基部多分枝，直立或上升，长10～40厘米，无毛或下部疏生长硬毛。

叶：叶互生，无柄或具长至7毫米的短柄，常在茎下部密集，下部的匙形，倒披针形或椭圆形，上部的条状披针形或椭圆形，长1～3厘米，宽2～8毫米，边缘波状或具疏锯齿，或全缘，无毛或疏生长硬毛。

花：花梗极长，细而伸直，长可达15厘米；花萼无毛，筒部倒卵状圆锥形，裂片三角状钻形；花冠钟状，蓝色，长5～8毫米，分裂达2/3，裂片倒卵状长圆形。

果和种子：蒴果倒圆锥状或倒卵状圆锥形，有10条不甚明显的肋，长5～7毫米，直径约3毫米。种子矩圆状，光滑，黄棕色，长0.3～0.5毫米。

花果期：花果期2～5月。

药用价值：根入药。味苦，性平。有益气补虚、祛痰止咳、截疟之功效。用于小儿疳积、痰积、小儿肺炎、癫痫、体虚、白带、风湿麻木、高血压等。

分布：云南各地有分布；海拔2000m以下。

中文名

描述

395

尼泊尔香青

Anaphalis nepalensis

菊科 Asteraceae

香青属 *Anaphalis*

植株：多年生草本，根状茎细或稍粗壮，有长达20稀40厘米的细匍枝；匍枝有倒卵形或匙形、长1～2厘米的叶和顶生的莲座状叶丛。

茎：茎直立或斜升，高5～45厘米，或无茎，被白色密棉毛，有密或疏生的叶。

叶：下部叶在花期生存，稀枯萎，与莲座状叶同形，匙形，倒披针形或长圆披针形；上部叶渐狭小；或茎短而无中上部叶；全部叶两面或下面被白色棉毛且杂有具柄腺毛，有1脉或离基三出脉。

花：头状花序1或少数，稀较多而疏散伞房状排列；花序梗长0.5～2.5厘米。

果和种子：瘦果圆柱形，长1毫米，被微毛。

花果期：花期6～9月，果期8～10月。

药用价值：全草入药。有清凉解毒、止咳平喘之功效。用于感冒、咳嗽、气管炎、风湿腿痛、高血压。

分布：德钦、维西、香格里拉、贡山、福贡、兰坪、丽江、大理、鹤庆、洱源；海拔2500～4400m。

394
394
395
395

中文名

396

牛蒡

Arctium lappa

菊科 Asteraceae

牛蒡属 *Arctium*

描述

植株：二年生草本，具粗大的肉质直根，长达15厘米，径可达2厘米，有分枝支根。

茎：茎直立，高达2米，粗壮，基部直径达2厘米，通常带紫红或淡紫红色，有多数高起的条棱，分枝斜升，多数，全部茎枝被稀疏的乳突状短毛及长蛛丝毛并混杂以棕黄色的小腺点。

叶：基生叶宽卵形，长达30厘米，宽达21厘米，边缘稀疏的浅波状凹齿或齿尖，基部心形。茎生叶与基生叶同形或近同形，具等样的及等量的毛被，接花序下部的叶小，基部平截或浅心形。

花：头状花序多数或少数在茎枝顶端排成疏松的伞房花序或圆锥状伞房花序，花序梗粗壮。小花紫红色，花冠长1.4厘米，细管部长8毫米，檐部长6毫米，外面无腺点，花冠裂片长约2毫米。

果和种子：瘦果倒长卵形或偏斜倒长卵形，长5～7毫米，宽2～3毫米，两侧压扁，浅褐色，有多数细脉纹，有深褐色的色斑或无色斑。

花果期：花果期6～9月。

药用价值：果实、根入药。称大力子、恶实、牛蒡子。有除湿、解毒、散结之功效。根有清热解毒、疏风利咽之功效。茎含纤维，可供造纸。种子（瘦果）油供制肥皂和润滑油。牛蒡籽又可作入药和兽入药。根部含大量葡萄糖，可酿酒，作蔬菜食用。

分布：德钦、维西、香格里拉、丽江、泸水、鹤庆、宾川、大理；海拔1800～3200m。

中文名

397

三脉紫菀

Aster ageratoides

菊科 Asteraceae

紫菀属 *Aster*

描述

植株：多年生草本，根状茎粗壮。

茎：茎直立，高40～100厘米，细或粗壮，有棱及沟，被柔毛或粗毛，上部有时屈折，有上升或开展的分枝。

叶：下部叶在花期枯落，叶片宽卵圆形，急狭成长柄；中部叶椭圆形或长圆状披针形，长5～15厘米，宽1～5厘米，中部以上急狭成楔形具宽翅的柄，顶端渐尖，边缘有3～7对浅或深锯齿；上部叶渐小，有浅齿或全缘，全部叶纸质，上面被短糙毛，下面浅色被短柔毛常有腺点，或两面被短茸毛而下面沿脉有粗毛，有离基（有时长达7厘米）三出脉，侧脉3～4对，网脉常显明。

花：头状花序径1.5～2厘米，排列成伞房或圆锥伞房状，花序梗长0.5～3厘米。舌状花约十余个，管部长2毫米，舌片线状长圆形，长达11毫米，宽2毫米，紫色，浅红色或白色，管状花黄色，长4.5～5.5毫米，管部长1.5毫米，裂片长1～2毫米；花柱附片长达1毫米。

果和种子：瘦果倒卵状长圆形，灰褐色，长2～2.5毫米，有边肋，一面常有肋，被短粗毛。

花果期：花果期7～12月。

药用价值：全草入药。味苦、辛，性凉。有疏风、清热解毒、祛痰镇咳之功效。用于风热感冒、咳嗽、扁桃腺炎、支气管炎、疮疖肿毒、蛇咬、蜂螫。

分布：大理、鹤庆、丽江、香格里拉等地；海拔2800～3800m。

396

396

397

中文名

398

巴塘紫菀

Aster batangensis

菊科 Asteraceae

紫菀属 *Aster*

描述

植株：亚灌木，根状茎（或茎）平卧或斜升，多分枝，木质，径达1.5厘米，常扭曲，有密集的枯叶残片，外皮撕裂或缝裂，常有不定根。

茎：枝端有密集丛生的基出条和花茎。基出条短或长达2厘米，有密集的叶和顶生的莲座状叶丛；叶匙形或线状匙形。

叶：下部叶线状匙形或线形；上部叶小，苞叶状；全部叶质较厚，两面被疏短柔毛，有缘毛，中脉与侧脉几平行。

花：头状花序单生，径3～4.5厘米。

果和种子：瘦果长圆形，长几达4毫米，稍扁，下部渐狭，一面有1～2肋，一面有1肋或无肋，被密粗毛。

花果期：花期5～9月；果期9～10月。

药用价值：全草入药。有清热解毒、止痛之功效。

分布：香格里拉、丽江、鹤庆、洱源、大理；海拔2500～4000m。

中文名

399

石生紫菀

Aster oreophilus

菊科 Asteraceae

紫菀属 *Aster*

描述

植株：多年生草本，根状茎横走或斜升，有丛生的茎和莲座状叶丛。

茎：茎直立或斜升，高20～60厘米，粗壮，上部或中部以上常有分枝，被开展的长粗毛，基部被枯叶残片，全部有较密的叶。

叶：莲座状叶狭匙形，长4～8厘米，宽0.6～1.5厘米，下部渐狭成具翅的长柄，全缘或有小尖头状疏齿或浅齿。茎下部叶在花期生存或枯萎，匙状或线状长圆形；中部及上部叶较小，直立，线状或披针状长圆形，基部急狭，半抱茎，全缘，顶端圆形；全部叶质稍厚，两面被密或疏短糙毛，中脉及近基三出脉在下面稍高起。

花：头状花序径2.5～3.5厘米，伞房状排列稀在茎端单生。舌状花约30个或更多，管部长1.5毫米，舌片蓝紫色，长达12毫米，宽达2毫米。管状花长4～5毫米，管部长1.7毫米，裂片长0.7毫米。

果和种子：瘦果倒卵形，稍扁，长几达2毫米，一面有肋，被密绢毛。

花果期：花果期8～10月。

药用价值：全草、花入药。有清热、消炎、解毒、明目之功效。

分布：香格里拉、维西、丽江、鹤庆、剑川、兰坪、洱源、宾川、大理；海拔2300～3600m。

398

399

中文名 | 描述

400

丽江蓟
Cirsium lidjiangense

菊科 Asteraceae
蓟属 *Cirsium*

植株：多年生草本，高70～120厘米。

茎：上部分枝，全部茎枝有条棱，被蛛丝毛或下部被多细胞长节毛，上部或接头状花序下部的蛛丝毛稠密。

叶：下部茎叶大，全形椭圆形，长50～60厘米，宽18～24厘米，二回羽状分裂。全部叶两面异色，上面绿色或淡绿色，被稀疏或极稀疏或稠密的贴伏的针刺，针刺长0.3～1毫米，下面灰白色，被密厚的绒毛。

花：头状花序棉球状，下垂，在茎枝顶端排成总状或总状圆锥花序。小花红紫色，花冠长2.9厘米，细管部长1.9厘米，檐部长1厘米，5浅裂。

果和种子：瘦果褐色，楔状长椭圆形，长5毫米，宽2毫米，顶端截形。

花果期：花果期6～8月。

药用价值：根入药。有清热、止血之功效。

分布：丽江、维西；海拔2300～3800m。

中文名 | 描述

401

牛口刺
Cirsium shansiense

菊科 Asteraceae
蓟属 *Cirsium*

植株：多年草本，高0.3～1.5米。

根：根直伸，直径可达2厘米。

茎：茎直立，上部分枝或有时不分枝，全部茎枝有条棱，或全部茎枝被多细胞长节毛或多细胞长节毛和绒毛兼而有之，但通常中部以上有稠密的绒毛。

叶：中部茎叶卵形、披针形、长椭圆形、椭圆形或线状长椭圆形。全部茎叶两面异色，上面绿色，被多细胞长或短节毛，下面灰白色，被密厚的绒毛。

花：头状花序多数在茎枝顶端排成明显或不明显的伞房花序，少有头状花序单生茎顶而植株仅含1个头状花序的。小花粉红色或紫色，长 1.8厘米，檐部长近1厘米，不等5深裂，细管部长8毫米。

果和种子：瘦果偏斜椭圆状倒卵形，长4毫米，宽2毫米，顶偏截形。

花果期：花果期5～11月。

药用价值：根入药。功效同湖北蓟。

分布：贡山、福贡、香格里拉、维西、丽江、宁蒗、鹤庆、洱源、腾冲；海拔2000～3000（～3600）m。

400
401
401
401

中文名 | 描述

402

白酒草

Conyza japonica

菊科 Asteraceae

香丝草属 *Conyza*

植株：一年生或二年生草本。

根：根斜上，不分枝，少有丛生而呈纤维状。

茎：茎直立，高（15）20～45厘米，或更高，有细条纹，基部径2～4毫米，自茎基部或在中部以上分枝，少有不分枝，枝斜上或开展，全株被白色长柔毛或短糙毛，或下部多少脱毛。

叶：叶通常密集于茎较下部，呈莲座状，基部叶倒卵形或匙形，顶端圆形，基部长渐狭。

花：头状花序较多数，通常在茎及枝端密集成球状或伞房状，干时径11毫米。花全部结实，黄色，外围的雌花极多数，花冠丝状。

果和种子：瘦果长圆形，黄色，长1～1.2毫米，扁压，两端缩小，边缘脉状，两面无肋，有微毛；冠毛污白色或稍红色，长4.5毫米，糙毛状，近等长，顶端狭。

花果期：花期5～9月。

药用价值：全草入药。有消炎止痛、清热解毒之功效。用于感冒、胸膜炎、疮毒、头痛、小儿肺炎。

分布：丽江、腾冲；海拔2500m以下。

中文名 | 描述

403

野茼蒿

Crassocephalum crepidioides

菊科 Asteraceae

野茼蒿属 *Crassocephalum*

植株：直立草本，高20～120厘米。

茎：茎有纵条棱，无毛叶膜质，椭圆形或长圆状椭圆形，长7～12厘米，宽4～5厘米，顶端渐尖，基部楔形，边缘有不规则锯齿或重锯齿，或有时基部羽状裂，两面无或近无毛；叶柄长2～2.5厘米。

花：头状花序数个在茎端排成伞房状，直径约3厘米，总苞钟状，长1～1.2厘米，基部截形，有数枚不等长的线形小苞片；总苞片1层，线状披针形，等长，宽约1.5毫米，具狭膜质边缘，顶端有簇状毛，小花全部管状，两性，花冠红褐色或橙红色，檐部5齿裂，花柱基部呈小球状，分枝，顶端尖，被乳头状毛。

果和种子：瘦果狭圆柱形，赤红色，有肋，被毛；冠毛极多数，白色，绢毛状，易脱落。

花果期：花期7～12月。

药用价值：全草入药。有清热解毒、止咳、消肿之功效。用于感冒、高热、口腔溃疡、扁桃腺炎、肠炎、消化不良、尿路感染、气管炎、扭伤、外伤感染。

分布：德钦、维西、香格里拉、贡山、福贡、泸水、丽江、腾冲；海拔4000m以下。

402
402
403
403

中文名

404

钟花垂头菊
Cremanthodium campanulatum

菊科 Asteraceae
垂头菊属 *Cremanthodium*

描述

植株：多年生草木。

根：根肉质，多数。

茎：茎单生，稀2，直立，高10～30厘米，紫红色，上部被紫色有节柔毛，下部光滑，基部直径2～3毫米，不被枯叶柄纤维包围。

叶：丛生叶和茎基部叶具柄，柄长6～12厘米，被紫色有节柔毛，基部鞘状，叶片肾形，长0.7～2.5厘米，宽1～5厘米，边缘具浅圆齿，齿端有骨质小尖头，或浅裂，裂片7～12，齿间或裂片间有紫色有节柔毛，两面光滑，下面紫色，有时被有节柔毛，叶脉掌状，于两面均突起，常呈白色；茎中部叶具短柄，柄基部呈鞘状，叶片肾形，较小；上部叶卵形或披针形，无鞘，边缘具尖齿。

花：头状花序单生，盘状，下垂；花冠紫红色。

果和种子：瘦果倒卵形，长2～4 毫米，略扁平，顶端平截，有浅的齿冠。

花果期：花果期5～9月。

药用价值：全草入药。用于头伤、骨折。

分布：丽江、香格里拉、维西、德钦、贡山、福贡、泸水；海拔3200～4500m。

中文名

405

壮观垂头菊
Cremanthodium nobile

菊科 Asteraceae
垂头菊属 *Cremanthodium*

描述

植株：多年生草本。

根：根肉质，多数。

茎：茎单生，或多至4个，直立，高15～40厘米，被黑色有节短柔毛，老时下部脱毛，基部直径2～4毫米，被枯叶柄纤维包围。

叶：丛生叶和茎基部叶无柄或有短柄，柄长达3厘米，有宽翅或狭翅，叶片倒卵形、宽椭圆形或近圆形，长1.2～10厘米，宽1～5.5厘米，先端钝或圆形，全缘，基部楔形，下延成柄，两面光滑，叶脉羽状，在下面明显；茎生叶少，狭长圆形至线形，无柄，不抱茎。

花：头状花序单生，下垂，辐射状，总苞半球形，长1.2～1.7厘米，宽2～3厘米，被黑褐色有节短柔毛，总苞片10～14，2层，外层披针形，宽4～5毫米，先端渐尖，内层宽卵形，宽至8毫米，先端急尖，边缘具短毛及宽膜质。舌状花黄色，舌片长披针形或狭椭圆形，长2.5～3.5厘米，宽0.4～1厘米，先端渐尖或尾状渐尖，管部长约3毫米；管状花黄色，多数，长5～6毫米，管部长约1毫米，冠毛白色，与花冠等长。

果和种子：瘦果倒卵形，长2～4 毫米，先端略缢缩呈“短喙”，具明显的肋棱，肋间有时紫红色，光滑。

花果期：花果期6～8月。

药用价值：全草入药。用于疟疾。

分布：洱源、鹤庆、丽江、宁蒗、香格里拉；海拔3400～4200m。

404

404

405

中文名

406

紫茎垂头菊

Cremanthodium smithianum

菊科 Asteraceae

垂头菊属 *Cremanthodium*

描述

植株：多年生草本。

根：根肉质，多数。

茎：茎直立，单生，高10～25厘米，常紫红色，上部被白色和褐色短柔毛，下部光滑，基部直径约3毫米，无枯叶柄纤维。

叶：丛生叶和茎下部叶具柄，柄紫红色，长2～15厘米，上部被紫红色短柔毛或近光滑，叶片肾形，紫红色，长0.5～5厘米，宽1.2～7厘米，先端圆形或凹缺，边缘具整齐的小齿，两面光滑，稀下面幼时具短柔毛，叶脉掌状，网脉在两面均明显突起，常呈白色；茎中上部叶小，1～2，具短柄或无柄，肾形至线状披针形。

花：头状花序单生，辐射状，下垂或近直立，总苞半球形，长8～16毫米，宽1.5～2.5厘米，总苞片12～14，2层，外层披针形，先端急尖或渐尖，内层长圆形或狭倒披针形，宽至5毫米，先端急尖或钝，具宽的膜质边缘，全部总苞片幼时背部被短柔毛，老时光滑。舌状花黄色，舌片长圆形，长1～2厘米，宽3～5毫米，先端钝，全缘或浅裂，管部长约1毫米；管状花多数，黄色，长6～9毫米，管部长约2毫米，檐部筒形，冠毛白色，与花冠等长。

果和种子：瘦果倒披针形，长约4毫米，光滑。

花果期：花果期7～9月。

药用价值：全草入药。用于头伤、骨折。

分布：丽江、宁蒗、香格里拉、德钦；海拔3000～4100（～4750）m。

中文名

407

小鱼眼草

Dichrocephala benthamii

菊科 Asteraceae

鱼眼草属 *Dichrocephala*

描述

植株：一年生草本，高15～35厘米，少有仅高6厘米的，近直立或铺散。

茎：茎单生或簇生，通常粗壮，少有纤细的，常自基部长出多数密集的匍匐斜升的茎而无明显的主茎，或明显假轴分枝而主茎扭曲不显著，或有明显的主茎而基部径约4毫米。整个茎枝被白色长或短柔毛，上部及接花序处的毛常稠密而开展，有时中下部稀毛或脱毛。

叶：叶倒卵形、长倒卵形，匙形或长圆形。全部叶两面被白色疏或密短毛，有时脱毛或几无毛。

花：头状花序小，扁球形，径约5毫米，生枝端，少数或多数头状花序在茎顶和枝端排成疏松或紧密的伞房花序或圆锥状伞房花序；花序梗稍粗，被尘状微柔毛或几无毛。

花果期：花果期全年。

药用价值：全草入药。有消炎止痛、止泻、清热解毒、祛风明目之功效。用于肺炎、小儿消化不良、目翳、口疮、疮疡。外用于鸡眼。

分布：滇大部分地区；海拔1100～3600m。

406

407

中文名 | 描述

408

厚叶川木香

Dolomiaea berardioidea

菊科 Asteraceae

川木香属 *Dolomiaea*

植株：多年生莲座状草本。

根：根粗壮，直伸，直径8毫米。

叶：全部叶基生，莲座状，质地厚，宽卵形，宽椭圆形、扁卵形或长圆形，长8～18厘米，宽8～15厘米，顶端圆形或急尖，基部截形、浅心形或宽楔形，边缘浅波状凹缺或锯齿，齿顶有短刺尖或边缘稀疏短刺尖，两面同色，绿色或下面色淡，粗涩，两面被稠密的短糙毛及黄色小腺点，有长或短叶柄，中脉及侧脉在下面突起。

花：头状花序单生茎基顶端的莲座叶丛中。小花紫红色花冠长3.2厘米，外面有腺点，檐部长1厘米，5深裂，细管部长2.2厘米。

果和种子：瘦果扁三棱形，长7毫米，平滑，顶端有果缘。

花果期：花期7～8月，果期8～9月。

药用价值：根入药。有芳香行气、止痛宽中之功效。用于腹痛、慢性肠胃炎、消化不良、支气管炎。

分布：丽江；海拔2800～3300（～5200）m。

中文名 | 描述

409

小一点红

Emilia prenanthoidea

菊科 Asteraceae

一点红属 *Emilia*

植株：一年生草本。

茎：茎直立或斜升，高30～90厘米，无毛或被疏短毛。

叶：基部叶小，倒卵形或倒卵状长圆形，顶端钝，基部渐狭成长柄，全缘或具疏齿，中部茎叶长圆形或线状长圆形，顶端钝或尖，无柄。

花：小花花冠红色或紫红色，长10毫米，管部细，檐部5齿裂，裂片披针形；花柱分枝顶端增粗。

果和种子：瘦果圆柱形，长约3毫米，具5肋，无毛；冠毛丰富，白色，细软。

花果期：花果期5～10月。

药用价值：全草入药。有清热、利水、凉血、解毒之功效。用于便血、水肿、目赤、扁桃腺炎、乳腺炎、肺炎。

分布：香格里拉、洱源、腾冲；海拔2000m以下。

408

409

409

中文名

410

异叶泽兰
Eupatorium heterophyllum

菊科 Asteraceae
泽兰属 *Eupatorium*

描述

植株：多年生草本，高1～2米，或小半灌木状，中下部木质。

茎：茎枝直立，淡褐色或紫红色，基部径1～2厘米，分枝斜升，上部花序分枝伞房状，全部茎枝被白色或污白色短柔毛，花序分枝及花梗上的毛较密，中下部花期脱毛或疏毛。

叶：叶对生，中部茎叶较大，三全裂、深裂、浅裂或半裂。全部叶两面被稠密的黄色腺点，上面粗涩，被白色短柔毛，下面柔软，被密绒毛而灰白色或淡绿色，羽状脉3～7对，在叶下面稍突起，边缘有深缺刻状圆钝齿。

花：头状花序多数，在茎枝顶端排成复伞房花序，花序径达25厘米。花白色或微带红色，花冠长约5毫米，外面被稀疏黄色腺点。

果和种子：瘦果黑褐色，长椭圆状，长3.5毫米，5棱，散布黄色腺体，无毛；冠毛白色，长约5毫米。

花果期：花果期4～10月。

药用价值：全草、根入药。全草有活血散瘀、除湿止痛、调经行水之功效。用于经闭瘕、产后恶露不行、小便淋漓、腹痛、面身浮肿、跌打损伤、气血瘀滞。外用于跌打损伤、骨折、睾丸炎、刀伤。根有发表之功效。用于防感冒。

分布：德钦、维西、香格里拉、贡山、丽江、洱源；海拔1400～3900m。

中文名

411

林泽兰
Eupatorium lindleyanum

菊科 Asteraceae
泽兰属 *Eupatorium*

描述

植株：多年生草本，高30～150厘米。

根：根茎短，有多数细根。

茎：茎直立，下部及中部红色或淡紫红色，基部径达2厘米，常自基部分枝或不分枝而上部仅有伞房状花序分枝；全部茎枝被稠密的白色长或短柔毛。

叶：下部茎叶花期脱落；中部茎叶长椭圆状披针形或线状披针形，长3～12厘米，宽0.5～3厘米，不分裂或三全裂，质厚，基部楔形，顶端急尖，三出基脉，两面粗糙，被白色长或短粗毛及黄色腺点，上面及沿脉的毛密；自中部向上与向下的叶渐小，与中部茎叶同形同质；全部茎叶基出三脉，边缘有深或浅犬齿，无柄或几乎无柄。

花：头状花序多数在茎顶或枝端排成紧密的伞房花序，花序径2.5～6厘米，或排成大型的复伞房花序，花序径达20厘米；花序枝及花梗紫红色或绿色，被白色密集的短柔毛。花白色、粉红色或淡紫红色，花冠长4.5毫米，外面散生黄色腺点。

果和种子：瘦果黑褐色，长3毫米，椭圆状，5棱，散生黄色腺点；冠毛白色，与花冠等长或稍长。

花果期：花果期5～12月。

药用价值：全草入药。有解表祛湿、和中化浊之功效。用于无汗恶寒、感冒、疟疾、肠寄生虫病。

分布：丽江、鹤庆；海拔2600～3000m。

410

411

411

中文名 | 描述

412

细叶小苦荬

Ixeridium gracile

菊科 Asteraceae

小苦荬属 *Ixeridium*

植株：多年生草本，高10～70厘米。

根：根状茎极短。

茎：茎直立，上部伞房花序状分枝或自基部分枝，全部茎枝无毛。

叶：基生叶长椭圆形、线状长椭圆形、线形或狭线形，长4～15厘米，宽0.4～1厘米，向两端渐狭，基部有长或短的狭翼柄；茎生叶少数，狭披针形、线状披针形或狭线形，上部渐狭，基部无柄；全部叶两面无毛，边缘全缘。

花：头状花序多数在茎枝顶端排成伞房花序或伞房圆锥花序，含6枚舌状小花，花序梗极纤细。

果和种子：瘦果褐色，长圆锥状，长3毫米，有细肋或细脉10条，向顶端渐成细丝状的喙，喙弯曲，长1毫米。

花果期：花果期3～10月。

药用价值：全草入药。有清热、解毒、止痛之功效。

分布：除西双版纳外，广布云南各地；海拔800～3900m。

中文名 | 描述

413

六棱菊

Laggera alata

菊科 Asteraceae

六棱菊属 *Laggera*

植株：多年生草本，分枝或有时不分枝或少分枝。

茎：茎粗壮，直立，高约1米，基部径约8毫米，基部木质，上部多分枝，有沟纹，密被淡黄色腺状柔毛，节间长1～2.5厘米，翅全缘，宽2～5毫米。

叶：叶长圆形或匙状长圆形，无柄，长8～1.8厘米，宽2～7.5厘米，基部渐狭，沿茎下延成茎翅，顶端钝，边缘有疏细齿，两面密被贴生、扭曲或头状腺毛，中脉粗壮，两面均凸起，侧脉通常8～10对，粗细不匀地由中脉发出，离缘网结，网脉极明显，上部或枝生叶小，狭长圆形或线形，长16～35毫米，宽3～7毫米，顶端短尖或钝，边缘有疏生的细齿或有时不显著。

花：头状花序多数，下垂，径约1厘米，作总状花序式着生于具翅的小枝叶腋内，在茎枝顶端排成圆柱形或尖塔形的大型总状圆锥花序；花序梗长10～20毫米，密被腺状短柔毛，无翅。两性花多数，花冠管状；全部花冠淡紫色。

果和种子：瘦果圆柱形，长约1毫米，有10棱，被疏白色柔毛。

花果期：花期10月至翌年2月。

药用价值：全草入药。有消炎镇痛、活血解表、祛风利湿、拔毒散瘀之功效。用于风湿性关节炎、闭经、肾炎水肿、咳嗽身痛、腹痛泄泻、跌打损伤、疔痈瘰疬、湿毒瘙痒。叶与花均含芳香油。

分布：云南大部分地区；海拔2800m以下。

412

412

413

中文名

414

松毛火绒草

Leontopodium andersonii

菊科 Asteraceae

火绒草属 *Leontopodium*

描述

植株：多年生草本。

根：根状茎粗短，上端有花茎和多少平卧，长达15厘米，具有顶生密集缨状叶丛的根出条，在下一年又生长根出条和花茎。

茎：花茎直立高18～70厘米，坚挺，下部木质宿存，不分枝或上部有伞房状花序枝，下部稀有不育的短枝，被平伏的绢状蛛丝状毛，上部常被近黄色棉状茸毛，全部有密集或上部有疏生的叶，节间除上部外长2～5毫米。

叶：叶稍直立或开展，狭线形，上面有蛛丝状毛或近无毛，下面被白色茸毛，中脉细，近无毛，下部叶在花期枯萎宿存；根出条常被长柔毛。苞叶多数，与上部叶等长或较长，卵圆披针形。

花：头状花序径4～6毫米，常10～40个密集。小花异形或雌雄异株。花冠长3～3.5毫米；雄花花冠狭漏斗状，有披针形裂片；雌花花冠丝状。冠毛白色；雄花冠毛上部稍粗厚，有长锯齿；雌花冠毛细，有微锯齿。

花果期：花期8～11月。

药用价值：全草入药。有舒筋活络、润肺理气之功效。丽江用根于高血压。幼苗有清热解毒之功效。

分布：云南西北；海拔1000～3000m。

中文名

415

美头火绒草

Leontopodium calocephalum

菊科 Asteraceae

火绒草属 *Leontopodium*

描述

植株：多年生草本。

茎：根状茎稍细，横走，颈部粗厚，不育茎被密集的叶鞘，有顶生的叶丛，与1至数个花茎簇生。茎从膝曲的基部直立，不分枝，高10～50厘米，粗壮或挺直，被蛛丝状毛或上部被白色棉状茸毛，下部后近无毛，全部或除上部外有叶，节间通常长2～4厘米或上部达10厘米。

叶：基部叶在花期枯萎宿存；叶直立或稍开展，下部叶与不育茎的叶披针形、长披针形或线状披针形；中部或上部叶渐短，卵圆披针形，基部常较宽大，楔形或圆形，抱茎，无柄，全部叶草质，边缘有时稍反折，上面无毛，或有蛛丝状毛或灰色绢状毛，或在上部叶的基部多少被长柔毛或茸毛，下面被白色或边缘被银灰色的薄或厚密的茸毛。

花：头状花序5～20稀25个多少密集，径5～12毫米。小花异形，有1或少数雄花和雌花，或雌雄异株。花冠长3～4毫米；雄花花冠狭漏斗状管状，有卵圆形裂片；雌花花冠丝状。

花果期：花期7～9月，果期9～10月。

药用价值：全草入药。有清热之功效。用于流感。

分布：德钦、香格里拉、维西、贡山、丽江、鹤庆；海拔2800～4000（～4500）m。

414

415

中文名

描述

416

艾叶火绒草

Leontopodium artemisiifolium

菊科 Asteraceae

火绒草属 *Leontopodium*

植株：多年生草本。

茎：根状茎木质，粗短，常成球茎状，有1个或十余个簇生的花茎，茎直立，高30～70厘米。

叶：下部叶常较短，在花期枯萎，常宿存；中部叶长圆状线形；上部叶的基部渐狭。

花：头状花序径3.5～5毫米，7～20个疏松排列或稍密集。

花果期：花期7～11月。

药用价值：根入药。用于扁桃腺炎、咽喉炎、腮腺炎。

分布：德钦、维西、香格里拉、丽江、宁蒗、兰坪；海拔 1600～3400m。

中文名

描述

417

舟叶橐吾

Ligularia cymbulifera

菊科 Asteraceae

橐吾属 *Ligularia*

植株：多年生草本。

根：根肉质，多数。

茎：茎直立，高50～120厘米，具多数明显的纵棱，被白色蛛丝状柔毛和有节短柔毛，基部直径达2.5厘米。

叶：丛生叶和茎下部叶具柄，柄长约15厘米，有翅，翅全缘，宽至4厘米，叶片椭圆形或卵状长圆形，稀为倒卵形，长15～60厘米，宽达45厘米，先端圆形，边缘有细锯齿，齿端具软骨质的小尖头，基部浅心形，叶脉羽状，主脉粗壮，两面被白色蛛丝状柔毛；茎中部叶无柄，舟形，鞘状抱茎，长达20厘米，两面被蛛丝状柔毛；最上部叶鞘状。

花：大型复伞房状花序具多数分枝，长达40厘米，被白色蛛丝状柔毛和有节短柔毛；苞片和小苞片线形，较短；花序梗长2～15（22）毫米；头状花序多数，辐射状，总苞钟形，长8～10毫米，口部宽达10毫米，总苞片7～10，2层，披针形或卵状披针形，先端急尖，边缘黑褐色膜质，背部被白色蛛丝状柔毛或近光滑。

果和种子：瘦果狭长圆形，长约5毫米，黑灰色，光滑，有纵肋。

花果期：花果期7～9月。

药用价值：幼苗入药。有催吐、愈疮之功效。用于胆热症、疮疡。

分布：丽江、香格里拉、德钦；海拔3000～4200m。

416

417

中文名

描述

418

洱源橐吾
Ligularia lankongensis

菊科 Asteraceae
橐吾属 *Ligularia*

植株：多年生草本。

根：根肉质，粗而长。

茎：茎直立，高约50厘米，被密的白色蛛丝状柔毛，基部直径约6毫米，被枯叶柄纤维包围。

叶：丛生叶具柄，柄长达23厘米，被白色蛛丝状柔毛，基部鞘状，叶片卵形或三角形；茎下部叶鳞片状，卵形，上半部被灰白色柔毛；茎中部叶与丛生叶相似，较小，有柄，无鞘，不抱茎；最上部茎生叶箭形或卵状披针形，连柄长达8厘米，先端尾状渐尖，边缘具细齿，基部楔形，下延成宽翅状柄。

花：总状花序长9～25厘米，紧密或疏松，下部的头状花序常不发育；苞片和小苞片线形；花序梗长约10毫米，被白色柔毛；头状花序多数，辐射状；总苞宽的浅钟形，长7～12毫米，口部宽约与长相等，总苞片8～9，2层，线状长圆形，宽约2毫米，背部被灰白色柔毛。

果和种子：瘦果圆柱形，长约8毫米，光滑。

花果期：花果期4～8月。

药用价值：根入药。有祛痰止咳之功效。用于肺虚咳嗽。

分布：洱源、丽江；海拔2400～3380m。

中文名

描述

419

宽戟橐吾
Ligularia latihastata

菊科 Asteraceae
橐吾属 *Ligularia*

植株：多年生草本。

根：根肉质，多数。

茎：茎直立，高35～60厘米，上部及花序被白色柔毛和黄褐色有节短柔毛，下部近光滑，基部直径3.5～5毫米，被枯叶柄纤维包围。

叶：丛生叶和茎基添叶具柄，柄长15～35厘米，仅上部有狭翅，光滑，基部有窄鞘，叶片宽戟形或三角状戟形，边缘具整齐的锯齿，基部弯缺宽，裂片外展。

花：总状花序长10～30厘米，密集或疏离；苞片卵形、卵状披针形至披针形；头状花序7～24，辐射状；小苞片狭披针形，边缘有齿；总苞宽钟形，长9～11毫米，宽8～12毫米，总苞片8～10，长圆形，宽3～5毫米，先端宽三角状，急尖，有小尖头，背部光滑，内层具宽的褐色膜质边缘。舌状花黄色，舌片线状长圆形或线形。

果和种子：瘦果圆柱形，长约6毫米，先端狭缩，光滑。

花果期：花果期7～10月。

药用价值：根入药。有温肺下气、消炎止咳、平喘之功效。

分布：丽江、香格里拉；海拔3000～3500m。

418

419

中文名

420

云木香

Saussurea costus

菊科 Asteraceae

风毛菊属 *Saussurea*

描述

植株：多年生高大草本，高1.5～2米。

根：主根粗壮，直径5厘米。

茎：茎直立，有棱，基部直径2厘米，上部有稀疏的短柔毛，不分枝或上部有分枝。

叶：基生叶有长翼柄，翼柄圆齿状浅裂，叶片心形或戟状三角形，长24厘米，宽26厘米，顶端急尖，边缘有大锯齿，齿缘有缘毛。下部与中部茎叶有具翼的柄或无柄，叶片卵形或三角状卵形，长30～50厘米，宽10～30厘米，边缘有不规则的大或小锯齿；上部叶渐小，三角形或卵形，无柄或有短翼柄；全部叶上面褐色、深褐色或褐绿色，被稀疏的短糙毛，下面绿色，沿脉有稀疏的短柔毛。

花：头状花序单生茎端或枝端，或3～5个在茎端集成稠密的束生伞房花序。小花暗紫色，长1.5厘米，细管部长7毫米，檐部长8毫米。

果和种子：瘦果浅褐色，三棱状，长8毫米，有黑色色斑，顶端截形，具有锯齿的小冠。

花果期：花果期7月。

药用价值：根入药。有健脾和胃、调气解郁、止痛安胎之功效。全草含芳香油，可作调香和定香剂。

分布：大理、兰坪、鹤庆、丽江、维西、香格里拉、贡山等地有栽培或逸生。

中文名

421

奇形风毛菊

Saussurea fastuosa

菊科 Asteraceae

风毛菊属 *Saussurea*

描述

植株：多年生草本，高80～150厘米。

茎：茎直立，基部木质，紫红色，不分枝或上部稀疏伞房花序状分枝，无毛或被稀疏褐色短柔毛。

叶：中部茎叶有短柄，柄长5毫米，叶片厚纸质，披针形或椭圆形或披针状椭圆形，长6～15厘米，宽2～4.5厘米，顶端短渐尖或急尖，基部圆形或宽楔形，边缘有小而尖的细密的细锯齿，中脉两面明显，侧脉多对，两面明显，叶两面异色，上面绿色，无毛，下面灰白色，被白色稠密的短或长绒毛；最上部茎叶接近或不接近头状花序，与中部茎叶类似但较小。

花：头状花序大，单生茎端或少数头状花序在茎枝顶端成伞房花序状排列，有长或短花序梗，花序梗粗壮。总苞钟状或宽钟状；总苞片4层，外层宽卵形，顶端圆，边缘栗色宽膜质，中层椭圆形或长椭圆形，内层线状长椭圆形，上部边缘栗色宽膜质，全部总苞片外面无毛。小花紫色，长1.3厘米，细管部长8毫米，檐部长5毫米。

果和种子：瘦果浅褐色，长4～4.5毫米，无毛，有棱。

花果期：花果期8～10月。

药用价值：全草入药。有祛风活络、散瘀止痛之功效。

分布：德钦、贡山、香格里拉、丽江；海拔2900～4150m。

420

420

421

中文名

422

绵头雪兔子

Saussurea laniceps

菊科 Asteraceae

风毛菊属 *Saussurea*

描述

植株：多年生一次结实有茎草本。

根：根黑褐色，粗壮，直径达2厘米，垂直直伸。

茎：茎高14～36厘米，上部被白色或淡褐色的稠密棉毛，基部有褐色残存的叶柄。

叶：叶极密集，倒披针形、狭匙形或长椭圆形，长8～15厘米，宽1.5～2厘米，顶端急尖或渐尖，基部楔形渐狭成叶柄，叶柄长达8厘米，边缘全缘或浅波状，上面被蛛丝状棉毛，后脱毛，下面密被褐色绒毛。

花：头状花序多数，无小花梗，在茎端密集成圆锥状穗状花序；苞叶线状披针形，两面密被白色棉毛。总苞宽钟状，外面被白色或褐色棉毛，内层披针形，顶端线状长渐尖，外面被黑褐色的稠密的长棉毛。小花白色，长10～12毫米，檐部长为管部的3倍。

果和种子：瘦果圆柱状，长2.5～3毫米。

花果期：花果期8～10月。

药用价值：全草入药。有除寒、壮阳、调经、止血之功效。用于阳痿、腰膝酸软、月经不调、风湿性关节炎。藏医用于同雪莲类药物。

分布：贡山、香格里拉、丽江；海拔3200～5500m。

中文名

423

鸢尾叶风毛菊

Saussurea romuleifolia

菊科 Asteraceae

风毛菊属 *Saussurea*

描述

植株：多年生草本，高10～35厘米。

根：根状茎纺锤状，颈部被褐色纤维状的叶残迹。

茎：茎直立，有棱，被长柔毛并杂以腺毛，基部密被深褐色的绢状长棉毛。

叶：基生叶多数，茎生叶少数，全部叶狭线形，长3～45厘米，宽1～2毫米，质地较坚硬，上面无毛，下面被灰白色稀疏短柔毛，边缘全缘，内卷，顶端急尖。

花：头状花序单生茎端。小花紫色，长1.8厘米，细管部长6毫米，檐部长1.2厘米。

果和种子：瘦果长4～5毫米，顶端有小冠。

花果期：花果期7～8月。

药用价值：根入药。用于蛇咬伤、小儿疳积、无名肿毒、跌打损伤、关节麻木疼痛。

分布：德钦、香格里拉、丽江、洱源；海拔2500～4000m。

422

423

423

中文名

描述

424

糙叶千里光
Senecio asperifolius

菊科 Asteraceae
千里光属 *Senecio*

植株：多年生草本，具木质块状根状茎。

茎：茎单生或2～3簇生，基部稍木质，直立或半平卧，高50～90厘米，有分枝，被疏蛛丝状毛，后变无毛。

叶：基部和下部叶在花期枯萎且凋落；中部茎叶较密集，多数，无柄，披针形至线形，长5～10厘米，宽0.3～1.5厘米，尖，具小尖，基部楔形，无耳，边缘反卷，具不明显疏具软骨质细齿或近全缘，上面具疏糙毛或无毛，下面及边缘具短硬毛或糙毛，羽状脉，侧脉6～7对，上面不明显；上部叶较小，线形。

花：头状花序具舌状花，数个至多数，排成较狭而伸长的顶生和上部腋生圆锥状聚伞花序；花序梗长1～2.5厘米，多少被蛛丝状毛，具苞片和1～10线状钻形小苞片。舌状花12～13；管部长4.5毫米；舌片黄色，长圆形，长8～9毫米，宽2毫米，顶端钝，具3细齿；管状花多数，花冠黄色，长6毫米，管部长2.5毫米，檐部漏斗状；裂片长圆状披针形，长1.2毫米，尖。

果和种子：瘦果圆柱形，长2.5～3毫米，被柔毛。

花果期：花期10月至翌年5月。

药用价值：根入药。有健胃、消炎之功效。用于胃病、腹胀、喉炎、扁桃腺炎。外用于湿疹。

分布：宾川、永胜；海拔690～2600m。

中文名

描述

425

菊状千里光
Senecio laetus

菊科 Asteraceae
千里光属 *Senecio*

植株：多年生根状茎草本，具茎叶，稀近葶状。

茎：茎单生，直立，高40～80厘米，不分枝或有花序枝，被疏蛛丝状毛，或变无毛。

叶：基生叶和最下部茎叶具柄，全形卵状椭圆形，卵状披针形至倒披针形。

花：头状花序有舌状花，多数，排列成顶生伞房花序或复伞房花序；管状花多数，花冠黄色。

果和种子：瘦果圆柱形，全部或管状花的瘦果有疏柔毛，有时舌状花的或全部小花的瘦果无毛。

花果期：花期4～11月。

药用价值：根、全草入药。根有活血消肿之功效。用于跌打损伤、瘀积疼痛、痈疮肿毒、乳痈。全草有祛风解表、止咳、清热解毒、生肌、利尿之功效。用于肋下疼痛、虚咳。外用于疮毒未溃、无名肿毒。

分布：维西、香格里拉、贡山、福贡、丽江、宁蒗、洱源、鹤庆、腾冲；海拔1400～3750m。

424
424
425
425

中文名

426

蕨叶千里光

Senecio pteridophyllus

菊科 Asteraceae

千里光属 *Senecio*

濒危级别：近危（NT）

描述

植株：多年生草本。

根：根状茎粗，径达10毫米，俯卧或斜升，具纤维状根。

茎：茎单生，直立，高70～90厘米，不分枝，近基部有卷柔毛，上部多少变无毛。

叶：基生叶和下部茎叶在花期有时枯萎，常具柄，全形倒披针状长圆形或狭长圆形。

花：头状花序有舌状花，多数，排列成顶生复伞房花序；花序梗细，长3～8毫米，有黄褐色柔毛，有线状苞片和2～3线形小苞片。舌状花5，管部长2.5毫米上端有疏微毛；舌片黄色，长圆形，长4.5毫米，宽1毫米，顶端有3细齿，具4脉；管状花11～13，花冠黄色，长4.5毫米，管部长2毫米，檐部漏斗状；裂片长圆状披针形，长1毫米，尖，上端有乳头状毛。

果和种子：瘦果圆柱形，长约2毫米，无毛；冠毛白色，长4毫米。

花果期：花期7～10月。

药用价值：叶入药。用于湿疹、风湿。

分布：贡山、维西、香格里拉、丽江、宁蒗、鹤庆、腾冲；海拔3000～3800m。

中文名

427

千里光

Senecio scandens

菊科 Asteraceae

千里光属 *Senecio*

描述

植株：多年生攀援草本，根状茎木质，粗，径达1.5厘米。

茎：茎伸长，弯曲，长2～5米，多分枝，被柔毛或无毛，老时变木质，皮淡色。

叶：叶具柄，叶片卵状披针形至长三角形。

花：头状花序有舌状花，多数，在茎枝端排列成顶生复聚伞圆锥花序。

果和种子：瘦果圆柱形，长3毫米，被柔毛；冠毛白色，长7.5毫米。

花果期：花期8月至翌年4月。

药用价值：全草、根入药。有祛风利湿、清热明目、解毒、止痒杀虫之功效。用于上呼吸道感染、扁桃腺炎、咽喉炎、肺炎、眼结膜炎、痔疮、流行性感冒、毒血症、败血症、痈肿疔毒、干湿癣疮、丹毒、黄疸、湿疹、烫伤、滴虫性阴道炎。

分布：德钦、维西、贡山、福贡、泸水、兰坪、丽江、腾冲；海拔1150～3200m。

426

426

427

中文名

428

欧洲千里光

Senecio vulgaris

菊科 Asteraceae

千里光属 *Senecio*

描述

植株：一年生草本。

茎：茎单生，直立，高12～45厘米，自基部或中部分枝；分枝斜升或略弯曲，被疏蛛丝状毛至无毛。

叶：叶无柄，全形倒披针状匙形或长圆形，长3～11厘米，宽0.5～2厘米，顶端钝，羽状浅裂至深裂；侧生裂片3～4对，长圆形或长圆状披针形，通常具不规则齿，下部叶基部渐狭成柄状；中部叶基部扩大且半抱茎，两面尤其下面多少被蛛丝状毛至无毛；上部叶较小，线形，具齿。

花：头状花序无舌状花，少数至多数，排列成顶生密集伞房花序；花序梗长0.5～2厘米，有疏柔毛或无毛，具数个线状钻形小苞片。舌状花缺如，管状花多数；花冠黄色，长5～6毫米，管部长3～4毫米，檐部漏斗状，略短于管部；裂片卵形，长0.3毫米，钝。

果和种子：瘦果圆柱形，长2～2.5毫米，沿肋有柔毛；冠毛白色，长6～7毫米。

花果期：花期4～10月。

药用价值：全草入药。有清热解毒、利水消肿之功效。 用于口腔炎、湿疹、无名肿毒。

分布：宁蒗、永胜；海拔2000m。

中文名

429

豨莶

Sigesbeckia orientails

菊科 Asteraceae

豨莶属 *Sigesbeckia*

描述

植株：一年生草本。

茎：茎直立，高约30～100厘米，分枝斜升，上部的分枝常成复二歧状；全部分枝被灰白色短柔毛。

叶：基部叶花期枯萎；中部叶三角状卵圆形或卵状披针形，长4～10厘米，宽1.8～6.5厘米，基部阔楔形，下延成具翼的柄，顶端渐尖，边缘有规则的浅裂或粗齿，纸质，上面绿色，下面淡绿，具腺点，两面被毛，三出基脉，侧脉及网脉明显；上部叶渐小，卵状长圆形，边缘浅波状或全缘，近无柄。

花：头状花序径15～20毫米，多数聚生于枝端，排列成具叶的圆锥花序。花黄色；雌花花冠的管部长0.7毫米；两性管状花上部钟状，上端有4～5卵圆形裂片。

果和种子：瘦果倒卵圆形，有4棱，顶端有灰褐色环状突起，长3～3.5毫米，宽1～1.5毫米。

花果期：花期4～9月，果期6～11月。

药用价值：全草入药。有小毒。有祛风除湿、通络、降血压、解毒、镇痛、消疳截疟之功效。用于四肢麻痹、筋骨疼痛、腰膝无力、急性肝炎。

分布：兰坪；海拔2500m。

428

429

429

中文名

430

苦苣菜

Sonchus oleraceus

菊科 Asteraceae

苦苣菜属 *Sonchus*

描述

植株：一年生或二年生草本。

根：根圆锥状，垂直直伸，有多数纤维状的须根。

茎：茎直立，单生，高40～150厘米，有纵条棱或条纹，不分枝或上部有短的伞房花序状或总状花序式分枝，全部茎枝光滑无毛，或上部花序分枝及花序梗被头状具柄的腺毛。

叶：基生叶羽状深裂，全形长椭圆形或倒披针形，或大头羽状深裂，全形倒披针形，或基生叶不裂，椭圆形、椭圆状戟形、三角形、或三角状戟形或圆形。

花：头状花序少数在茎枝顶端排紧密的伞房花序或总状花序或单生茎枝顶端。舌状小花多数，黄色。

果和种子：瘦果褐色，长椭圆形或长椭圆状倒披针形，长3毫米，宽不足1毫米，压扁，每面各有3条细脉，肋间有横皱纹，顶端狭，无喙，冠毛白色，长7毫米，单毛状，彼此纠缠。

花果期：花果期5～12月。

药用价值：全草入药。有清热解毒、凉血之功效。

分布：云南西北。

中文名

431

红缨合耳菊

Synotis erythropappa

菊科 Asteraceae

合耳菊属 *Synotis*

描述

植株：多年生具根状茎草本。

根：根状茎木质，直立或斜升，具被绒毛的纤维状根。

茎：茎单生或数个，直立或稀横卧，高达100厘米，通常上部有花序枝，下部在花期无叶，被黄褐色柔毛，蛛丝状柔毛或近无毛。

叶：叶具长柄，卵形，卵状披针形或长圆状披针形。

花：头状花序具同形小花，无舌状花，极多数在茎枝端和上部叶腋排列成多数宽塔状复圆锥状聚伞花序，具短花序梗或近无梗；花序梗极短，通常具1线形苞片。管状花2～3（～4），两性；花冠淡黄色，长7.5～8毫米，管部长2～3毫米，格部漏斗状，伸出总苞；裂片长圆状披针形，长1.5～2毫米，尖。

果和种子：瘦果圆柱形，长3～3.5毫米，被疏柔毛；冠毛污白色至淡红褐色，长3～3.5毫米。

花果期：花期7～10月。

药用价值：全草入药。味苦，性寒。有祛风除湿、清热解毒、止痒之功效。用于急性结膜炎、疮疖、皮炎、跌打损伤。

分布：德钦、香格里拉、贡山、兰坪、丽江、鹤庆、宾川；海拔2100～3500m。

430

430

431

中文名

432

孔雀草

Tagetes patula

菊科 Asteraceae

万寿菊属 *Tagetes*

描述

植株：一年生草本，高30～100厘米。

茎：茎直立，通常近基部分枝，分枝斜开展。

叶：叶羽状分裂，长2～9厘米，宽1.5～3厘米，裂片线状披针形，边缘有锯齿，齿端常有长细芒，齿的基部通常有1个腺体。

花：头状花序单生，径3.5～4厘米，花序梗长5～6.5厘米，顶端稍增粗；总苞长1.5厘米，宽0.7厘米，长椭圆形，上端具锐齿，有腺点；舌状花金黄色或橙色，带有红色斑；舌片近圆形长8～10毫米，宽6～7毫米，顶端微凹；管状花花冠黄色，长10～14毫米，与冠毛等长，具5齿裂。

果和种子：瘦果线形，基部缩小，长8～12毫米，黑色，被短柔毛，冠毛鳞片状，其中1～2个长芒状，2～3个短而钝。

花果期：花期7～9月。

药用价值：全草入药。有清热利湿、消炎止痛、止咳止痢之功效。可做观赏植物。

分布：原产墨西哥，云南西北栽培。

中文名

433

麻叶蟛蜞菊

Wedelia urticifolia

菊科 Asteraceae

滨蔓菊属 *Wedelia*

描述

植株：直立或斜升草本，有时呈攀援状。

茎：茎圆柱形，高20～80厘米或达1米，分枝，有粗沟纹，被稍开展的糙毛或下部脱毛，节间长9～15厘米。

叶：叶有5～40毫米的柄，叶片卵形或卵状披针形，连叶柄长10～13厘米，宽3～7厘米，基部通常短楔尖或稀浑圆，顶端渐尖；上部叶小，有短柄或无柄。

花：头状花序少数。舌状花1层，黄色，舌片卵状长圆形，长约11毫米，宽约4毫米，顶端2齿裂，稀3裂，管部短，长3～4毫米。管状花多数，黄色，檐部5浅裂，裂片三角状渐尖，被疏毛。

果和种子：瘦果倒卵形、背腹略扁，长约4毫米，宽2～3毫米，褐红色，密被白色疣状突起，顶端收缩而近浑圆，收缩部分密被毛。

花果期：花期7～11月。

药用价值：全草、根入药。味甘，性温。全草有清热、解毒、补血、活血之功效。用于肺炎、跌打损伤。根有通络养血、活血补肾之功效。用于肾虚腰痛、气血虚弱、跌打损伤。

分布：丽江、香格里拉、永胜、鹤庆、兰坪、福贡、洱源、宾川；海拔1600～2900m。

432

433

433

中文名 | 描述

434

血满草

Sambucus adnata

五福花科 Adoxaceae

接骨木属 *Sambucus*

植株：多年生高大草本或半灌木，高1～2米。

根：根和根茎红色，折断后流出红色汁液。

茎：茎草质，具明显的棱条。

叶：羽状复叶具叶片状或条形的托叶；小叶3～5对，长椭圆形、长卵形或披针形，长4～15厘米，宽1.5～2.5厘米，先端渐尖，基部钝圆，两边不等，边缘有锯齿，上面疏被短柔毛，脉上毛较密，顶端一对小叶基部常沿柄相连，有时亦与顶生小叶片相连，其他小叶在叶轴上互生，亦有近于对生；小叶的托叶退化成瓶状突起的腺体。

花：聚伞花序顶生，伞形式，长约15厘米，具总花梗，3～5出的分枝成锐角，初时密被黄色短柔毛，多少杂有腺毛；花小，有恶臭；萼被短柔毛；花冠白色；花丝基部膨大，花药黄色；子房3室，花柱极短或几乎无，柱头3裂。

果和种子：果实红色，圆形。

花果期：花期5～7月，果熟期9～10月。

药用价值：全草入药。味酸、涩，性平。有祛风除湿、接骨消肿、补血、止血、舒筋活络之功效。用于肾炎、跌打损伤、痨疾、活血散瘀、除风湿、利尿。

分布：云南西北；海拔1600～3200m。

中文名 | 描述

435

接骨草

Sambucus chinensis

五福花科 Adoxaceae

接骨木属 *Sambucus*

植株：高大草本或半灌木，高1～2米。

茎：茎有棱条，髓部白色。

叶：羽状复叶的托叶叶状或有时退化成蓝色的腺体；小叶2～3对，互生或对生，狭卵形，长6～13厘米，宽2～3厘米，嫩时上面被疏长柔毛，先端长渐尖，基部钝圆，两侧不等，边缘具细锯齿，近基部或中部以下边缘常有1或数枚腺齿；顶生小叶卵形或倒卵形，基部楔形，有时与第一对小叶相连，小叶无托叶，基部一对小叶有时有短柄。

花：复伞形花序顶生，大而疏散，总花梗基部托以叶状总苞片，分枝3～5出，纤细，被黄色疏柔毛；杯形不孕性花不脱落，可孕性花小；萼筒杯状，萼齿三角形；花冠白色，仅基部联合，花药黄色或紫色；子房3室，花柱极短或几无，柱头3裂。

果和种子：果实红色，近圆形，直径3～4毫米；核2～3粒，卵形，长2.5毫米，表面有小疣状突起。

花果期：花期4～5月，果熟期8～9月。

药用价值：根、茎、叶入药。

分布：云南各地分布；海拔550～2600m。

434

435

435

中文名

436

云南双盾木
Dipelta yunnanensis

忍冬科 Caprifoliaceae
双盾木属 *Dipelta*
濒危级别：易危（VU）

描述

植株：落叶灌木，高达4米。

茎：幼枝被柔毛。冬芽具3～4对鳞片。

叶：叶椭圆形至宽披针形，长5～10厘米，宽2～4厘米，顶端渐尖至长渐尖，基部钝圆至近圆形，全缘或稀具疏浅齿，上面疏生微柔毛，主脉下陷，下面沿脉被白色长柔毛，边缘具睫毛；叶柄长约5毫米。

花：伞房状聚伞花序生于短枝顶部叶腋；小苞片2对，一对较小，卵形，不等形，另一对较大，肾形；萼檐膜质，被柔毛，裂至2/3处，萼齿钻状条形，不等长，长约4～5毫米；花冠白色至粉红色，钟形，长2～4厘米，基部一侧有浅囊，二唇形，喉部具柔毛及黄色块状斑纹；花丝无毛；花柱较雄蕊长，不伸出。

果和种子：果实圆卵形，被柔毛，顶端狭长，2对宿存的小苞片明显地增大，其中一对网脉明显，肾形，以其弯曲部分贴生于果实，长2.5～3厘米，宽1.5～2厘米；种子扁，内面平，外面延生成脊。

花果期：花期5～6月，果熟期5～11月。

药用价值：根入药。有散寒发汗之功效。民间用于麻疹、痘毒、湿热身痒等。植物体富含单宁。全草亦可供观赏。

分布：贡山、兰坪、香格里拉、维西、德钦、丽江、洱源、宾川、鹤庆；海拔1700～3000（3400）m。

中文名

437

川续断
Dipsacus asperoides

忍冬科 Caprifoliaceae
川续断属 *Dipsacus*

描述

植株：多年生草本，高达2米。

根：主根1条或在根茎上生出数条，圆柱形，黄褐色，稍肉质；茎中空，具6～8条棱，棱上疏生下弯粗短的硬刺。

叶：基生叶稀疏丛生，叶片琴状羽裂。

花：头状花序球形；花冠淡黄色或白色。

果和种子：瘦果长倒卵柱状，包藏于小总苞内，长约4毫米，仅顶端外露于小总苞外。

花果期：花期7～9月，果期9～11月。

药用价值：根入药。有补肝肾、行血、止血、安胎、强筋骨、活血散瘀、生肌止痛之功效。用于腰骨酸痛、足膝无力、遗精、崩漏、胎动不安、关节不利、痈疽溃疡、筋骨折伤。

分布：泸水、鹤庆、维西、香格里拉、德钦、丽江、贡山；海拔2000～3600m。

436
436
437
437

中文名

438

大头续断

Dipsacus chinensis

忍冬科 Caprifoliaceae

川续断属 *Dipsacus*

描述

植株：多年生草本，高1～2米。

根：主根粗壮，红褐色；茎中空，向上分枝，具8纵棱，棱上具疏刺。

叶：茎生叶对生，具柄，长约5厘米，向上渐短；叶片宽披针形，长达25厘米，宽7厘米，成3～8琴裂，顶端裂片大，卵形，两面被黄白色粗毛。

花：头状花序圆球形，单独顶生或三出，总花梗粗壮，长达23厘米，总苞片线形，被黄白色粗毛。

果和种子：瘦果窄椭圆形，被白色柔毛，顶端外露。

花果期：花期7～8月，果期9～10月。

药用价值：根入药。有活血、强筋骨、止痛、补肝肾之功效。

分布：丽江、香格里拉、德钦；海拔2600～3900m。

中文名

439

淡红忍冬

Lonicera acuminata

忍冬科 Caprifoliaceae

忍冬属 *Lonicera*

描述

植株：落叶或半常绿藤本，幼枝、叶柄和总花梗均被常卷曲的棕黄色糙毛或糙伏毛，

叶：叶薄革质至革质，卵状矩圆形，顶端长渐尖至短尖，基部圆至近心形，有时宽楔形或截形，两面被疏或密的糙毛或至少上面中脉有棕黄色短糙伏毛，有缘毛。

花：双花在小枝顶集合成近伞房状花序或单生于小枝上部叶腋；花冠黄白色而有红晕，漏斗状。

果和种子：果实蓝黑色，卵圆形；种子椭圆形有细凹点，两面中部各有1凸起的脊。

花果期：花期6月，果熟期10～11月。

药用价值：花、叶入药。

分布：洱源、丽江、福贡（碧江）、泸水、腾冲；海拔2500～3000m。

438

438

439

439

中文名

440

刚毛忍冬

Lonicera hispida

忍冬科 Caprifoliaceae
忍冬属 *Lonicera*

描述

植株：直立落叶灌木。

茎：幼枝常带紫红色，连同叶柄和总花梗均具刚毛或兼具微糙毛和腺毛，很少无毛，老枝灰色或灰褐色。冬芽长达1.5厘米，有1对具纵槽的外鳞片，外面有微糙毛或无毛。

叶：叶厚纸质，形状、大小和毛被变化很大，椭圆形、卵状椭圆形、卵状矩圆形至矩圆形，有时条状矩圆形，长（2～）3～7（～8.5）厘米，顶端尖或稍钝，基部有时微心形，近无毛或下面脉上有少数刚伏毛或两面均有疏或密的刚伏毛和短糙毛，边缘有刚睫毛。

花：总花梗长（0.5～）1～1.5（～2）厘米；苞片宽卵形，长1.2～3厘米，有时带紫红色，毛被与叶片同；萼筒；萼檐波状；花冠白色或淡黄色，漏斗状，近整齐，外面有毛，花柱伸出，至少下半部有糙毛。

果和种子：果实先黄色后变红色，种子淡褐色。

花果期：5～6月开花，7～9月果实成熟。

药用价值：花蕾入药。代金银花用。

分布：香格里拉、德钦；海拔3000～4730m。

中文名

441

柳叶忍冬

Lonicera lanceolata

忍冬科 Caprifoliaceae
忍冬属 *Lonicera*

描述

植株：落叶灌木，凡幼枝、叶柄和总花梗都有短柔毛，有时夹生微直毛。

叶：叶纸质，卵形至卵状披针形或菱状矩圆形，两面疏生短柔毛，下面叶脉显著，毛较多。

花：总花有腺缘毛；相邻两萼筒分离或下半部合生，无毛，花冠淡紫色或紫红色，唇形，花丝基部有柔毛；花柱全有柔毛。

果和种子：果实黑色，圆形，直径5～7毫米；种子有颗粒状突起而粗糙。

花果期：花期6～7月，果熟期8～9月。

药用价值：果入药。有宁心、调经、催乳、解热、止痛之功效。用于心悸、月经不调、乳少、发热头痛、喉痛。

分布：贡山、德钦、维西、香格里拉、丽江、鹤庆、剑川；海拔2700～3700m。

440
440
441
441

中文名

442

齿叶忍冬
Lonicera setifera

忍冬科 Caprifoliaceae
忍冬属 *Lonicera*

描述

植株：落叶灌木或小乔木；幼枝连同叶柄密生微糙毛，并散生刚毛和腺毛，有时全无毛，老枝常密生呈小瘤状突起的毛基。

叶：叶纸质至厚纸质，矩圆形至矩圆状披针形，顶端渐尖或短尖，基部宽楔形至圆形，边缘通常浅波状至不规则浅裂或齿裂（营养枝上的叶分裂较深），下面被糙伏毛，两面脉上有硬伏毛，边缘有硬缘毛。

花：花先于叶开放，总花梗极短；花冠白色、淡紫红色至粉红色，钟状，花柱长为花冠筒之半，无毛。

果和种子：果实红色，椭圆形，有刚毛和腺毛；种子浅褐色，矩圆形，长约5毫米，有棱。

花果期：花期3～4月，果熟期5～6月。

药用价值：花入药。

分布：洱源、鹤庆、丽江、维西、香格里拉、德钦；海拔2250～3800m。

中文名

443

华西忍冬
Lonicera webbiana

忍冬科 Caprifoliaceae
忍冬属 *Lonicera*

描述

植株：落叶灌木，高达3（～4）米；幼枝常秃净或散生红色腺，老枝具深色圆形小凸起。

叶：叶纸质，卵状椭圆形至卵状披针形，长4～9（～18）厘米，顶端渐尖或长渐尖，基部圆或微心形或宽楔形，边缘常不规则波状起伏或有浅圆裂，有睫毛，两面有疏或密的糙毛及疏腺。

花：总花梗长不到5厘米，花冠长1厘米；花冠紫红色或绛红色。

果和种子：果实先红色后转黑色，圆形，直径约1厘米；种子有细凹点。

花果期：花期5～6月，果熟期8月中旬至9月。

药用价值：全草入药。

分布：鹤庆、洱源、丽江、香格里拉、德钦；海拔3050～3750m。

442

443

中文名 | 描述

444

裂叶翼首花
Pterocephalus bretschneideri

忍冬科 Caprifoliaceae
蓬首花属 *Pterocephalus*

植株：多年生草本，高30厘米，疏被卷伏毛。

根：根圆柱形，径约3～8毫米，外皮棕褐色，里面黄白色。

叶：叶密集丛生成莲座状，对生，基部相连；叶片轮廓狭长圆形至倒披针形，1～2回羽状深裂至全裂，裂片线形至宽线形，小裂片先端急尖，两面疏被柔毛，上面绿色，背面淡绿色；叶柄黄白色。

花：头状花序扁球形，单生花葶顶端；花冠淡粉色至紫红色，筒状。

果和种子：瘦果椭圆形，先端渐狭成喙状，具8条脉纹，疏被柔毛，宿萼刚毛状。

花果期：花期7～8月，果期9～10月。

药用价值：带根全草入药。

分布：丽江；海拔1600～3400m。

中文名 | 描述

445

匙叶翼首花
Pterocephalus hookeri

忍冬科 Caprifoliaceae
蓬首花属 *Pterocephalus*

植株：多年生无茎草本，高30～50厘米，全株被白色柔毛。

根：根粗壮，单1，木质化，近圆柱形，直伸，多条扭曲，表面棕褐色或黑褐色，里面白色，长8～15厘米，直径1.5～2.5厘米。

茎：无茎。

叶：叶全部基生，成莲座丛状，叶片轮廓倒披针形，长5～18厘米，宽1～2.5厘米，先端钝或急尖，基部渐狭成翅状柄，全缘或一回羽状深裂，裂片3～5对，斜卵形或披针形，长1～2厘米，顶裂片大，披针形；背面中脉明显，白色，侧脉不显，上表面绿色，疏被白色糙伏毛，背面苍绿色，密被糙硬毛，在中脉两侧更密，边缘具长缘毛。

花：头状花序单生茎顶，直立或微下垂；花冠筒状漏斗形，黄白色至淡紫色。

果和种子：瘦果长3～5毫米，倒卵形，淡棕色，具8条纵棱，疏生贴伏毛，具棕褐色宿存萼刺20条，刺长约10毫米，被白色羽毛状毛。

花果期：花果期7～10月。

药用价值：根入药。

分布：丽江、香格里拉、德钦；海拔2900～4500m。

444
444
445
445

中文名

446

穿心莛子藨

Triosteum himalayanum

忍冬科 Caprifoliaceae

莛子藨属 *Triosteum*

描述

植株：多年生草木；稀开花时顶端有一对分枝，密生刺刚毛和腺毛。

叶：叶通常全株9～10对，基部连合，倒卵状椭圆形至倒卵状矩圆形，长8～16厘米，宽5～10厘米，顶端急尖或锐尖，上面被长刚毛，下面脉上毛较密，并夹杂腺毛。

花：聚伞花序2～5轮在茎顶或有时在分枝上作穗状花序状；萼裂片三角状圆形，被刚毛和腺毛，萼筒与萼裂片间缢缩；花冠黄绿色，筒内紫褐色，长1.6厘米，约为萼长的3倍，外有腺毛，筒基部弯曲，一侧膨大成囊；雄蕊着生于花冠筒中部，花丝细长，淡黄色，花药黄色，矩圆形。

果和种子：果实红色，近圆形，直径10～12厘米，冠以由宿存萼齿和缢缩的萼筒组成的短喙，被刚毛和腺毛。

花果期：花期8月，果期10月。

药用价值：全草入药。

分布：鹤庆、丽江、兰坪、维西、香格里拉、德钦；海拔2700～4000m。

中文名

447

双参

Triplostegia glandulifera

忍冬科 Caprifoliaceae

双参属 *Triplostegia*

描述

植株：柔弱多年生直立草本，高15～30（40）厘米；根茎细长，四棱形，具2～6节，节间长0.5～2厘米，节上生不定根。

根：主根常为2枝并列，稍肉质，近纺锤形，长3～5厘米，径2～3毫米，棕褐色。

茎：茎方形，有沟，近光滑或微被疏柔毛。

叶：叶近基生，成假莲座状，3～6对叶生缩短节上，或在茎下部松散排列；叶片倒卵状披针形，连柄长3～8厘米，2～4回羽状中裂，中央裂片较大，两侧裂片渐小，边缘有不整齐浅裂或锯齿，基部渐狭成长1～3厘米的柄；上面深绿色，被稀疏白色渐脱毛，下面苍绿色，沿脉上具疏柔毛；茎上部叶渐小，浅裂，无柄。

花：花在茎顶端成疏松窄长圆形聚伞圆锥花序；花冠白色或粉红色。

果和种子：瘦果包于囊苞中；果时囊苞长3～4毫米，外被腺毛，4裂，裂片顶端长渐尖，多曲钩。

花果期：花果期7～10月。

药用价值：根入药。

分布：洱源、鹤庆、兰坪、维西、福贡、贡山、丽江、香格里拉、德钦；海拔1300～3900m。

446

446

447

中文名

448

大花双参

Triplostegia grandiflora

忍冬科 Caprifoliaceae

双参属 *Triplostegia*

描述

植株：柔弱多年生直立草本，高20～45厘米；主根红棕色，常二歧，稍肥厚，略呈纺锤形，成对生长，长3～4厘米，径约0.5厘米，一个较大，一个较小。

根：根茎纤维状，具2～4节，节间长约1厘米。

茎：茎纤细，单一，直立，微四棱形，具沟，被白色长柔毛和糙毛，有时夹有腺毛。

叶：叶对生，基部相连；下部叶轮廓倒卵形至倒卵状披针形，长3～8厘米，先端圆，基部渐狭，无柄，2～3对羽状深裂或浅裂，中裂片大，宽椭圆形，两侧裂片渐小或呈牙齿状，边缘锯齿状或具钝齿，上面浓绿色，下面苍白色，粗糙而厚，两面被长柔毛，茎上部叶依次渐小成苞片状。

花：花成疏松顶生二歧聚伞圆锥花序，密被白色平展毛和腺毛；花冠白色带粉红色。

果和种子：瘦果包于囊苞内，果时囊苞4裂，裂片先端直尖：无曲钩。

花果期：花果期7～10月。

药用价值：根入药。

分布：鹤庆、剑川、兰坪、维西、丽江、香格里拉；海拔1800～3800m。

中文名

449

异叶海桐

Pittosporum heterophyllum

海桐科 Pittosporaceae

海桐属 *Pittosporum*

描述

植株：灌木嫩枝无毛，灰褐色，老枝无皮孔。

叶：叶簇生于枝顶，薄革质，二年生，线形，狭窄披针形，或倒披针形，上面绿色，发亮，下面淡绿色，无毛；

花：花1～5朵簇生于枝顶，作伞形状，花梗长7～15毫米，无毛，苞片早落；萼片卵形，长2～2.5毫米，基部稍合生，先端钝，无毛，或有睫毛；花瓣长8毫米，合生，披针形，先端圆；雄蕊长4～5毫米，花药长1.5毫米；雌蕊比雄蕊稍短，子房被毛，花柱长1.5毫米；侧膜胎座2个，胚珠5～8个。

果和种子：蒴果近球形，2片裂开，果片薄，木质。种子干后黑色，种柄极短。

花果期：花期4～6月。

药用价值：根、茎、皮入药。树皮做绳索及人造棉原料。

分布：丽江、维西、宁蒗、兰坪、洱源、贡山、香格里拉、德钦；海拔1900～3000m。

448

448

449

中文名

450

珠子参
Panax japonicus var. *major*

五加科 Araliaceae
人参属 *Panax*

描述

植株：多年生草本，高达1米。

根：根茎念珠状。

茎：茎无毛。

叶：小叶倒卵状椭圆形或椭圆形，不裂，长较宽大2～3倍，上面沿脉疏被刚毛，下面无毛或沿脉稍被刚毛。

花：伞形花序单生茎顶，具50～80花。

果和种子：种子2～5，白色，卵球形，长3-5毫米，径2-4毫米。

花果期：花期5～6月，果期7～9月。

药用价值：珠子参性苦、味甘，微寒。有补肺养阴，活络止血。主要用于跌打损伤，外伤出血。

分布：腾冲、泸水、福贡、贡山、维西、德钦、香格里拉、丽江、鹤庆、剑川、宾川；海拔1720～3650m。

中文名

451

芹叶龙眼独活
Aralia apioides

五加科 Araliaceae
楤木属 *Aralia*

描述

植株：多年生草本。

茎：地下有匍匐的厚根茎；地上茎粗壮，高1～1.5米，有纵沟纹，基部直径达1厘米以上。

叶：叶大，长达60厘米，茎上部者为一回或二回羽状复叶。

花：圆锥花序伞房状，顶生及腋生，长达30厘米，主轴及分枝疏生柔毛或几无毛；伞形花序在分枝上总状排列，直径约1厘米，有花5～12朵；总花梗长1.5～3厘米；苞片小，线状披针形；花梗长1～4毫米；萼无毛，长约1.5毫米，边缘有5个卵状三角形钝齿；花瓣5，卵状三角形，长约1毫米；雄蕊5；子房5室，稀3室；花柱5，稀3，离生。

果和种子：果实近球形，黑色，有5棱，存花柱中部以上合生，先端离生，反曲。

花果期：花期6月，果期8月。

药用价值：根入药。

分布：鹤庆、兰坪、维西、香格里拉、德钦、贡山；海拔3000～3400m。

450

450

451

中文名

描述

452

楤木

Aralia chinensis

五加科 Araliaceae

楤木属 *Aralia*

植株：灌木或乔木，树皮灰色，疏生粗壮直刺；小枝通常淡灰棕色，有黄棕色绒毛，疏生细刺。

叶：叶为二回或三回羽状复叶；托叶与叶柄基部合生，纸质，耳廓形，叶轴无刺或有细刺；基部有小叶1对。

花：圆锥花序大，长30～60厘米；分枝长20～35厘米，密生淡黄棕色或灰色短柔毛；伞形花序直径1～1.5厘米，有花多数；花白色，芳香。

果和种子：果实球形，黑色，有5棱；宿存花柱长1.5毫米，离生或合生至中部。

花果期：花期7～9月，果期9～12月。

药用价值：树皮、根、叶入药。嫩芽尖可作蔬菜。种子可榨油，供制肥皂用。

分布：丽江、维西、德钦、贡山、福贡；海拔1600～3300m。

中文名

描述

453

异叶梁王茶

Nothopanax davidii

五加科 Araliaceae

梁王参属 *Nothopanax*

植株：灌木或乔木，高2～12米。

叶：叶为单叶，稀在同一枝上有3小叶的掌状复叶；叶柄长5～20厘米；叶片薄革质至厚革质，长圆状卵形至长圆状披针形，或三角形至卵状三角形，不分裂、掌状2～3浅裂或深裂。

花：圆锥花序顶生，花白色或淡黄色，芳香；萼无毛，边缘有5小齿；花瓣5，三角状卵形；雄蕊5；子房2室，花盘稍隆起；花柱2，合生至中部，上部离生，反曲。

果和种子：果实球形，侧扁，黑色；宿存花柱。

花果期：花期6～8月，果期9～11月。

药用价值：根皮、树皮入药。树皮、枝、叶均可提取芳香油。

分布：泸水、贡山、腾冲；海拔（1200～）1400～2600m。

452

452

453

中文名

描述

454

云当归

Angelica sinensis

伞形科 Apiaceae

当归属 *Angelica*

植株：多年生草本植物。

根：根圆柱状，分枝，有多数肉质须根，黄棕色，有浓郁香气。

茎：茎直立，绿白色或带紫色，有纵深沟纹，光滑无毛。

叶：叶三出式二至三回羽状分裂。

花：复伞形花序；花白色。

果和种子：果实椭圆至卵形。

花果期：花期6～7月，果期7～9月。

药用价值：具有补血活血，调经止痛，润肠通便之功效。

分布：丽江栽培。

中文名

描述

455

有柄柴胡

Bupleurum petiolulatum

伞形科 Apiaceae

柴胡属 *Bupleurum*

植株：多年生草本，茎高50～70厘米。

根：直根发达，稍增粗，深褐色。

茎：茎圆，有细纵槽纹。

叶：茎下部叶狭长披针形或长椭圆形，有细长突尖头，中部以下渐狭成长柄，至基部再略扩大抱茎，边缘略带红色，稍呈波状皱褶；茎顶部叶更小而同形，但无柄。

花：复伞形花序少数，顶生和腋生；花瓣黄色。

果和种子：实成熟时暗褐色，长圆柱形，长4～5毫米，宽1.8～2.1毫米，花柱间两边叉开，果棱色浅，极细，棱槽中油管3，合生面4，胚乳腹面中央稍凹。

花果期：花期7～8月，果期8～9月。

药用价值：全草入药。

分布：香格里拉、维西、丽江、剑川、宾川、洱源、鹤庆；海拔（2500～）2900～3800m。

中文名

描述

456

丽江柴胡

Bupleurum rockii

伞形科 Apiaceae

柴胡属 *Bupleurum*

植株：多年生草本，高60～100厘米。

根：根长，略增粗，黑褐色，木质化，有少数分枝。

茎：茎直立，有时带紫红色，圆柱形，有细纵棱，茎上部有稀疏的短分枝。

叶：叶质较厚，有时带红棕色，全部有红色增厚的边缘，基生叶线状长圆形，长10～15厘米，宽8～10毫米，基部渐狭成为叶柄，叶鞘扩大抱茎，顶端略钝，有小短尖头，11脉；茎生叶卵状披针形或卵状长椭圆形，顶端急尖或钝圆，茎上部叶广卵形或近圆形，顶端钝尖，边缘紫色。

花：花序梗长而挺直，长3～7厘米，顶生花序直径6～8厘米；花瓣黄色。

果和种子：果实成熟时红棕色，卵形，每棱槽中油管3，合生面4。

花果期：花期7～8月，果期9～10月。

药用价值：全草入药。

分布：德钦、香格里拉、丽江、鹤庆、洱源；海拔1950～4200m。

454

455

455

456

456

中文名 描述

457

白亮独活
Heracleum candicans

伞形科 Apiaceae
独活属 *Heracleum*

植株：多年生草本，高达1米。植物体被有白色柔毛或绒毛。

根：根圆柱形，下部分枝。

茎：茎直立，圆筒形，中空、有棱槽，上部多分枝。

叶：茎下部叶的叶柄长10～15厘米，叶片轮廓为宽卵形或长椭圆形，长20～30厘米，羽状分裂，末回裂片长卵形，长5～7厘米，呈不规则羽状浅裂，裂片先端钝圆，下表面密被灰白色软毛或绒毛；茎上部叶有宽展的叶鞘。

花：复伞形花序顶生或侧生，有柔毛；具有白色柔毛；小总苞片少数，线形，长约4毫米；每小伞形花序有花约25朵，花白色；花瓣二型；萼齿线形细小；花柱基短圆锥形。

果和种子：果实倒卵形，未成熟时被有柔毛，成熟时光滑；分生果的棱槽中各具1条油管，其长度为分生果长度的2/3，合生面油管2；胚乳腹面平直。

花果期：花期5～6月，果期9～10月。

药用价值：根入药。代羌活或白芷。

分布：德钦、贡山、维西、香格里拉、丽江、洱源、宾川；海拔1700～3300m。

中文名 描述

458

永宁独活
Heracleum yungningense

伞形科 Apiaceae
独活属 *Heracleum*

植株：多年生草本，高达1米。

根：根长圆锥形，棕黄色至浅褐色。

茎：茎圆筒形，中空有纵沟纹，表面有稀疏粗毛。

叶：茎下部叶有叶柄，柄长15～17厘米；被粗毛；叶片轮廓为长椭圆形，二至三回羽状分裂，长15～20厘米，宽6～8厘米，上表面绿色，有粗毛，下表面灰绿色；末回裂片椭圆形，长8～8.5厘米，边缘有不整齐的锯齿；茎上部叶与基生叶相似，略小。

花：复伞形花序顶生和侧生，被白色粗毛；萼齿三角形；花瓣白色，二型，花柱基短圆锥形，花柱2，较短。

果和种子：果实椭圆形，背部每棱槽中有油管1，棒状，棕色，其长度为分生果一半或略超过，合生面有油管2。

花果期：花期7～8月，果期9～10月。

药用价值：根入药。

分布：德钦、香格里拉、丽江、宁蒗；海拔2700～3700（～4500）m。

457

457

458

中文名	描述

459

滇芎
Physospermopsis delavayi

伞形科 Apiaceae
滇芎属 *Physospermopsis*

植株：多年生草本，高55～75厘米。

根：根粗壮，纺锤形，表面淡棕褐色以至紫褐色。

茎：茎直立，圆柱形，有纵条纹，无毛，基部常残留稠密的纤维状叶鞘，上部有分枝。

叶：基生叶片轮廓呈三角形或卵状长圆形，长3.5～6厘米，宽2.5～5.5厘米，1回羽状分裂以至3深裂，羽片1～3对倒卵形以至倒卵圆形，长2～3厘米，宽1～2.5厘米，基部楔形，顶端不规则的3浅裂，边缘有缺刻状锯齿；顶端或中间的裂片较大，倒卵形，基部阔楔形，顶端常3浅裂至深裂；叶柄长4～7.5厘米，有窄翅。

花：复伞形花序顶生或侧生；花瓣白色。

果和种子：果实广卵形，主棱5，隆起；分生果的顶端窄，横剖面近圆形，胚乳腹面有深槽；背槽油管2，侧槽3。

花果期：花果期5～9月。

药用价值：根入药。

分布：香格里拉、丽江、宾川、洱源；海拔2800～3000m。

中文名	描述

460

云南茴芹
Pimpinella yunnanensis

伞形科 Apiaceae
茴芹属 *Pimpinella*

植株：多年生草本，高30～60厘米。

根：根长圆锥形或圆柱形，长10～15厘米。

茎：茎通常单生，稀2～3，纤细，分枝少。

叶：基生叶3～9，有柄，柄长2～10厘米；叶片不分裂，心状披针形，或近于长三角形，长1.5～5厘米，宽1～4厘米，基部微心形或近截形，顶端渐尖或钝尖；茎生叶稀疏，茎中、下部叶与基生叶同形或3裂；上部叶较小，有短柄或无柄，3裂，裂片披针形，或近于羽状分裂。

花：通常无总苞片，稀1～4，线形；伞辐8～20，纤细，长2～5厘米，有毛；小总苞片1～10，与花柄近等长；小伞形花序有花10～15，花柄不等长；无萼齿；花瓣卵形，阔卵形，白色，基部楔形，顶端凹陷，有内折小舌片；花柱基圆锥形，花柱略长于花柱基。

果和种子：果实卵球形，基部心形，有毛，果棱线形。

花果期：花果期5～10月。

药用价值：全草入药。

分布：德钦、香格里拉、维西、丽江、福贡；海拔1300～3100m。

459
459
460
460

中文名

描述

461

澜沧囊瓣芹

Pternopetalum delavayi

伞形科 Apiaceae

囊瓣芹属 *Pternopetalum*

植株：多年生草本，高可达1.5米，一般高30～60厘米。

根：根圆锥形，棕褐色，长6～10厘米。

茎：茎直立，有条纹、被稀疏的柔毛，分枝。

叶：叶异形，茎下部和中部的叶有柄，叶柄基部扩大成鞘；叶片2回三出分裂，或近于2回羽状分裂，裂片半圆形至菱形，边缘有锯齿，最大的裂片长5厘米，宽3厘米，一般长与宽约1～2厘米，裂片边缘及脉上被粗伏毛；茎上部的叶片线形。

花：复伞形花序无总苞；小总苞片2～4，披针形；萼齿钻形；花瓣白色，圆扇形或阔倒卵形，顶端微凹，有内折小舌片。

果和种子：果实长卵形，有的只有1个心皮发育，每棱槽内有油管1～3。

花果期：花果期7～9月。

药用价值：根入药。

分布：德钦、香格里拉、丽江、维西、贡山、洱源、鹤庆、宾川；海拔2300～3600m。

中文名

描述

462

川滇变豆菜

Sanicula astrantiifolia

伞形科 Apiaceae

变豆菜属 *Sanicula*

植株：多年生草本，高20～70厘米。

根：根短而粗，直立或斜生，有许多细长的小根。

茎：茎直立，细弱或较粗壮，下部不分枝，上部2～4回叉状分枝。

叶：基生叶纸质或近革质，圆肾形或宽卵状心形。

花：花序呈二歧叉状分枝，中枝较侧枝略短；伞梗长3～4厘米。花瓣绿白色或粉红色。

果和种子：果实倒圆锥形，下部皮刺短，上部的皮刺呈钩状、金黄色或紫红色；分生果的横剖面呈圆形，胚乳腹面平直，油管小，不明显。

花果期：花果期7～10月。

药用价值：全草入药。

分布：德钦、维西、福贡、兰坪、丽江、鹤庆、宾川、腾冲；海拔1930～2800m。

461

462

462

中文名

463

鳞果变豆菜

Sanicula hacquetioides

伞形科 Apiaceae

变豆菜属 *Sanicula*

描述

植株：草本植株高5～30厘米。

根：根状茎短，侧根纤细。

茎：茎直立，光滑，软弱，不分枝。

叶：基生叶柄长3～22厘米，基部有透明的膜质鞘；叶片圆形或心状圆形，两面无毛，掌状3深裂中间裂片宽倒卵形，基部楔形，顶端截平或略带圆形，3浅裂，侧面裂片菱状倒卵形，2浅裂至深裂，所有裂片的边缘有细锯齿。

花：伞形花序顶生，不分枝；总苞片2～3，叶状、对生、无柄；花瓣白色、灰白色或淡粉红色，倒卵形。

果和种子：果实宽卵形或圆球形，表面为鳞片状和瘤状突起，下部有时全缘或呈瘤状突起，上部很少延伸成短尾状，但决不成皮刺；分生果横剖面长椭圆状披针形，胚乳腹面平直；油管不明显。

花果期：花果期5～9月。

药用价值：全草入药。

分布：德钦、香格里拉、维西、丽江；海拔2650～4000m。

中文名

464

小窃衣

Torilis japonica

伞形科 Apiaceae

窃衣属 *Torilis*

描述

植株：一年或多年生草本，高20～120厘米。

根：主根细长，圆锥形，棕黄色，支根多数。

茎：茎有纵条纹及刺毛。

叶：叶柄长2～7厘米，下部有窄膜质的叶鞘；叶片长卵形，1～2回羽状分裂，两面疏生紧贴的粗毛，第一回羽片卵状披针形，长2～6厘米，宽1～2.5厘米，先端渐窄，边缘羽状深裂至全缘，有0.5～2厘米长的短柄，末回裂片披针形以至长圆形，边缘有条裂状的粗齿至缺刻或分裂。

花：复伞形花序顶生或腋生，花序梗长3～25厘米，有倒生的刺毛；花瓣白色、紫红或蓝紫色，倒圆卵形。

果和种子：果实圆卵形，通常有内弯或呈钩状的皮刺；皮刺基部阔展，粗糙；胚乳腹面凹陷，每棱槽有油管1。

花果期：花果期4～10月。

药用价值：果实入药。有杀虫之功效。

分布：德钦、香格里拉、贡山、维西、福贡、丽江、腾冲；海拔1000～3000m。

463

464

464

中文名索引

中文名索引

中文名索引

F

G

H

中文名索引

中文名索引

中文名索引

Z

中文名索引

拉丁学名索引

A

B

C

拉丁学名索引

拉丁学名索引

拉丁学名索引

拉丁学名索引